Reinhard Seeling

Unternehmensplanung im Baubetrieb

Leitfaden der Bauwirtschaft und des Baubetriebs

Herausgegeben von
Prof. Dipl.-Ing. K. Simons

Der „Leitfaden für Bauwirtschaft und Baubetrieb" will das in Forschung und Lehre breit angelegte Feld, das von der Verfahrenstechnik über die Kalkulation bis zum Vertragswesen reicht, in zusammenhängenden, einheitlich konzipierten Darstellungen erschließen. Die Reihe will alle am Bau Beteiligten – vom Bauleiter, Bauingenieur bis hin zu Studenten des Bauingenieurwesens – ansprechen. Auch der konstruierende Ingenieur, der schon im Entwurf das anzuwendende Bauverfahren und damit die Kosten der Herstellung bestimmt, sollte sich dieser Buchreihe methodisch bedienen.

Unternehmensplanung im Baubetrieb

Von Professor Dr.-Ing. Reinhard Seeling
Lehr- und Forschungsgebiet Planungsverfahren im Baubetrieb
der Rheinisch-Westfälischen Technischen Hochschule Aachen

Mit 83 Bildern und 18 Tabellen

B. G. Teubner Stuttgart 1995

Die Deutsche Bibliothek – CIP-Einheitsaufnahme

Seeling, Reinhard:
Unternehmensplanung im Baubetrieb: mit 18 Tabellen / von
Reinhard Seeling. – Stuttgart: Teubner, 1995
  (Leitfaden der Bauwirtschaft und des Baubetriebs)
  ISBN 978-3-519-05072-8   ISBN 978-3-322-84840-6 (eBook)
  DOI 10.1007/ 978-3-322-84840-6

Umschlaggestaltung: Peter Pfitz, Stuttgart

Vorwort

Obwohl die Wirtschaftswissenschaften wichtige Grundlagendisziplinen darstellen, die sogar einen Nobelpreis zu vergeben haben, ist der direkte Einfluß auf die Bauwirtschaft gering geblieben, jedenfalls viel geringer als auf Handelsunternehmen und Produktionsbetriebe anderer Branchen. Man fragt sich, wieso dies so ist, um daraus Rückschlüsse ziehen zu können.

Es liegt wohl teilweise an der Tradition und Entwicklung der Bauwirtschaft, die sich viel später als etwa der Maschinenbau zum hoch mechanisierten und kapitalintensiven Industriebetrieb entwickelt hat; teilweise liegt es aber auch am instationären Baubetrieb, der sich mit seiner dezentralen Einzelfertigung, seiner hohen Witterungsabhängigkeit und manchen anderen Sonderbedingungen dem Einfluß der traditionellen Betriebswirtschaftslehre entzogen hat. Sicherlich liegt es aber auch mit daran, daß vor allem die Bauingenieure die Führungskräfte der Bauunternehmungen und Baukonzerne stellen, die ihre Erfahrungen aus dem erfolgreichen Baumanagement mitbringen und allen Theorievorstellungen und Grundsatzlösungen der BWL recht verständnislos gegenüberstehen. Die unterschiedlichen Standpunkte sollten sich heute eigentlich besser überbrücken lassen als früher.

Für die Arbeit der Ingenieure - insbesondere der Betriebsingenieure in der Produktion - gilt schon immer der Grundsatz:

Jede Arbeit kann stets noch
besser ausgeführt werden

Dahinter verbirgt sich das Wissen, daß bei mehrfacher Wiederholung aller Verrichtungen stets Rationalisierungseffekte eintreten, wenn man sie anstrebt. Es steckt aber ebenso in dieser These, daß die Erfahrungen durch Rückkopplungen (feed back) besser nutzbar gemacht werden können. Als eine weitere Verbesserungsebene ist aber auch die Fortentwicklung der Arbeitsmittel und der Führungselemente anzusehen. Wenn aber die Baustellenarbeit durch bessere Führungs- und Organisationsgrundsätze effektiver werden kann, dann hat der zur Führung einer Unternehmung ausersehene Bauingenieur die Pflicht und Schuldigkeit, sich intensiv mit diesen Dingen auseinanderzusetzen. Aus diesem Verständnis heraus ist der vorliegende Band entstanden: Vom Bauingenieur für andere Bauingenieure verfaßt, unter Benutzung des allgemeinen Gedankengutes der Betriebswirtschaftslehre. Kompromisse sind dabei einmal zu treffen bei der Stoffauswahl und der Akzentsetzung, was für die Bauunternehmung besonders wichtig ist. Kompromisse sind aber auch im Hinblick auf die sehr unterschiedliche Leserschaft einzugehen: Da ist einerseits der erfolgreiche Unternehmensleiter (Geschäftsführer, Vorstand etc.), der gerne neue Ideen haben oder ganz einfach überprüfen möchte, ob er zeitgemäß und nach neuesten Erkenntnissen arbeitet. Auf der anderen Seite versucht der zeitgemäß und nach neuesten Erkenntnissen arbeitet. Auf der anderen Seite versucht der Student oder angehende Berufskollege zu verstehen, wie die sehr komplexe Einrichtung "Bauunternehmung" überhaupt funktioniert und in Gang bleibt. Eigentlich soll dieser Leitfaden allen eine Hilfe sein.

Nachdem ich über viele Jahre an diesem Manuskript gearbeitet habe, stelle ich heute fest, daß die Wirtschaftslehre des Baubetriebes noch ganz am Anfang steht und von vielen anderen mitgetragen werden muß, genau genommen sind wir bei manchen Dingen erst im Stadium der Begriffsdefinition (Was ist Controlling? Was ist Logistik? Welche Art Investitionsrechnung ist geeignet? usw.); mit der weiteren Begriffsabklärung werden sich aber auch die Methoden festigen.

Ich sehe die zentrale Aufgabe der Bauwirtschaftslehre in der rationalen und werturteilsfreien Durchdringung des höchst komplexen Systems "Baubetrieb" (mit allen Verflechtungen mit der Gesamtwirtschaft) unter dem Aspekt, praktisch nutzbare Konzepte, Methoden und Instrumente für die optimale Entscheidungsfindung zu entwickeln.

Für die anfälligen Schreib- und Korrekturarbeiten, die nach Redaktionsschluß noch erforderlich sind, um ein Manuskript in ein Buch zu verwandeln, danke ich meinen Mitarbeitern ganz herzlich. Des weiteren freue ich mich sehr, mit dem Teubner - Verlag ein kompetentes Verlagshaus gefunden zu haben, das den Ideen dieses Leitfadens eine angemessene Verbreitung sichern wird.

Aachen, im Januar 1995   R e i n h a r d   S e e l i n g

Inhalt

1	**Baumarkt und marktgerechtes Verhalten der Bauunternehmung**	1
1.1	Der Baumarkt als Absatzmarkt der Bauunternehmung	1
1.1.1	Einführung in die Problematik	1
1.1.2	Inhalte der Baumarktforschung	4
1.1.3	Methodik der Informationsgewinnung	6
1.1.4	Ansätze für ein Baumarketing	8
1.1.5	Akquisition von Aufträgen	9
1.2	Die Beschaffungsmärkte der Bauunternehmung	12
1.2.1	Arbeitsmarkt	12
1.2.2	Baustoffmarkt	13
1.2.3	Baumaschinenmarkt	14
1.2.4	Finanzmarkt	14
1.3	Zusammenhänge zwischen Absatzmarkt, Produktion und Beschaffungsmärkten	15
1.4	Festlegung von Produktionsprogrammen	19
1.4.1	Ordnungsprinzipien für Produktionsprogramme	19
1.4.2	Ermittlung des optimalen Produktionsprogramms	21
1.4.3	Eigenfertigung oder Fremdbezug (make or buy?)	24
1.5	Kooperationsformen der Bauunternehmungen	24
1.5.1	Die Arbeitsgemeinschaft als kurzfristige Kooperationsform	25
1.5.2	Langfristige Kooperationen	27
1.5.3	Arten der Kooperation	29
1.5.4	Gebiete für langfristige Kooperationen	31
1.5.5	Voraussetzungen für eine dauerhafte Kooperation	33
2	**Planungsrechnung in der Bauunternehmung**	35
2.1	Maßstäbe für die Effizienzmessung	35
2.1.1	Bauleistung	35
2.1.2	Produktivität	35
2.1.3	Wirtschaftlichkeit	37
2.1.4	Wertschöpfung	37
2.1.5	Mengeneinheiten pro Zeiteinheit	39
2.1.6	Lohnstunden pro Mengeneinheit	39
2.2	Betriebswirtschaftliche Grundlagen für das Rechnungswesen der Bauunternehmung	40
2.2.1	Grundbegriffe der Kostenrechnung	41
2.2.1.1	Kosten - Aufwand - Ausgaben	42
2.2.1.2	Leistungen - Erträge - Einnahmen	42
2.2.1.3	Kostenarten - Kostenstellen - Kostenträger	43
2.2.1.4	Gewinn oder Verlust	44
2.2.1.5	Wertberichtigungen - Rückstellungen - Rücklagen	44

2.2.2	Konten - Kontenplan - Kontenrahmen	44
2.3	Der Jahresabschluß für die GmbH nach dem BiRiLiG	50
2.3.1	Die Bilanz (Vermögensübersicht)	50
2.3.2	Gewinn- und Verlustrechnung (Erfolgsübersicht)	53
2.3.3	Bilanzpolitik	54
2.4	Erfordernisse an den internen Rechnungskreis	56
2.5	Weitere Kostenbegriffe und Unterscheidungsmerkmale	56
2.5.1	Einzelkosten - Gemeinkosten - Selbstkosten	56
2.5.2	Der Begriff "Deckungsbeitrag"	57
2.5.3	Die Unterscheidung in fixe und variable Kosten	59
2.5.4	Kosten und Preise	60
2.6	Führungskennzahlen und Betriebsstatistik	62
2.6.1	Allgemeines zur Bildung von Kennzahlen	62
2.6.2	Bilanzkennzahlen	64
2.6.3	Kennzahlen aus der Kosten- und Leistungsrechnung	67
2.7	Die Finanzierung des Baubetriebes	72
2.7.1	Grundregeln für ein Kreditgespräch	73
2.7.2	Kreditprüfung	74
2.7.3	Bilanzanalyse und Bilanzkritik	76
2.7.4	Kreditkosten	76
2.7.5	Kreditarten	77
3	**Wahl der Gesellschaftsform**	82
3.1	Arten von Personengesellschaften	84
3.1.1	Einzelunternehmung (§§ 1 - 104 HGB)	84
3.1.2	Offene Handelsgesellschaft (OHG) nach §§ 105-160 HGB	84
3.1.3	Kommanditgesellschaft (KG) nach §§ 161-177 HGB	85
3.1.4	Die Stille Gesellschaft nach §§ 335-342 HGB	85
3.2	Arten von Kapitalgesellschaften	86
3.2.1	Die Aktiengesellschaft (AG) gemäß Aktiengesetz	86
3.2.2	Gesellschaft mit beschränkter Haftung (GmbH)	88
3.3	Misch- und Sonderformen	90
3.3.1	Die Genossenschaft	90
3.3.2	Die Kommanditgesellschaft auf Aktien (KGaA)	91
3.3.3	Die GmbH & Co. KG	91
3.4	Umwandlung, Umgründung und Aufspaltung	92
3.4.1	Umwandlung	92
3.4.2	Umgründung	93
3.4.3	Aufspaltung	94

4   Unternehmensplanung und -politik der Bauunternehmung   96

4.1   Unternehmensziele und Unternehmenspolitik   96
4.1.1   Ungeschriebene Unternehmensziele   96
4.1.2   Aufbau und Gliederung von Unternehmenszielen   98
4.1.3   Wege der Zielfindung und Zieldurchsetzung   100
4.1.4   Beispiel für die Zielfindung in der Bauunternehmung   101
4.1.5   Schlußbemerkung   103

4.2   Die innere Organisation der Bauunternehmung   103
4.2.1   Grundbegriffe der Organisationslehre   103
4.2.1.1   Organisationseinrichtungen   105
4.2.1.2   Stelle und Funktion   105
4.2.1.3   Beziehungen zwischen Stellen   106
4.2.2   Zur Ausgestaltung der Aufbauorganisation   108
4.2.2.1   Gestaltungsprinzipien   108
4.2.2.2   Vor- und Nachteile von Firmenzentralismus   110
4.2.2.3   Der Einfluß der Firmengröße auf die Organisationsstruktur   111
4.2.2.4   Die zukünftige Entwicklung der Aufbaustruktur   113
4.2.3   Die Ablauforganisation der Bauunternehmung   113
4.2.4   Schlußbemerkungen   114

4.3   Informations- und Controllingsysteme   115
4.3.1   Informationsbedarf zur Betriebsführung   115
4.3.2   Informationssysteme für Baubetriebe   117
4.3.3   Begriff "Controlling"   119
4.3.3.1   Operatives Controlling   119
4.3.3.2   Strategisches Controlling   120
4.3.3.3   Gesamt-Controlling und Bereichs-Controlling   121
4.3.4   Baustellen-Controlling (Projekt-Controlling)   122
4.3.4.1   Baustellenkontrolle nach Gehri/Lessmann   123
4.3.4.2   Thesen zur Modellverbesserung von Gehri/Lessmann   124
4.3.4.3   Projekt-Controlling nach dem Aachener Modell   124
4.3.5   Unternehmens-Controlling   127

4.4   Qualitätsmanagement in der Bauunternehmung   128
4.4.1   Zum Stand der Qualitätssicherung im Bauwesen   128
4.4.2   Forderungen an die Qualitätssicherung   128
4.4.3   Zur Entstehung der Fehler und Mängel   130
4.4.4   Qualitätssicherung und Qualitätssicherungssystem   132
4.4.5   Qualitätszirkel   134
4.4.6   Qualitätssicherung als Ziel der Unternehmensführung   135

4.5   Logistik in der Bauunternehmung   136
4.5.1   Die Beschaffungslogistik   138
4.5.2   Die Betriebslogistik   139
4.5.3   Die Produktionslogistik   142
4.5.4   Die Entsorgungslogistik   143
4.5.5   Ist Logistik mehr als ein Schlagwort?   145

4.6	Finanz- u. Investitionsplanung	146
4.6.1	Die monatliche Finanzplanung	146
4.6.2	Die jährliche Finanzplanung	148
4.6.2.1	Planung der voraussichtlichen Einnahmen	148
4.6.2.2	Planung der voraussichtlichen Ausgaben	150
4.6.2.3	Aufstellung des Jahresfinanzplanes	151
4.6.3	Planung von Anlageninvestitionen	154
4.6.3.1	Investitionsplanung	155
4.6.3.2	Investitionsrechnung	155
4.6.3.3	Risiken bei Investitionen	161
4.7	Risikopolitik und Versicherungsmanagement	162
4.7.1	Risikotheorie für definierte Systeme	162
4.7.2	Hauptrisiken bei der Abwicklung von Werkverträgen	165
4.7.3	Andere bedeutsame Risiken und ihre Abwehr	166
4.7.4	Risikoabbau durch Versichern	167
4.7.4.1	Die Bauleistungsversicherung (Bauwesenversicherung)	168
4.7.4.2	Die Betriebshaftpflichtversicherung	170
4.7.4.3	Die Baugeräteversicherung (Maschinenbruchversicherung)	173
4.7.4.4	Sonstige Versicherungen für den Baubetrieb	174
4.7.4.5	Allgemeines zum Abschluß von Versicherungen	176
4.8	Generationswechsel in der Familienunternehmung	178
4.8.1	Führungskampf bis in die Pleite?	178
4.8.2	Planung der Betriebsübergabe bzw. -übernahme	179
4.8.3	Wissenstransfer auf die nachfolgende Bauunternehmer-Generation	180
5	**Das Personal der Bauunternehmung**	182
5.1	Einführende Bemerkungen	182
5.2	Die Rolle des Vorgesetzten als Führungskraft	183
5.2.1	Persönlicher Führungsstil	184
5.2.2	Führungsprinzipien	186
5.2.3	Führungskonzepte	188
5.2.4	Persönliche Arbeitstechnik-geplante Zeiteinteilung	189
5.3	Personalbedarfsplanung	192
5.3.1	Quantitative Bestandsaufnahme und Bedarfsschätzung	192
5.3.1.1	Kennzahlen für die Personalplanung	194
5.3.1.2	Die Altersstruktur der Belegschaft	196
5.3.2	Qualitative Bestandsaufnahme und Bedarfsplanung	196
5.4	Personalentwicklung und -förderung	202
5.4.1	Gedanken zur Gestaltung der betrieblichen Aus- und Weiterbildung	203
5.4.2	Die Stufenausbildung in der Bauwirtschaft für die Fachwerker	205
5.5	Personalerhaltung als Unternehmensaufgabe	208
5.5.1	Betriebsklima und Fluktuation	208
5.5.2	Einvernehmliche Arbeitszeit- und Urlaubsregelungen	210
5.5.3	Gerechte Entlohnung	212

5.5.4	Information und Kommunikation	214
5.5.5	Betriebliches Vorschlagswesen als Motivationsmittel	216
5.6	Personalbeschaffung	218
5.6.1	Auswahl eines Bewerbers nach der Profilmethode	219
5.6.2	Bewerbung und Vorstellungsgespräch	221
5.6.3	Die Eingliederung neuer Mitarbeiter	222
5.7	Personalabbau	224
5.7.1	Das Ausscheiden von Mitarbeitern	224
5.7.2	Rechtliche Schritte zur Beendigung von Arbeitsverhältnissen	225
5.8	Modelle für die Personalführung	228
5.8.1	Autoritärer Führungsstil	228
5.8.2	Kooperativer Führungsstil	229
5.8.2.1	Führung im Mitarbeiterverhältnis (Harzburger Modell)	231
5.8.2.2	Die allgemeinen Pflichten des Mitarbeiters	232
5.8.2.3	Die allgemeinen Pflichten des Vorgesetzten	233
5.8.2.4	Das Instrumentarium zur Führung im Mitarbeiterverhältnis	234
5.8.2.5	Kritik am Harzburger Modell	237
5.8.3	Bildung und Arbeitsweise eines Teams	238
5.8.4	Besonderheiten bei der Schaffung von Stabsstellen	242
5.9	Die Motivation als Führungsaufgabe	243
5.10	Zusammenfassung	245
Abkürzungsverzeichnis		247
Literaturverzeichnis		249
Sachverzeichnis		257

1 Baumarkt und marktgerechtes Verhalten der Bauunternehmung

1.1 Der Baumarkt als Absatzmarkt der Bauunternehmung

1.1.1 Einführung in die Problematik

Als Einstieg in die Probleme und Gesetzmäßigkeiten des Baumarktes muß man sich die für die Bauwirtschaft charakteristischen Merkmale vor Augen führen:

- Die Bauindustrie ist eine Bereitschaftsindustrie. Ähnlich wie beim Schwermaschinenbau oder Schiffbau findet fast ausschließlich Auftragsfertigung statt. Weder Art und Umfang der Bauaufträge noch der Fertigungszeitpunkt können vom Bauunternehmen bestimmt werden. Die Bautätigkeit unterliegt auch regional starken Schwankungen.

- Die Bauwirtschaft wird zutreffend als die "Industrie der wandernden Fabriken" bezeichnet. Die Produktionseinrichtungen können nur in Ausnahmefällen von Bauwerk zu Bauwerk komplett umgesetzt werden. In der Regel erfordern die örtlichen Verhältnisse und veränderte Leistungskenngrößen Anpassungen bzw. andere Zusammenstellungen der Baustelleneinrichtungen.

- Mangelnde Markttransparenz entsteht daraus, daß weder die Bieter noch ihre Preise öffentlich bekannt gegeben werden. Auch bei öffentlichen Ausschreibungen hören nur die beteiligten Bieter die Preise der Konkurrenz. Die von den Verbänden der Bauindustrie und des Baugewerbes eingerichteten Meldestellen mußten auf Intervention des Bundeskartellamtes wieder aufgegeben werden.

- Auf der Auftraggeberseite dominiert die öffentliche Hand mit ihren Bauverwaltungen. Sie vergibt Bauaufträge manchmal nach politischen oder kommunalpolitischen Gesichtspunkten. Im Schnitt werden 60 % des Bauvolumens direkt oder indirekt durch staatliche Organe und Stellen vergeben, in vielen Bereichen sind es sogar fast 100 % (z.B. Straßenbau, Kläranlagen und Kanalisation, Gleisoberbau, Brücken, Wasserstraßen usw.). Die saisonalen Schwankungen haben starken Einfluß auf die Struktur der Betriebe und erfordern hohe Flexibilität.

- Auf der Auftragnehmerseite stehen etwa 65.000 Bauunternehmen des Bauhauptgewerbes, die sich das Auftragsvolumen von rd. 200 Mrd. DM teilen. Die zehn größten Baugesellschaften vereinigen auf sich ein Volumen von etwa 13 % (Tab. 1.1). Die Struktur der Bauwirtschaft ist mittelständisch. Einer gewissen Konzentration der Baunachfrage steht also eine Zersplitterung auf der Anbieterseite von Bauleistungen gegenüber.

Tab. 1.1 Jahresabschlüsse der zehn größten deutschen Baufirmen für 1993.

Firmenname	Bauleistung 1993 in Mill. DM			Anzahl der	Marktanteil
	Gesamt	Inland	Ausland	Beschäftigten	Inland
1. Holzmann AG	12465	8177	4288	43798	3,50
2. Hochtief AG	8009	5914	2095	31830	0,9
3. Bilfinger & Berger Bau-AG	6728	3997	2731	46260	1,18
4. Strabag AG	5031	4209	822	21253	1,86
5. Dyckerhoff & Widmann AG	4202	3554	648	18774	1,54
6. Walter Bau-AG	3660	3287	373	12498	1,42
7. Heilit + Woerner Bau-AG	3164	2847	317	9377	1,22
8. Züblin AG	2660	2278	382	8192	0,99
9. Wayss & Freytag AG	2281	2009	272	5498	0,87
10. Teerbau GmbH	1742	1730	12	4284	0,75
	49942	38002	11940	201764	16,0

- Fast alle Bauarbeiten sind <u>witterungsabhängig</u>. Die staatliche Winterbauförderung ermöglicht nur bei örtlich konzentrierten Vorhaben ein kontinuierliches Bauen.

- Es gibt keinen einheitlichen "Baumarkt". Vielmehr finden wir eine Vielzahl von Leistungsbereichen und Bausparten vor, denen die Firmen durch <u>Spezialisierungen</u> Rechnung tragen (technologisch bedingte Marktsegmentierung). Jede Bauunternehmung besitzt außerdem nur einen regional begrenzten Aktionsradius. Selbst die Schaffung eines größeren Gebietes durch die EG wird nichts am regionalen Charakter der Baumärkte ändern.

Unter einem Markt wird ganz allgemein das "Zusammentreffen von Angebot und Nachfrage" verstanden. Die Konzentration der Baunachfrage bei den Bauverwaltungen von Bund, Ländern und Gemeinden ergibt durch die Bindung an das Haushaltsjahr eine <u>Unstetigkeit der Nachfrage</u> nach Bauleistungen. Die insbesondere zur Konjunktursteuerung künstlich herauf- und heruntergesetzte Baunachfrage gibt dem Bauunternehmer keinen ausreichenden Spielraum, seine Kapazitätsauslastung konstant zu halten.

Das Bauunternehmen gehört zwangsläufig dem <u>Absatzmarkt</u> oder kurz dem "Baumarkt" bzw. einzelnen Marktsegmenten davon an. Daneben ist es selbstverständlich auch Partner in den verschiedenen <u>Beschaffungsmärkten</u>, etwa dem Arbeitsmarkt, dem Baustoffmarkt, dem Baumaschinenmarkt sowie dem Finanzmarkt.

In diesen Beschaffungsmärkten hat der Bauunternehmer mehr Entscheidungsspielraum als in den Absatzmärkten. Der einzelne Baubetrieb stellt die Verknüpfungsstelle zwischen den Beschaffungsmärkten und dem Absatzmarkt dar. Über Preise und Qualität beeinflussen die Beschaffungsmärkte auch den Absatzmarkt.

Rechtzeitige Marktinformationen sichern die Anpassungsfähigkeit der Unternehmung. Die Hauptursachen der bisherigen Vernachlässigung marktwirtschaftlicher Fragestellungen in Bauindustrie und Baugewerbe erklären sich aus den eingangs aufgeführten Merkmalen der Baubranche. Das Phänomen, daß abweichend von vielen anderen Branchen das Baugewerbe als der größte Wirtschaftsbereich im Inland keine eigenständige Systematik zur Marktforschung entwickelt hat, kann mit folgenden Argumenten begründet werden:

- Die Nachfrage nach Bauleistungen war über zwei Jahrzehnte hinweg so rege, daß auch ohne marktorientierte Unternehmenspolitik eine hohe Kapazitätsauslastung erzielt werden konnte.

- Die o.a. charakteristischen Merkmale der Baubranche (Auftragsfertigung, mangelnde Markttransparenz, starke technologische und regionale Marktgliederung usw.) behindern die Entwicklung systematischer Marktpolitik.

- Durch die Zersplitterung von Bauindustrie und Baugewerbe und durch die überwiegend mittelständische Struktur fehlen die Träger zur Entwicklung von Instrumentarien für Marktpolitik, für die in erster Linie Großbetriebe in Frage kommen.

- Das Primat der Ingenieure über die Kaufleute in den Vorständen und Geschäftsleitungen der Bauunternehmen hat zwangsläufig zur Folge, daß betriebswirtschaftlich orientierte Fragestellungen wie z.B. Marktpolitik und Marketing innerhalb der Baufirmen zu wenig Beachtung finden.

Daß aber auch die Bauwirtschaft, ungeachtet der aufgezählten Umstände, ein praktikables Marktforschungskonzept benötigt, hat sich bei der rezessiven Wirtschaftsentwicklung der Vergangenheit gezeigt. Es mußten Daten der langfristigen Wirtschaftsprognosen möglichst rasch und zutreffend nach unten korrigiert werden, um rechtzeitig die richtigen Schlüsse für die Unternehmenspolitik ziehen zu können. Durch die ständig gestiegene Mechanisierung sind die Bauunternehmen außerordentlich konjunkturempfindlich geworden und tragen ohne mittel- bzw. langfristige Planungen erhebliche Risiken. Als _Vorteile_ für systematische Marktuntersuchungen sind zu nennen:

- Informationsvorsprung vor den Konkurrenten zur raschen Anpassung der aktuellen Unternehmensziele.

- Wichtige Entscheidungen werden auf quantitative Untersuchungen gestützt.

- Bei allen langfristig wirkenden Unternehmensentscheidungen (Angebotspalette, Investitionen in Anlagen und Gebäuden, Beteiligungen, Auf- oder Abbau von Kapazitäten, Standortfestlegungen usw.) werden die Risiken besser erkannt.

- Kontinuierliche Marktbeobachtung schärft den Blick für neue Entwicklungen.

1.1.2 Inhalte der Baumarktforschung

Unter Marktforschung wird die Durchleuchtung des Marktfeldes eines Betriebes oder Wirtschaftszweiges verstanden. Handelt es sich dabei um eine punktuelle (einmalige) Bestandsaufnahme, so spricht man von einer Marktanalyse. Werden dagegen die Veränderungen über längere Zeit registriert und ausgewertet, so wird dies als Marktbeobachtung verstanden. Für beide Fälle kann die gleiche systematische Gliederung benutzt werden, die beispielsweise für ein Hochbauunternehmen nach Bild 1.2 strukturiert sein kann:

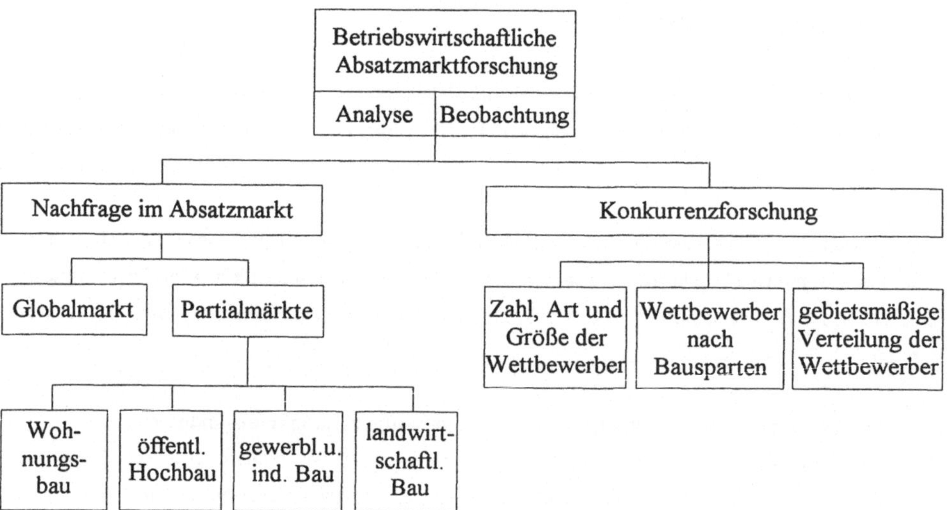

Bild 1.2   Systematik der betriebswirtschaftlichen Marktforschung im Bereich Hochbau.

Unter dem Begriff Globalmarkt seien alle Bedarfsvorstellungen der Nachfrageseite zusammengefaßt, die zunächst noch in undifferenzierten Wünschen "zu bauen" zum Ausdruck kommen und sich erst später in der Nachfrage nach bestimmten Bauleistungen äußern werden. Der Globalmarkt dient als Basis für die Abschätzung des allgemeinen Nachfragetrends.

Die Aufteilung des Globalmarktes in <u>Partialmärkte</u> führt zu genaueren Untersuchungen für die verschiedenen Bausparten, die hier in Anlehnung an die öffentliche Statistik unterteilt werden. Eigene Auswertungen über den Auftragsbestand, die Auftragsbeschaffung (abgegebene Angebote/erhaltene Aufträge) sowie die Auftragsstruktur (Sparten, Auftraggeber usw.) geben Aufschlüsse über den Markt und die Marktentwicklung.

Bei der <u>Konkurrenzanalyse</u> geht es zum einen darum, möglichst gezielte Informationen über die Wettbewerber zu erhalten. Ihre Zahl, Art und Größe sowie ihre spartenmäßige Orientierung und regionale Verteilung sind meist bekannte Informationen. Wichtiger, aber auch schwerer beschaffbar sind Daten über die jeweilige Kapazitätsauslastung und das Preisniveau der Wettbewerber. Dies wird in der Regel nur durch die Beteiligung des eigenen Betriebes an möglichst vielen Submissionen sowie durch die Beteiligung an Bieter- und Arbeitsgemeinschaften zu erhalten sein. Durch weitergehende statistische Auswertungen der Relationen (Konkurrenzangebot: eigene Selbstkosten) lassen sich bei einem vorab bekannten Bieterkreis Prognosen für das erwartete Preisniveau aufstellen [1.02].

Die <u>eigene Marktstellung</u> kann durch laufende Auswertung der amtlichen Statistik über Umsätze, Arbeitsstunden, Beschäftigte, Löhne und Gehälter usw. im Vergleich mit der Entwicklung des eigenen Unternehmens im gleichen Zeitraum meßbar gemacht werden. Wenn ein Unternehmen darauf bedacht ist, der allgemeinen Entwicklung des Marktes zu folgen, so ist eine überdurchschnittliche Abnahme der erbrachten Bauleistung und in wachsenden Märkten auch die unterdurchschnittliche Zunahme ein Zeichen für sinkende Marktanteile.

Marktanalysen und Marktbeobachtungen sollen auch strukturbedingte Marktverschiebungen etwa zugunsten neuer Bauweisen und Technologien oder Trends zu neuen Baustoffen aufzeigen. Naturgemäß sind Baumarktuntersuchungen vor allem bei wichtigen Unternehmensentscheidungen von Bedeutung, weil Fehlbeurteilungen des Marktes häufig nicht korrigierbar sind, z.B. im Auslandsbau.

Art und Umfang der Baumarktforschung hängen wesentlich vom Tätigkeitsfeld (Spezialisierungsgrad) und der Betriebsgröße ab. Ein handwerklich orientierter Hochbaubetrieb, der im Wohnungsbau tätig ist, mit einer fest umrissenen Auftraggebergruppe, muß methodisch anders vorgehen als ein universeller Großbetrieb. Ab einer gewissen Betriebsgröße ist es zweckmäßig, die bisher auf verschiedene Abteilungen verteilten Marktforschungsaufgaben in einer zentralen Instanz zusammenzufassen. Hierfür bietet sich eine der Unternehmensleitung zugeordnete Stabsstelle an.

Eine Alternative hierzu, die insbesondere für die kleineren Bauunternehmungen interessant ist, wäre die Übertragung spezieller Marktforschungsaktivitäten an außerbetriebliche Stellen.

Die Spitzenverbände nehmen bereits heute derartige Aufgaben wahr, indem sie Umfragen unter den Mitgliedsfirmen veranstalten und deren Auswertungen den Bauunternehmern zugänglich machen. Die regionale Marktforschung im Sinne einer Kooperation gleich orientierter Bauunternehmen kann auch unter Einschaltung geeigneter Wirtschafts- und Marktforschungsinstitute oder mit Hilfe von Unternehmens- und Steuerberatern betrieben werden. Haupthindernis hierbei ist das gegenseitige Mißtrauen konkurrierender Firmen.

1.1.3 Methodik der Informationsgewinnung

Die wichtigste Informationsquelle sind <u>direkte</u> persönliche <u>Kontakte</u> und die laufende Pflege der Beziehungen zu potentiellen öffentlichen, gewerblichen und privaten Auftraggebern sowie deren Beauftragten, den Architekten und Ingenieuren.

Während sich überbetriebliche Stellen wie Verbände oder Marktforschungsinstitute in sog. "Primärerhebungen" mit Befragungsaktionen gezielt um die Meinung bestimmter Bevölkerungsschichten zu wichtigen Fragen bemühen (z.B. über Größe und Ausstattung von Wohnungen, Fragen der Altbaumodernisierung, der Energieeinsparung, des Umweltschutzes usw.), besteht dieser Weg für ein einzelnes Bauunternehmen nicht. Es muß sich mit Informationen über kurzfristig zu erwartende Baumaßnahmen in seinem unmittelbaren Einzugsbereich begnügen.

Wesentlich bedeutungsvoller ist die auf "Sekundärmaterial" inner- und außerbetrieblicher Herkunft aufgebaute Informationsbeschaffung. Dabei sind alle Unterlagen aus dem betrieblichen Rechnungswesen mit Vorsicht zu betrachten, weil es sich um Vergangenheitsdaten handelt. <u>Spezielle Betriebsstatistiken</u> regionaler Natur, etwa über die Struktur des Anfragevolumens, der abgegebenen Angebote sowie der erhaltenen Aufträge, sind andere wichtige Indikatoren. Ferner muß die gegenwärtige und zukünftige <u>Kapazitätsauslastung bei Personal und Maschinen</u> ermittelt werden. Dies kann mit Hilfe der vorhandenen Bauablaufpläne ohne Schwierigkeiten erfolgen.

Des weiteren stehen eine Reihe externer Statistiken als Informationsquelle zur Verfügung, die in Bild 1.3 dargestellt sind [1.03, 1.04]. Hierbei wird unterschieden, ob es sich um amtliche Statistiken, Verbandserhebungen oder Mitteilungen bedeutender Wirtschaftsinstitute handelt.

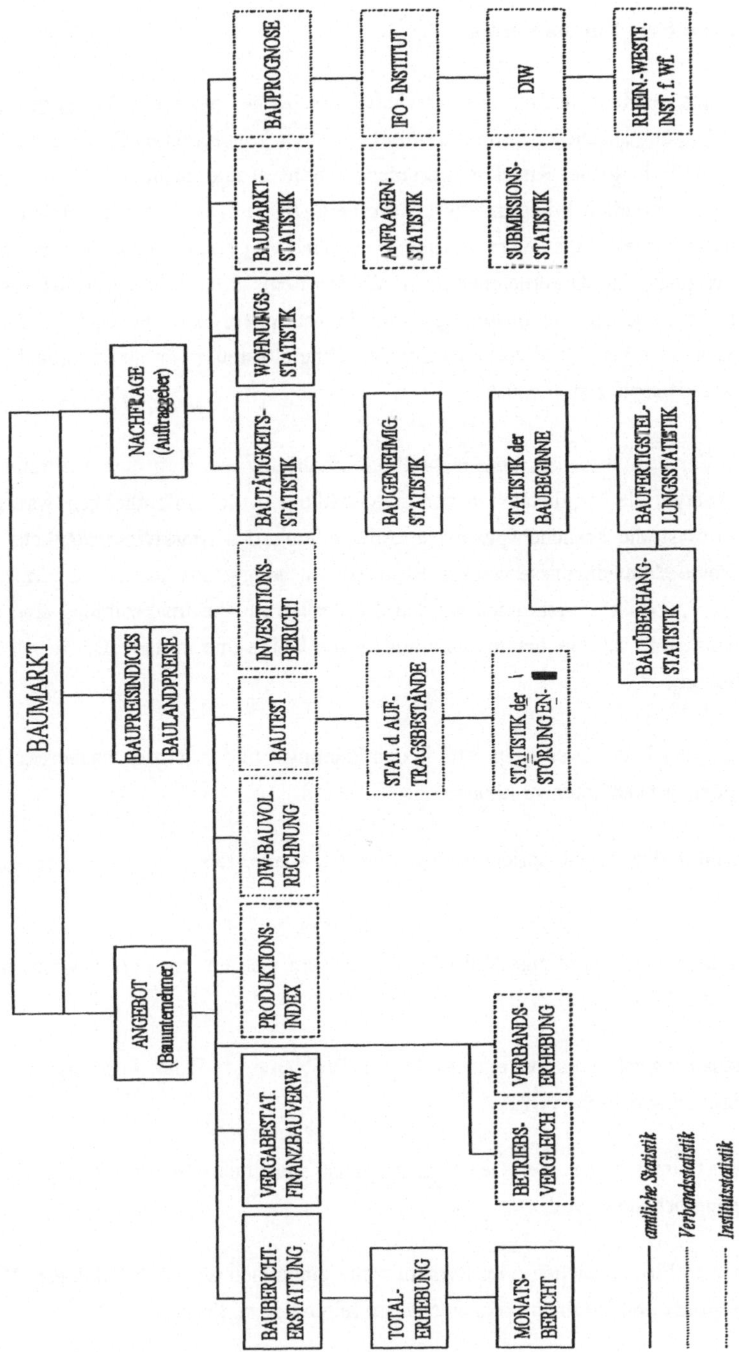

Bild 1.3   Die Systematik der Hochbaumarktstatistik.

1.1.4 Ansätze für ein Baumarketing

Unter Marketing versteht die Betriebswirtschaftslehre (BWL) <u>die aktive Vermarktung von Gütern + Dienstleistungen</u>. Dieser Grundsatz führt in seiner konsequenten Realisierung zu Aktivitäten, die für die Belange der Konsumgüterindustrie sinnvoll sind, nicht aber für die Baubranche. Hier herrschen wesentlich kompliziertere Marktverhältnisse. Die Bauunternehmungen können die Bedürfnisse normalerweise nicht wecken. Diese sind von Natur aus vorhanden (oder nicht). Sinnvoll ist es aber, daß Unternehmer innerhalb der Legislative politisch mitwirken, etwa bei Fragen der steuerlichen Begünstigung von Investitionen, zur Förderung des sozialen Wohnungsbaus oder bei der Zweckbindung der Mineralölsteuer für den Straßenbau, um nur einige markante Beispiele zu nennen.

Marketing in der Bauwirtschaft kann nicht Produktwerbung, sondern muß Vertrauenswerbung sein. Dabei sollten alle Möglichkeiten zur Imagebildung in der Öffentlichkeit wahrgenommen werden. Hierin ist die branchenspezifische Abwandlung des Marketinggedankens zu sehen: Wenn man keine Baubedürfnisse wecken kann, so soll wenigstens der eigene Firmenname mit bestimmten Bauprodukten verbunden werden. Förderlich für die Imagebildung sind dabei weit mehr Maßnahmen als man gemeinhin annimmt. Auch kleine und mittlere Betriebe können sich danach ausrichten:

- Erweiterung der Dienstleistungspalette in den Planungs- und Finanzierungsbereich hinein, um Komplettlösungen anbieten zu können.

- Hohe Qualität der Arbeit spricht sich herum, da Bauherren gegenseitig ihre Erfahrungen austauschen.

- Preisdisziplin bringt langfristige Vorteile; Mehrkosten werden umso eher akzeptiert, je mehr für das Geld geboten wird.

- Termineinhaltung ist eines der entscheidenden Probleme, da jeder Auftraggeber seinerseits eigene Termindispositionen trifft.

- Kundendienst im Rahmen der Gewährleistung ist auch beim Bauen wichtig, da stets Reklamationen vorhanden sind.

- Ein markantes Firmenzeichen oder Symbol sollte einheitlich auf allen Schildern, Briefbögen, Anzeigen, Fotos und Werbeartikeln erscheinen (einprägsam, farbig).

- Druckschriften sind ein wichtiges Mittel zur Imagebildung über ein Bauunternehmen, das leider erst ab einer gewissen Firmengröße zur Verfügung steht: Prospekte, Firmennachrichten für Kunden und Belegschaft, Kataloge usw.

- Besichtigungen des Betriebes in Form von einem "Tag der offenen Tür", beispielsweise vor der Zeit der Schulabgänge, um dabei Jugendliche und ihre Eltern für die Bauunternehmung zu interessieren. Besichtigt werden können interessante Baustellen, Verwaltungsgebäude, Hilfs- und Nebenbetriebe, Ausstellungsräume oder Musterhäuser bzw. Musterwohnungen.

- Informationen über das know-how des Betriebes durch Technische Schriften, Lichtbildervorträge, Filme, Referate von Betriebsangehörigen.

- Rege Verbandsarbeit und Mitgliedschaften in politischen Gremien oder gesellschaftlichen Vereinigungen.

- Imagepflege über die eigene Belegschaft: So wie am Biertisch über die Firma geredet wird, stellt man sich diesen Betrieb und das Betriebsklima in der Öffentlichkeit vor.

- Werbegeschenke müssen gezielt ausgewählt werden, damit ein Werbeeffekt entstehen kann. Gegenstände geringen Wertes sollten als Streuartikel verteilt und von individuellen Geschenken, bei denen es eher auf den Geschmack und die Idee ankommt als auf den Wert, ergänzt werden.

- Direkte Werbung durch Anzeigen in der Lokalpresse oder Sportplatzreklame.

Jeder Betrieb kann daraus für seine Verhältnisse die günstigste Wahl treffen. Nur mit "Qualität der Arbeit" oder mit Prospekten allein wird man keinen Auftrag holen. Stattdessen erfordert die Imagepflege ein Gesamtkonzept, das mittel- bis langfristig Erfolg bringen wird.

1.1.5 Akquisition von Aufträgen

Zu den existenziellen Aufgaben der Geschäftsleitung gehört die Auftragsbeschaffung oder "Akquisition". Als Grundsatz gilt, daß man die Aufträge holen muß und nicht auf sie warten kann. Bei schlechter Beschäftigungslage eines Betriebes ist zu prüfen, ob die Akquisition richtig organisiert war. In jedem Betrieb sollten Krisenprogramme existieren, die sicherstellen, daß die Unternehmung die Schwierigkeiten überstehen kann.

Unersetzbar für den Erhalt von Bauaufträgen ist das ständige Bemühen von haupt- und nebenberuflichen Kräften, wie z.B. pensionierten Firmenangehörigen, durch laufende Kontakte mit Politikern, Behörden und potentiellen Privatleuten Kontakte zu pflegen, um über die Bauprojekte so früh wie möglich Bescheid zu wissen und dann bei der Ausschreibung und Vergabe dabei zu sein.

<u>Acht Punkte für aktives Marktverhalten (für Bau-Marketing)</u>

1. Analyse des konkreten Marktfeldes der Bauunternehmung durch laufende Baumarktbeobachtung und aktuelle Markterkundung.

2. Ermittlung der eigenen Position im analysierten Baumarkt, ihrer Bedingungen und ihrer Chancen.

3. Festlegung der eigenen Unternehmensziele, die die aktive Marktentwicklung einschließen und den Auftraggebern sowie der Bauöffentlichkeit wiederholt mitgeteilt werden müssen (Presseberichte, Führungen, Schrifttum usw.).

4. Laufende Marktpflege, z.B. durch optimale technisch-wirtschaftliche Gestaltung der Bauwerke und der Baustellen und maximalen Service (Termineinhaltung, Qualitätsbewußtsein, Reparaturdienste).

5. Leistungs- und Preiswettbewerb auf der Grundlage fundierter Planung und Kontrolle der Kosten und Leistungen (z.B. in Form von Sondervorschlägen).

6. Marktorientierte Beschaffungspolitik sowie qualifizierte Finanzpolitik auf der Grundlage laufender Analysen der Finanzierungsmärkte.

7. Kooperation im Marktverhalten, soweit dies nach sorgfältiger Prüfung von Kosten und Nutzen für die Bauunternehmung positiv ist.

8. Kundenbefragung nach Beendigung der Bauarbeiten.

<u>Beispiel einer Kundenbefragung:</u>

Eine Kundenbefragung kann z.B. durch eine Bewertungsliste erfolgen. Der Kunde kreuzt auf einem Fragebogen mit einer Skala von "sehr gut" bis "sehr unbefriedigend" seine Bewertung an.

I. Allgemeines:

1.   Wie sind Sie mit der Bauabwicklung im allgemeinen zufrieden?

2.   Wie zufrieden sind Sie mit den Dienstleistungen unserer Mitarbeiter bzw. wie beurteilen Sie deren Arbeit?

3.   Wie beurteilen Sie die eingesetzten Geräte bzw. den Einsatz der Geräte?

4.   Wie beurteilen Sie die gewählten Arbeitsmethoden?

II. Besonderes:

1 Personal / Geräte

1.1   Wie beurteilen Sie die Zusammenarbeit mit der Bauleitung?

1.2   Wie beurteilen Sie die Zusammenarbeit mit den Polieren / Vorarbeitern?

1.3   Wie beurteilen Sie die Qualifikation der eingesetzten Facharbeiter?

1.4   Wie beurteilen Sie die Qualifikation der eingesetzten Bauhelfer?

1.5   Wie beurteilen Sie die Qualität der eingesetzten Maschinen?

2 Bauabwicklung

2.1   Wie beurteilen Sie die fachliche Ausführung?

2.2   Wie beurteilen Sie die Qualität der Arbeit?

2.3   Wurden die Geräte den Arbeiten entsprechend eingesetzt?

2.4   Steht die erbrachte Leistung in angemessenem Verhältnis zum Preis?

2.5   Wurden die getroffenen Abmachungen und Versicherungen eingehalten?

3   Abrechnung etc.

3.1   Liegt die Bauabwicklung im Rahmen der geforderten bzw. der vereinbarten Bauzeit?

3.2   Wie bewerten Sie die schriftliche Bearbeitung, Aufmaß, Schriftverkehr etc.?

3.3   Wie beurteilen Sie den Kontakt mit dem Büro unseres Unternehmens?

3.4   Wie beurteilen Sie die Beratung der Fa. Walter Feickert im Rahmen der Bauausführung?

3.5   Ist die Aussage "Der zuverlässige Partner am Bau" als zutreffend zu bezeichnen?

4   Baustellenbeurteilung

4.1   Wie war die Zusammenarbeit mit dem Personal unseres Untenehmens insgesamt?

4.2   Wie beurteilen Sie die erbrachten Bauleistungen insgesamt?

4.3   Wie beurteilen Sie die Qualität der Arbeit insgesamt?

4.4   Wie beurteilen Sie die Abwicklung der Arbeiten durch unser Unternehmen im Vergleich zu anderen?

III. Sonstiges:
Anregungen, Kritik, etc.

1.2 Die Beschaffungsmärkte der Bauunternehmung

Zwar steht der Absatzmarkt der Bauunternehmung im Vordergrund aktiven Marktverhaltens, aber die Grundsätze der Markterkundung und laufenden Beobachtung der Marktentwicklung gelten in gleicher Weise auch für die Beschaffungsmärkte. Hierbei ist von den spezifischen Gegebenheiten der einzelnen Märkte auszugehen.

1.2.1 Arbeitsmarkt

Die Bauberufe stellen eine tragende Größe des <u>Arbeitskräftemarktes</u> dar. Aus der Natur der ortsgebundenen Einzelfertigung heraus, zusätzlich aber auch aus den Schwankungen im Beschäftigungsgrad der bauausführenden Unternehmung, weist der Bauarbeitsmarkt ständig Bewegungen auf. Arbeitsmarktpolitik für die einzelne Bauunternehmung bedeutet das Ringen um eine bestmögliche Abstimmung des kurzfristigen Arbeitskräftebedarfs mit den Erfordernissen längerfristiger Kapazitätsplanung. Die konsequente Weiterentwicklung der Facharbeiterberufe und die ganzjährige Beschäftigung im Baugewerbe haben bewirkt, daß heute eine intensivere Bindung des Personals an die Bauunternehmung besteht als früher. Aus der fachlichen Leistung des einzelnen, von der Kostenwirksamkeit des Einsatzes und vom Arbeitserlebnis des Mitarbeiters her ergeben sich bereits gegenwärtig große und künftig wachsende Aufgaben der Menschenführung und Personalpolitik. Eine steigende Zahl von Bauunternehmen ist bestrebt, durch Qualifikation der Mitarbeiter Führungskräfte zu gewinnen und diese Führungskräfte ideell und materiell zu binden. Dazu gehört ein überzeugendes Konzept der Unternehmensführung und ein von diesem Konzept getragenes dynamisches Arbeitsmarktverhalten. Bereits beim mittleren Baubetrieb gilt es zu erkennen, daß es nicht nur einen externen Arbeitskräftemarkt gibt, sondern daß die positiv oder negativ eingeschätzten Beziehungen zu diesem "externen Arbeitsmarkt" von einer möglichst guten Lösung der Probleme des "firmeninternen Arbeitsmarktes" abhängen.

Die Beschaffung und Qualifikation von Mitarbeitern ist Thema von Kapitel 5.

1.2.2 Baustoffmarkt

Die große Zahl von Produkten und Bezugsmöglichkeiten erschwert die Marktorientierung bei der Baustoffbeschaffung. Wie die Tabelle 1.4 zeigt, entfällt auf die 10 wichtigsten Baustoffe wertmäßig nur ein Anteil von 54 %; die etwa 30 bis 40 weiteren Stoffe müssen ebenfalls günstig beschafft werden.

Zur Übersicht über den Kreis der in Betracht zu ziehenden Lieferanten und über die Preisentwicklung auf den einzelnen Spezialmärkten kommt die technische Bewertung der einzelnen Lieferungen und Leistungen sowie der Zahlungsbedingungen.

Aktuelle Produktinformationen sind erforderlich, um sich bei der Baustoffbeschaffung richtig verhalten zu können. Informationen über Qualität und Verarbeitung sind auf vielen Teilgebieten angesichts eines raschen Wandels in der stofflichen Zusammensetzung und in den Einsatzmöglichkeiten nicht nur eine Frage der Auswahl bei gegebenen Anforderungen, sondern oft bestimmend für Alternativlösungen der Bauwerksgestaltung und für die Verfahrenswahl in der Bauausführung. Der Erfolg von Sondervorschlägen hängt u.U. von der Beschaffung einzelner Stoffe oder Komponenten ab.

Tab. 1.4 Material- u. Wareneingangserhebung im Baubetrieb (Baustatistisches Jahrbuch 1993).

	Material bzw. Warenart	Mrd. DM		v.H.	
		1978	1982	1978	1982
1	Transportbeton	2,50	3,04	11,6	12,4
2	Bituminöses Mischgut	1,29	1,68	6,0	6,8
3	Bewehrungsstahl	1,12	1,27	5,2	5,2
4	Bausand und Kies	1,25	1,27	5,2	5,1
5	Schnittholz	1,37	1,21	6,3	4,9
6	Betonerzeugnisse für Tief- u. Straßenbau	1,02	1,07	4,7	4,4
7	Zement	0,85	0,84	4,0	3,4
8	Baustahlmatten	0,76	0,84	3,5	3,4
9	Unbearbeitete Natursteine	0,85	0,71	4,0	2,9
10	Mauer- und Deckenziegel	0,62	0,69	2,9	2,8
11	Sonstige	6,80	7,90	46,0	49,7
	Summe	18,43	20,50	100,00	100,00

In den Großbauunternehmungen gibt es die Abteilung Einkauf, bei der die Beschaffung der Bau- und Bauhilfsstoffe meist in der Hand von Kaufleuten liegt. Sie betreut den Einkauf professionell, z.B. mit

- Lieferantenkarteien,
- Preisanfragen,
- Prospektsammlungen,
- Preisverhandlungen,
- Vertragsabschlüssen,
- Zulassungen/Prüfzeugnissen.

Der Computer und entsprechende Dateien sind dabei geeignete Hilfsmittel.

1.2.3 Baumaschinenmarkt

Seit den Jahren der einsetzenden starken Mechanisierung hat der Baugerätemarkt für die Bauunternehmen große Bedeutung erlangt. Hier geht es einerseits um Produktinformationen, zum anderen jedoch um eine vom Baumarkt her bestimmte und kapazitätsbezogene Investitionsrechnung. Der Anschaffung eines Baugeräts sollte eine solche Investitionsrechnung mit dem Ziel vorausgehen, das für die anstehenden Aufgaben technisch und wirtschaftlich optimal geeignete Gerät zu beschaffen und nicht beispielsweise das größte oder leistungsfähigste. Das Kernproblem ist stets die Frage, soll eine leistungsstarke Spezialmaschine oder wegen des geringeren Einsatzrisikos lieber eine vielseitigere Universalmaschine angeschafft werden. Aktive Beschaffungspolitik im Bereich der Maschinen und Anlagen erfordert ggf. Nutzwertanalysen, d.h. die Ermittlung derjenigen Beschaffungsalternative, die der gewünschten Aufgabe wirtschaftlich und ideell am besten gerecht wird.

Aktives Marktverhalten umfaßt beim Baugerät und bei den Fahrzeugen auch ein Konzept der Einzelteilbevorratung, der laufenden Wartung und des Reparaturdienstes. Eine Vielzahl unterschiedlicher Typen bei Geräten und Fahrzeugen kann den operativen Geräteeinsatz stark behindern. Die Gerätebeschaffung und der Geräteeinsatz sind daher aus einem notwendigen marktorientierten Führungskonzept der Bauunternehmung abzuleiten.

1.2.4 Finanzmarkt

Hier ist nicht die allgemeine Finanzierung der Bauunternehmung angesprochen, sondern eine weitere Dienstleistung der Baufirmen. Es gibt Auftraggeber, die eine Komplettlösung mit einer günstigen Produktfinanzierung wünschen, etwa im Bereich des Bauträgergeschäftes. Ist das Komplettangebot günstiger als das der Konkurrenz, so erhält die Firma diesen Auftrag.

Aktives Marktverhalten in diesem Sinne bedeutet eine Vergrößerung des Spielraumes. Aktive Finanzpolitik setzt die notwendigen Kenntnisse des Finanzierungsgeschäftes und der Finanzmärkte voraus, eine ausreichende Organisation der betrieblichen Finanzwirtschaft sowie gute Planung der Einnahmen und Ausgaben. Wenn die Bauunternehmung nicht selbst über geeignete Kreditfachleute verfügt, muß sie sich den fehlenden Sachverstand von Bausparkassen oder Banken in Form von deren Kreditfachleuten hinzuholen.

Über die Aktivitäten auf den Beschaffungsmärkten schließt sich der Ring mit dem marktgerechten Verhalten auf den Absatzmärkten: Denn falsches Verhalten auf den Beschaffungsmärkten wirkt sich auf den Absatzmarkt aus, z. B. durch zu hohe Preise und damit durch zu geringe Wettbewerbsfähigkeit.

1.3 Zusammenhänge zwischen Absatzmarkt, Produktion und Beschaffungsmärkten

Der Betrieb, speziell der produzierende Betrieb, stellt die Verbindung zwischen dem Absatzmarkt (Baumarkt) und den Beschaffungsmärkten her. Er gibt und nimmt Informationen, er gibt Bauleistungen und empfängt Geld dafür, er nimmt die Produktionsfaktoren und bezahlt sie mit Geld (Bild 1.5). Der Betrieb selbst besteht im wesentlichen aus den vier Produktionsfaktoren

- Personen,
- Informationen,
- Sachmittel und
- Finanzmittel.

Des weiteren gehören dazu immaterielle Werte wie

- know-how und
- Managementerfahrungen.

Wenn das Betriebsgeschehen selbst und insbesondere die zentralen Planungsaktivitäten mit dargestellt werden, entstehen wesentlich komplexere Strukturen, wie Mellerowicz (Bild 1.6) aufgezeigt hat. Dabei spielt (je nach Art des Betriebes) die Absatzplanung und die Beschaffungsplanung eine Rolle sowie des weiteren die Lagerplanung und die eigentliche Produktionsplanung. Die Betriebswirtschaftslehre bietet unterschiedliche Theorien und Instrumente für die verschiedenen Planungsaufgaben an. Der einzelne Betrieb setzt Schwerpunkte und Akzente, indem er gewisse Planungen davon auswählt und ggf. abwandelt oder weiterentwickelt.

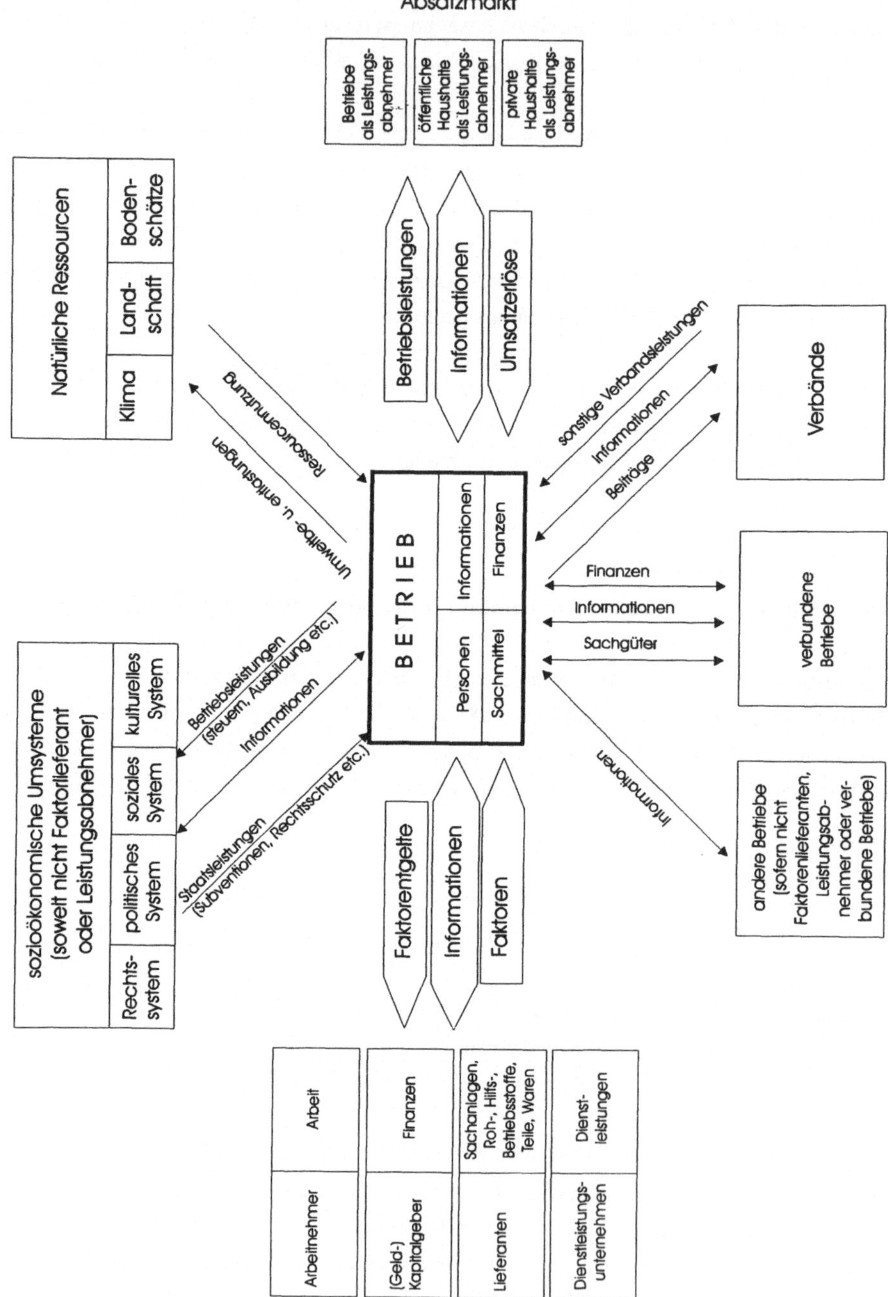

Bild 1.5   Zusammenhang des Beschaffungs- u. Absatzmarktes sowie die Stellung eines Betriebes in der Wirtschaft (nach Gabler).

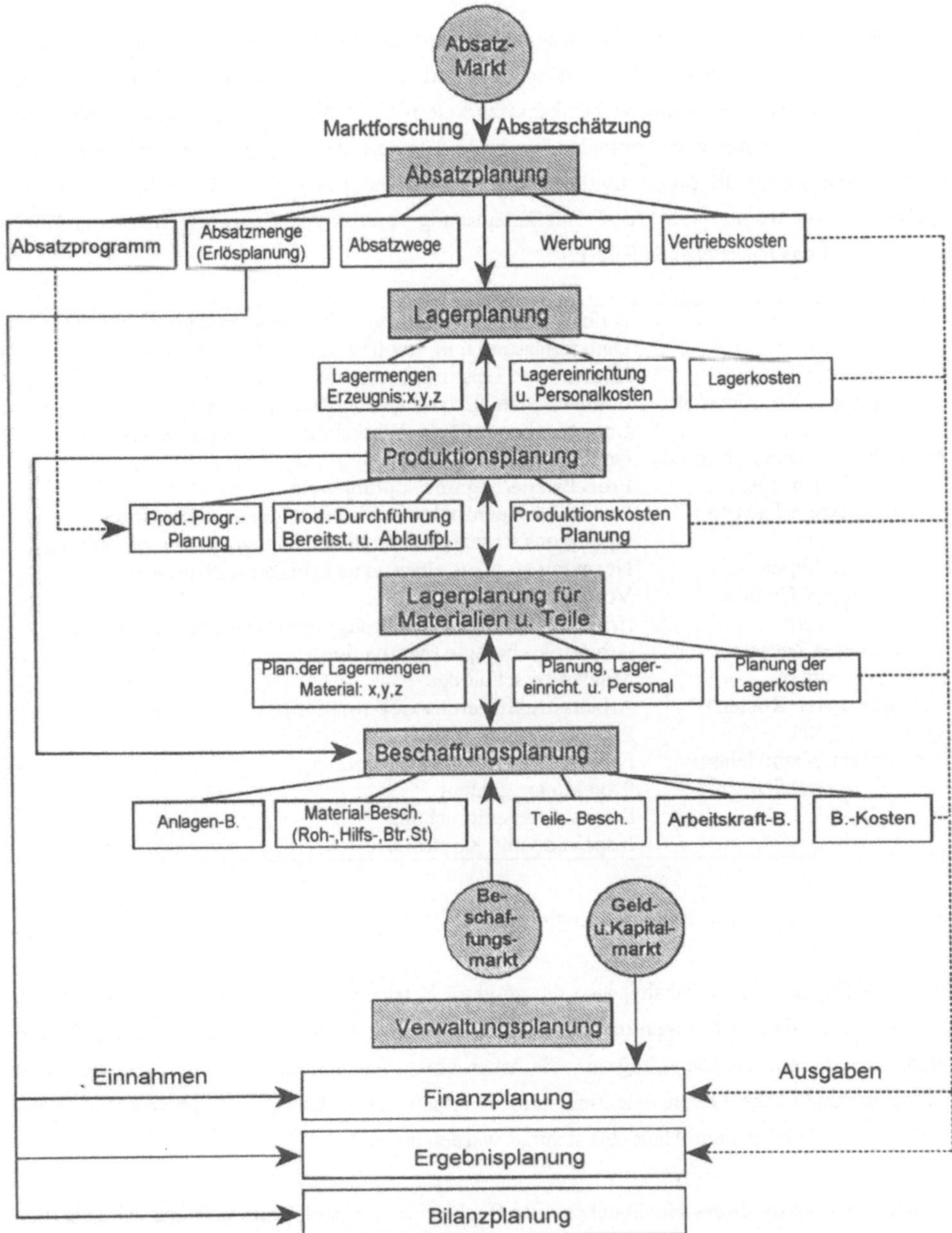

Bild 1.6   Zusammenhang zwischen Absatz- und Beschaffungsmarkt und alle betrieblichen Planungsschritte nach Mellerowicz.

Die Inhalte solcher in sich geschlossener Methoden und ganzer Unternehmensphilosophien schwanken in weiten Grenzen. Sie sind unterschiedlich weit entwickelt und daher schwer untereinander vergleichbar. Ähnliche Denkansätze liefern die "REFA-Methodenlehre" sowie das "Industrial Engineering" zum optimalen Planen und integrierten Steuern eines Produktionsbetriebes. Insbesondere die produktivitätssteigernden Maßnahmen von der Ideenfindung bis zur Erfolgskontrolle werden aufgezeigt. Zur Erläuterung speziell des Begriffes "Industrial Engineering" dient das nachstehende Bild 1.7:

Planung, Einsatz, Steuerung u. Koordination von Mensch / Maschine / Kapital mit dem Ziel Produkte + Dienste in richtiger Menge + Qualität zum richtigen Zeitpunkt unter geringsten Kosten mit minimalem Kapitaleinsatz zu erstellen	Aufbauorganisation (Aufgabe/Verantwortung) Datenerfassung und -verarbeitung (Informationswesen) Kosten- und Leistungsrechnung Zeitwirtschaft (Leistungslohn/Rationalisierung) Logistik (Lagerplätze, Werkstätten, Transportwesen) Qualitätssicherung Prozeßsteuerung und -optimierung Statistik + Kennzahlen zur Entscheidungsvorbereitung Operations Research (Trendberechnung/Systemoptimierung) Normung (Baukastensysteme/Typisierung/Nummernsysteme) Vorschlagswesen Ergonomie (Arbeitsgestaltung, -unterweisung, -sicherheit) Arbeitspsychologie (Motivation) Mitarbeiterschulung Arbeitsstrukturierung (job rotation) Produktplanung Fertigungsplanung und -steuerung Projektmanagement Schwachstellenforschung Inspektion und Kontrolle

Bild 1.7   Inhalte des "Industrial Engineering".

"Industrial Engineering" beinhaltet also die gesamte Betriebsführung mit allen technischen und betriebswirtschaftlichen Zweigen und Sonderproblemen. Nicht alle Fragen tauchen ständig und gleichzeitig im betrieblichen Alltag auf. Sie haben aber über längere Zeit hinweg Gewicht und sind zu beachten. Die Geschäftsleitung muß innerhalb dieses Rahmens Ziele setzen, die die Prioritäten des Denkens und Handelns sichtbar werden lassen.

Die weiteren Kapitel dieses Handbuches über Baubetrieb greifen jeweils spezielle Bereiche des Gedankengebäudes heraus, um sie näher zu untersuchen und mit Substanz für die Bauunternehmung zu füllen.

1.4 Festlegung von Produktionsprogrammen

Eng mit den Marktanalysen und Marktzielen hängt die Gestaltung des Produktionsplanes zusammen. Er fußt auf den Marktuntersuchungen und wirkt sich stark auf die Investitionsplanung aus.

Jedes Unternehmen kann in unserem Wirtschaftssystem qualitativ wie quantitativ autonom festlegen, was es produzieren und welche Dienstleistungen es anbieten will. Natürlich sind erprobte Fertigungsverfahren, eingearbeitete Fachkräfte und vorhandene Geschäftsverbindungen normalerweise die beste Voraussetzung zur Weiterführung oder Verbreiterung eines bewährten Produktionsprogramms.

Einseitige Abhängigkeiten von Konjunktureinflüssen, von einzelnen Kunden oder von Lieferanten sind durch ein breiteres Leistungsspektrum möglichst abzubauen. Andererseits kann durch Spezialisierung auf besonders ertragreiche Bausparten das Ergebnis verbessert werden. Viele Firmen haben sich mit Erfolg spezialisiert (Eisenbahnoberbau, Feuerfestmauerungen, Spritzbetonarbeiten, Erdanker, Wasserhaltungen o.ä.). Die Frage der richtigen Programmpalette und des richtigen Produktmix ist ständig wieder neu zu beantworten. Voreilige Entschlüsse sind gefährlich, da sie das Unternehmen auf mittlere bis lange Sicht binden.

Spezialisierung bedeutet hohe Auslastung der Betriebsmittel und erhöhte Wettbewerbsfähigkeit, erfordert aber ein weites Aktionsfeld und bringt einseitige Abhängigkeit von Konjunktureinflüssen und Kunden mit sich. Außerdem ist im Baugewerbe die Spezialisierung wegen der Verarbeitung von großen Baustoffmengen regional begrenzt.

Eine breite Angebotspalette gibt zwar größere Unabhängigkeit von einzelnen Nachfrageengpässen, erfordert aber einen breit gestreuten Gerätepark mit vielfältigen Produktionsanlagen, dessen wirtschaftliche Auslastung gefährdet ist. Die Auslastung der Großgeräte liegt in der Bauwirtschaft auch in guten Jahren oft unter 60 %.

1.4.1 Ordnungsprinzipien für Produktionsprogramme

In stationären Betrieben ist das Produktionsprogramm in Produktlinien gegliedert. Das sind Gruppen von Produkten, die aufgrund bestimmter Kriterien wie Material, Produktionstechnik oder spezieller Anlagen zusammengefaßt werden. Je mehr Produktlinien ein Programm erfaßt, desto größere Breite besitzt es. Je größer die Zahl der Typen und Varianten einer Produktlinie ist, desto größere Tiefe weist es auf (Bild 1.8).

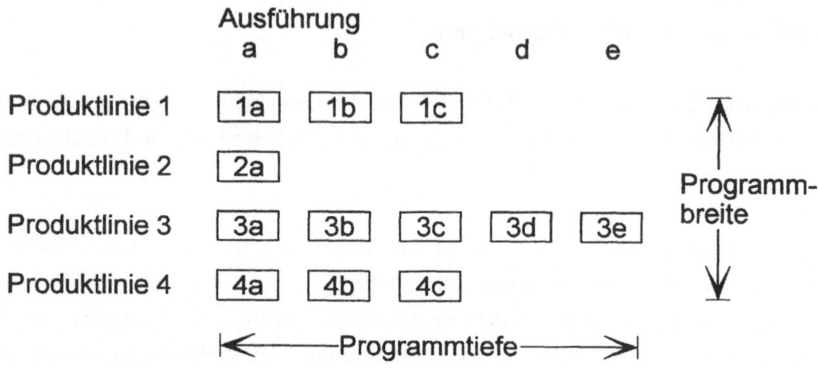

Bild 1.8   Breite und Tiefe von Produktionsprogrammen.

Das Leistungsprogramm des Handels wird als "Sortiment" bezeichnet, dessen Beschreibung in ähnlicher Weise über Sortimentgruppe, -breite und -tiefe erfolgt.

Im Bauunternehmen ist eine reine Produktgliederung normalerweise schwer durchzuführen. Besser ist eine Spartengliederung, etwa in

- Wohnungsbau,
- Brückenbau,
- Ingenieurtiefbau,
- Baugruben und Erdbewegungen,
- Kanal- und Straßenbau usw.

Bauaufträge sind häufig Mischungen aus verschiedenen Produktlinien bzw. Sparten. Eine Bauunternehmung sollte also Produktlinien, die häufig gemeinsam benötigt werden, selbst anbieten und die seltener auftretenden Produkte und Produktlinien durch geeignete Kooperationen abzudecken versuchen.

In allen Fällen, wo aus einem Rohstoff oder mit einem Fertigungsverfahren mehrere Produkte entstehen, spricht man von einer sog. Kuppelproduktion. Bild 1.9 zeigt das Fließschema einer maximal zweistufigen Kuppelproduktion aus der Baustoffherstellung. Sand und Kies sind einstufige Erzeugnisse (Absiebung), Werksbeton ist ein zweistufiges Produkt, da es eine zusätzliche Mischanlage erfordert.

Bei gegebenem Fließschema und den Mengendaten läßt sich mit Hilfe der linearen Planungsrechnung das "optimale" Produktionsprogramm berechnen, ggf. unter Hinzufügen von Markt und Mengenbeschränkungen.

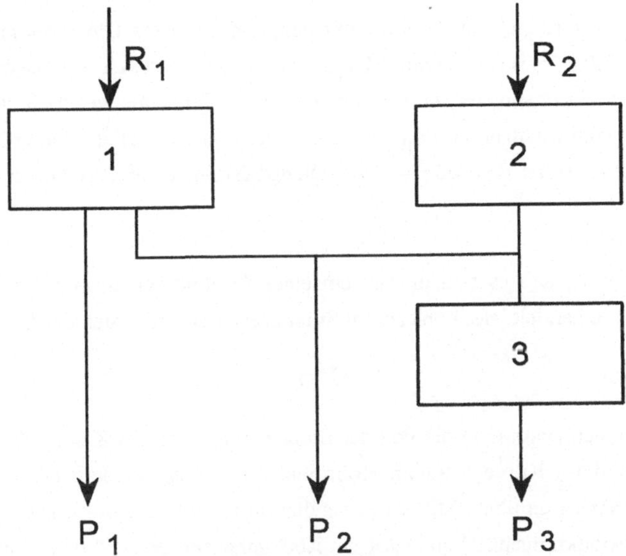

Bild 1.9   Fließschema für eine mehrstufige Produktion (sog. Kuppelproduktion).

1.4.2 Ermittlung des optimalen Produktionsprogramms

Die klassische Lehre von Angebot und Nachfrage besagt, daß beim Zusammentreffen einer großen Zahl von Anbietern mit einer Vielzahl von Nachfragern der einzelne Anbieter oder Nachfrager den Markt nicht allein beeinflussen kann. Vielmehr wird die Marktsituation vom Zusammenspiel der Absatzbemühungen der gesamten Anbieterseite geformt: Wenn der Preis P ansteigt, werden sich die einzelnen Anbieter bemühen, die produzierte Menge $x_N(P)$ zu steigern. (Bild 1.10). Wenn dagegen die Anbieterseite bei gleichbleibender Nachfrage die Angebotsmenge $x_A(P)$ erhöht, wird der Preis fallen.

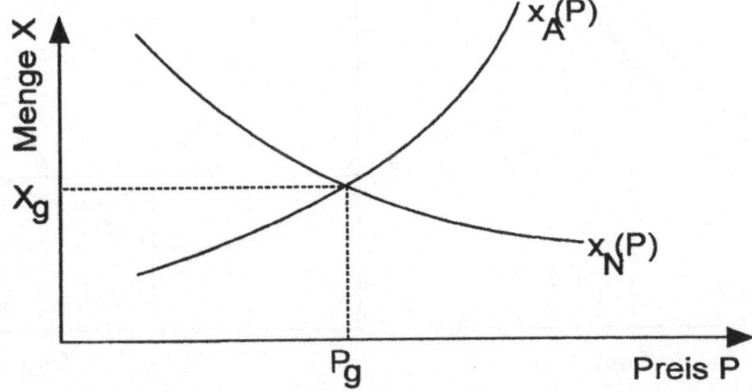

Bild 1.10   Gleichgewichtspreis bei Übereinstimmung von Angebots- und Nachfragemenge bei vollständiger Konkurrenz.

Für den Idealmarkt wird sich im Schnittpunkt beider Kurven ein Gleichgewichtspreis P_g herausbilden. Die auf den Markt gebrachte Menge wird sich im Bereich der Gleichgewichtsmenge x_g einpendeln. Der Einzelanbieter wird zu einem höheren Preis nur wenig absetzen können und unterhalb des Gleichgewichtspreises P_g seinen Erlös unnötig schmälern. Derartige Ermittlungen sind ggf. für jeden Artikel und jede Art der Dienstleistung einer Programmpalette gesondert anzustellen.

Es wird angenommen, daß es sich um ein einzelnes Produkt mit großer Stückzahl x aus der stationären Industrie handelt. Bei konstantem Stückpreis p ermittelt sich der Erlös zu

$$E\,(x) = p \cdot x.$$

Trägt man im gleichen Diagramm die von der Stückzahl abhängigen Kosten K(x) ein (Bild 1.11 links), so beginnt diese Kurve nicht im Koordinatenursprung, sondern mit den fixen Kosten dieses Produktes etwas darüber. Mit zunehmender Stückzahl x stellt sich wegen der besseren Auslastung der Produktionsmittel zunächst ein Rückgang der Gesamtkosten ein, der bei weiter ansteigender Stückzahl jedoch infolge der Mehrarbeitszuschläge stärker ansteigt. Infolgedessen stellt sich ein typisch S-förmiger Anstieg der Produktionskosten ein.

Hierbei zeigt sich, daß erst ab einer Stückzahl x_u Kosten und Erlös im Einklang stehen. Interessant ist, daß bei Stückzahlen über x_u ein wachsender Gewinn entsteht. Da aber bei großer Auslastung der Produktionseinrichtungen bzw. bei Überlastung der Einrichtungen die Kosten z.B. durch Überstundenzuschläge, Leistungsverluste und Verschleiß stärker ansteigen, wird mit wachsender Menge bei x_0 die Gewinnzone wieder verlassen. Demnach ist der Gewinnbereich charakterisiert durch $x_u \leq x_{opt} \leq x_0$

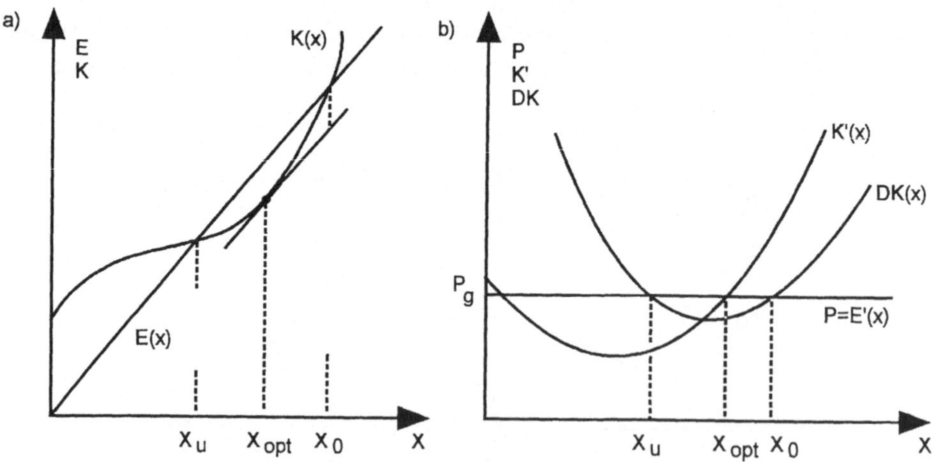

Bild 1.11   a)   Kosten und Erlöse in Abhängigkeit von der Stückzahl x.

                 b)   Grenz- und Durchschnittskosten in Abh. von der Stückzahl x.

Der vertikale Abstand zwischen Kosten und Erlös ist der der jweiligen Ausbringung zugeordnete Gewinn. Er ist für die Stückzahl maximal, bei der dieser Abstand seinen Größtwert hat. Man findet ihn, indem man an die Kostenkurve eine zur Erlösgeraden parallele Tangente legt. Im Tangentenberührpunkt entsteht der maximale Gewinn bei der optimalen Ausbringung x_{opt}.

Dieser Wert kann auch aufgrund einer anderen Überlegung gewonnen werden: Bei konstantem Preis wächst die Gesamterlöskurve mit jedem weiteren ausgebrachten Stück um einen konstanten Betrag, den Einheitspreis. Folglich ist für diesen Fall die Grenzerlöskurve $E'(x)$ mit dem Einheitspreis P_g identisch. Die Grenzkostenkurve $K'(x)$ erhält man durch Differnzieren der Gesamtkostenkurve. Die optimale Menge x_{opt} findet man senkrecht unter dem Schnittpunkt von Grenzkosten- und Grenzerlöskurve auf der Abszisse. Vervollständigt man die Darstellung noch mit der Durchschnittskostenkurve $DK(x)$, dann kann man den Gewinn wiederum als das Stück ermitteln, das aus der in x_{opt} gezogenen Senkrechten von der Grenzerlös- und der Durchschnittskostenkurve herausgeschnitten wird. x_u und x_o grenzen den gewinnträchtigen Produktionsbereich ein.

Es zeigt sich, daß nicht nur qualitative Überlegungen zur Ermittlung der Produktionsprogramme wichtig sind, sondern daß zur optimalen Gestaltung von Produktionsprogrammen vor allem auch quantitative Überlegungen gehören. Selbst wenn der Baubetrieb nicht mit den Verhältnissen im stationären Betrieb gleichgesetzt werden kann, gelten die Fundamentalfeststellungen selbstverständlich ebenfalls für diese Branche.

Quantitative Untersuchungen können jedoch nur in Betrieben vorgenommen werden, die auf einem anspruchsvollen Niveau, insbesondere in den Bereichen

- Rechnungswesen (Methodik der Abrechnung von Geschäftsvorfällen),
- Betriebsinformatik (Verarbeitung der betriebswirtschaftlich relevanten Informationen) und
- Operations-Research (mathematische Verfahren zur quantitativen Entscheidungsvorbereitung),

geführt werden.

Es ist notwendig, diese drei Bereiche in enger Verknüpfung und gegenseitiger Abhängigkeit zu verstehen. Schnelle Datenermittlung und Auswertung wird durch den Einsatz leistungsfähiger EDV-Anlagen ermöglicht.

1.4.3 Eigenfertigung oder Fremdbezug (make or buy?)

Die BWL hat rechnerische Entscheidungshilfen entwickelt, ob die "Losgröße" eine wirtschaftliche Eigenfertigung zuläßt oder möglicherweise die "optimale Bestellmenge" für einen Fremdbezug vorliegt [1.21]. Neben diesen Berechnungen sind aber weitere Überlegungen notwendig, die die Entscheidung zwischen Eigenfertigung und Fremdbezug maßgeblich beeinflussen können:

Unternehmen, die auf Eigenfertigung eingerichtet sind, haben in erheblichem Umfang Kapital in den Arbeitsplätzen gebunden (Maschinen, Werkzeuge, Räume usw.), das nur bei entsprechender Auslastung sinnvoll angelegt ist. Durch Fremdbezug kann eine Verschiebung der Kostenstruktur eintreten, die eine neue Kalkulation erfordert und die entsprechend höheren Fixkosten im eigenen Betrieb berücksichtigt.

Ferner entstehen mit dem Fremdbezug Qualitäts- und Terminrisiken, die möglichst vorab durchleuchtet werden müssen. Wenn es klare Qualitätsstandards gibt, läßt sich das Qualitätsrisiko durch ausreichende technische Kontrollen deutlich reduzieren. Gegen Lieferantenengpässe gibt es aber keine Absicherungen. Wenn der Lieferbetrieb mehr Aufträge hereinnimmt als er bewältigen kann, so wird er die Aufträge nach einer selbst gewählten Priorität abwickeln. Der dadurch bedingte eigene Lieferverzug wirkt sich aber vor allem im Verhältnis zum Auftraggeber aus, indem beispielsweise die Folgeaufträge gestrichen werden. Der Fremdbezug ist - neben den wirtschaftlichen Gesichtspunkten - vor allem dann eine sinnvolle Alternative, wenn

- die eigenen Kapazitäten hoch ausgelastet sind,
- das entsprechende Fachpersonal fehlt, knapp oder zu teuer ist (z.B. durch Anreise und Auslösung) und/oder
- eigene Investitionen dadurch vermeidbar sind.

Auch die Lieferanten selbst können die Entscheidung für oder gegen einen Fremdbezug maßgeblich mit beeinflussen, z.B. durch Eingehen auf Termin- oder Sonderwünsche, durch Hilfestellung bei der konstruktiven Gestaltung, durch Service bei der Montage oder der Personaleinweisung u.a.m.

1.5 Kooperationsformen der Bauunternehmungen

Es gibt viele Gründe, zu kooperieren. In Zeiten der Hochkonjunktur können es ganz andere sein, als in Zeiten von Auftragsmangel. Das Hauptziel ist dabei stets der Ausgleich von Über- oder Unterkapazitäten, um das Ergebnis zu steigern.

1.5.1 Die Arbeitsgemeinschaft als kurzfristige Kooperationsform

Die gemeinschaftliche Ausführung von Bauaufträgen ist eine für die Baubranche typische Kooperationsform, die eine lange Tradition hat. Zum Bauhauptgewerbe der BRD werden jährlich rd. 600 Baustellen im Volumen von etwa 10 - 12 Mrd. DM in Arbeitsgemeinschaften ausgeführt, das entspricht fast 10 % des Umsatzvolumens im Bauhauptgewerbe.

Eine Arbeitsgemeinschaft (kurz ARGE) entsteht durch einen besonderen Vertrag, den *ARGE-Vertrag*, der alle Einzelheiten, die ggf. strittig werden, regelt. Er bezieht sich auf ein bestimmtes Bauvorhaben und ist zeitlich befristet. Die Spitzenverbände der Bauwirtschaft haben sich auf einen Mustertext für den ARGE-Vertrag geeinigt und passen diesen Vertragstext von Zeit zu Zeit den Erfordernissen an (letzte Fassung vom Frühjahr 1987). Er regelt vor allem folgende Fragen:

- Gesellschafter,
- Name, Sitz und Zweck der ARGE; Vertragsdauer,
- Beteiligung, Haftung und Gewährleistung,
- Organe (Aufsichtsstelle, Geschäftsführung, Bauleitung),
- Vergütung von Sonderleistungen,
- Bereitstellung von Kapital, Personal, Material u.Geräten,
- Versicherungen und Steuern,
- Ausscheiden eines Gesellschafters,
- Schiedsvereinbarung.

Naturgemäß entstehen durch gemeinsames Wirtschaften auch zahlreiche Konfliktstoffe, wie die Aufzählung der wichtigsten Vertragspunkte zeigt. Die gesamtschuldnerische Haftung nach § 421 BGB von allen ARGE-Partnern ist eine wichtige Voraussetzung für die Beauftragung von ARGEn. Alle Regelungen von Haftungsfragen unter den Partnern betreffen nur das Innenverhältnis, nicht das Vertragsverhältnis zwischen dem Auftraggeber und der ARGE.

Sehr häufig entstehen Arbeitsgemeinschaften aus Bietergemeinschaften, wenn diese das annehmbarste Angebot abgegeben haben (§ 25.2, Abs. 2 VOB/A). Sie können aber auch durch den Wunsch des Auftraggebers zustande kommen, insbesondere wenn bei technisch schwierigen Bauaufgaben die jeweils besten Lösungen bzw. Teillösungen ausgewählt und wegen der Gewährleistung als geschlossenes Paket in Auftrag gegeben werden. Maßgebend ist in diesem Falle der Preis eines Bieters. Während die öffentlichen Auftraggeber durch die VOB-Anwendung nur wenig Handlungsspielraum zur Anregung von Argen besitzen, kann die gewerbliche Wirtschaft ihre Bauverträge frei aushandeln, mit dem Ziel, qualitativ einwandfreie

Bauleistungen in der kürzest möglichen Zeit zu erhalten. Der Preis ist dabei oft nicht allein ausschlaggebend.

Bei großen Bauaufträgen entstehen Bieter- und Arbeitsgemeinschaften auch dadurch, daß sich überregional tätige Großfirmen mit ortsansässigen Firmen zusammenschließen. Die örtlichen, zumeist mittelständischen Betriebe übernehmen gewisse Teilaufgaben (wie z.B. Baugrubenherstellung, Grundleitungen, Verfüllung, Außenanlagen), während der Großbetrieb für die schwierigeren Ingenieuraufgaben zuständig sein kann (Konstruktionsplanung, Fertigteilherstellung und -montage, Vorspannungen, spezieller Grundbau usw.).

Gut funktionierende Arbeitsgemeinschaften bringen für alle Beteiligten Vorteile. Der Auftraggeber hat den Vorteil, daß sich die Kapazitäten mehrerer Baufirmen addieren. Da insbesondere qualifiziertes Fachpersonal Mangelware und unersetzbar ist, spielt das Personal für die Qualität des Bauwerkes und die Termineinhaltung eine entscheidende Rolle. Hinzu kommt die o.a. gesamtschuldnerische Haftung im Falle von irgendwelchen Unregelmäßigkeiten.

Auch die Unternehmerseite sieht in der ARGE Vorteile, insbesondere durch Risikostreuung und bessere Kapazitätsauslastung [1.31]. Es ist unternehmerisch leichter, sich an drei großen Arbeitsgemeinschaften zu beteiligen, die nicht genau zum gleichen Zeitpunkt auslaufen, als einen entsprechenden Großauftrag allein auszuführen, von dem man ziemlich sicher weiß, daß man wohl kaum den passenden Anschlußauftrag erhalten wird. Wo sollen die frei werdenden Kapazitäten dann plötzlich eingesetzt werden?

Auch die mittelständischen Betriebe haben Vorteile durch die Beteiligung an Arbeitsgemeinschaften, da sie Anschluß an neue technische und organisatorische Entwicklungen erhalten, die häufig von den großen Baukonzernen besonders gefördert worden sind. Der allgemein hohe Leistungsstand der Bauwirtschaft geht zum großen Teil auf diese temporären Gemeinschaften zurück.

In jüngster Zeit wird die Frage der kartellrechtlichen Zulässigkeit dieser Kooperationen diskutiert (Kooperationsfibel des BMWi). Natürlich entstehen Wettbewerbsbeschränkungen, wenn alle für eine Bauaufgabe in Frage kommenden Firmen sich zu einer Bietergemeinschaft zusammenschließen, die dann ggf. ihre Preisvorstellungen durchsetzen kann. Es ist nicht auszuschließen, daß mit dem Instrument der Arbeitsgemeinschaft gelegentlich Mißbrauch getrieben worden ist. Die Wettbewerbshüter dürfen aber auf der anderen Seite nicht übersehen, daß durch die Einzelfertigung des Baugewerbes überdurchschnittliche Beschäftigungsrisiken für die Unternehmer und die Arbeitnehmer entstehen, die durch zeitweise Kooperationen in ARGEn partiell etwas gemindert werden.

Durch die Auftragsform der ARGE wird die Beschäftigungspolitik der Unternehmer flexibler. Damit wird ein bedeutsamer sozialer Beitrag für den Arbeitnehmer des Baugewerbes erbracht.

Zusammenfassend ist festzustellen: Kooperation, insbesondere in Form der ARGE hat viele Vorteile, wenn man sich an die folgenden sechs Grundsätze hält:

- Die Leistung der einzelnen Partner entscheidet über den Erfolg der Arbeitsgemeinschaft. Durch eine geeignete Arbeitsverteilung und Arbeitseinteilung ist eine höhere Leistung zu erreichen gegenüber dem Einsatz von Einzelbetrieben. Unter dem bestmöglichen Einsatz der vorhandenen Maschinen und Geräte und der personellen und technischen Fähigkeiten kann eine Leistungssteigerung erzielt werden.

- Gegenseitiges Vertrauen der einzelnen ARGE-Mitglieder ist die Grundlage der Zusammenarbeit.

- Während der Zugehörigkeit zur Arbeitsgemeinschaft ist es dem Einzelbetrieb unbenommen, andere selbständige Aufträge zu übernehmen, sofern es seine Leistungsfähigkeit gestattet. Der Einzelauftrag sollte möglichst nicht mehr als 1/3 der Betriebskapazität binden.

- Es sollen nur Aufträge übernommen werden, die der fachlichen Eignung der zusammengeschlossenen Betriebe und ihrer Leistungsfähigkeit entsprechen.

- Die Bildung einer Arbeitsgemeinschaft soll stets durch den Abschluß eines ARGE-Vertrages erfolgen, da nur so klare Rechtsverhältnisse entstehen.

- Die losweise oder gewerkeweise Ausführung von Bauaufträgen durch verschiedene Unternehmer entspricht nicht der hier behandelten Form der echten ARGE (vgl. dazu Abschn. 1.5.4 und Bild 1.2) und bringt Probleme der Koordination und Abstimmung zwischen den Gewerken mit sich.

1.5.2 Langfristige Kooperationen

Strukturelle Einflüsse und die jeweils aktuelle Konjunktursituation können vor allem für kleine und mittlere Bauunternehmungen zu wirtschaftlichen Schwierigkeiten führen, wenn beispielsweise die größeren handwerklichen und industriellen Konkurrenten Aufträge an sich ziehen, für die sie früher wegen ihres geringen Umfanges kein Interesse gezeigt haben. Daneben ist im Bauwesen zeitweise ein Trend zu schlüsselfertiger Vergabe, zu größeren Baulosen und zur Verwendung vorgefertigter Bauelemente zu beobachten.

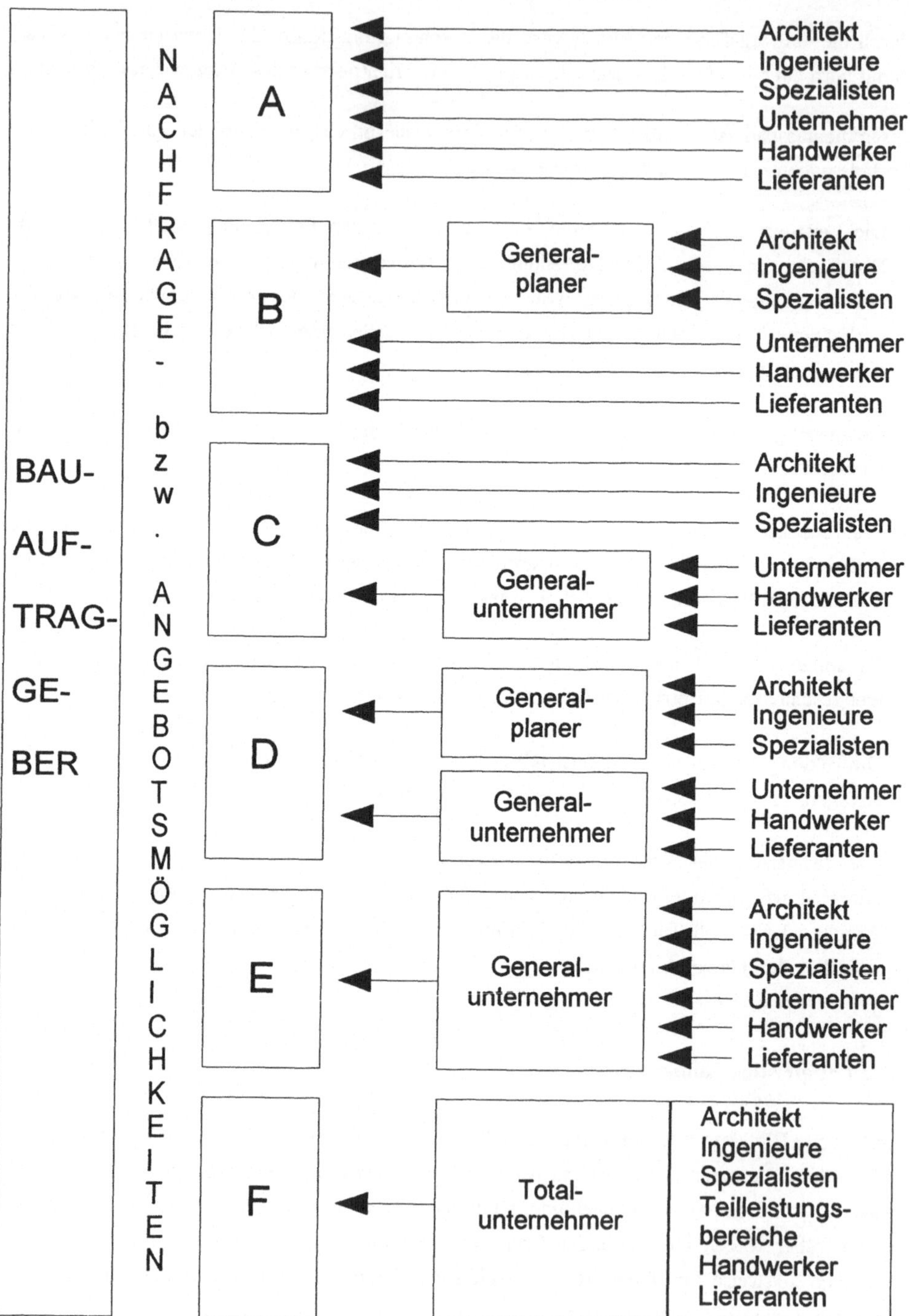

Bild 1.12 Mögliche Formen der Nachfrage nach Bauleistungen durch Auftraggeber [1.34]

Demgegenüber sind kleinere Bauunternehmen aus eigener Kraft nicht in der Lage, in die Arbeitsgebiete der größeren Betriebe einzudringen. Für die kleinen und mittleren Unternehmen besteht eine Möglichkeit zur Wahrung oder zur Steigerung ihrer Wettbewerbsfähigkeit darin, durch zwischenbetriebliche Zusammenarbeit in einzelnen Bereichen wirtschaftlicher zu produzieren oder Dienstleistungen zu erbringen, die der einzelne Betrieb nicht allein übernehmen kann.

Wirtschaftliche Eigenständigkeit und völlige Gleichberechtigung der Partner untereinander unterscheiden die Kooperation von einer Fusion. Bei der Kooperation werden die Managementaufgaben zwischenbetrieblich, bei der Fusion innerbetrieblich abgewickelt.

1.5.3 Arten der Kooperation

Als vertikale Kooperation bezeichnet man die Zusammenarbeit von Betrieben unterschiedlicher Wirtschaftsstufen oder Leistungsbereiche, z.B. Planungsbüros, Rohbauunternehmer, Ausbauhandwerker und ggf. Immobilienmakler.

Vertikale Kooperation kommt folglich den Interessen mancher Bauherren entgegen, sich in zunehmendem Maße von den geschäftlichen Verhandlungen mit allen Einzelpartnern des Bauplanungs- und Bauführungsprozesses zu entlasten. Den verschiedenen Nachfragemöglichkeiten des Auftraggebers (Bild 1.12) tragen der zeitlich befristete Zusammenschluß kooperationswilliger Unternehmen zu einer Arbeitsgemeinschaft (Bild 1.13), die unbefristete Bildung eines Gemeinschaftsunternehmens mit festen Mitgliedsfirmen (Bild 1.14) oder der Zusammenschluß ausführender Partner mit einem nicht bauausführenden Gesamtunternehmen (Bild 1.15) Rechnung. Im letzten Fall sind nicht alle Partner an jedem Ort gleichzeitig tätig, sondern das Leitstellenunternehmen trifft von Fall zu Fall eine situationsgerechte Auswahl aus dem Stamm der Kooperationspartner.

Finden sich verschiedene Unternehmen der gleichen Wirtschaftsstufe oder des gleichen Leistungsbereiches zur Zusammenarbeit bereit, dann spricht man von horizontaler Kooperation. Sie ist auf zweierlei Weise möglich:

Die Branchenkooperation ist eine in unserem Wirtschaftssystem übliche Form der losen Zusammenarbeit, die in unterschiedlichem Maß allen Unternehmen einer bestimmten Branche zugute kommt. Sie kann nur betriebsübergreifende Aufgaben erfüllen, sich aber dennoch auf eine Vielzahl von Gebieten erstrecken, wie z.B.:

- Erfahrungsaustausch,
- Marktbeobachtung,
- Lehrgänge und Schulungsveranstaltungen,
- Normung und Güteschutz,
- Vertragsgestaltung,
- gemeinsame Sozialeinrichtungen,
- Kreditgarantien, Kreditschutz u.a.m.

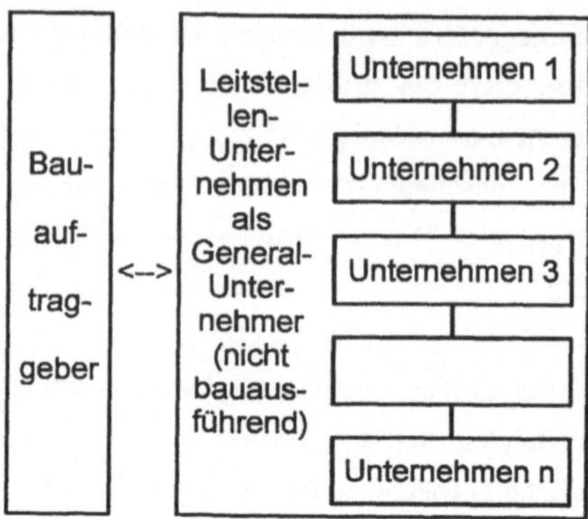

Bild 1.15   Zusammenschluß eines ausführenden Partnerstammes
mit einem nicht bauausführenden Leitstellenunternehmen.

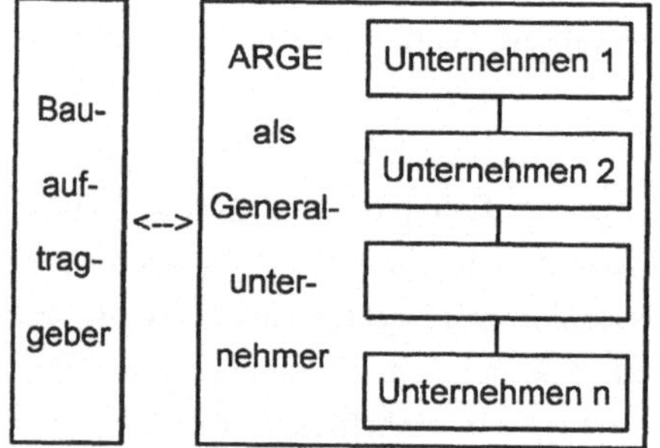
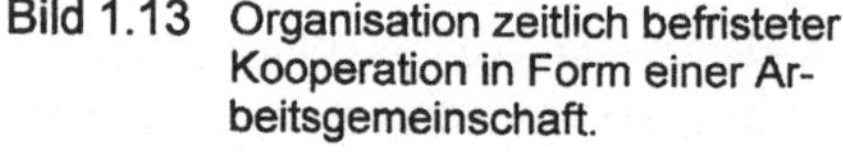

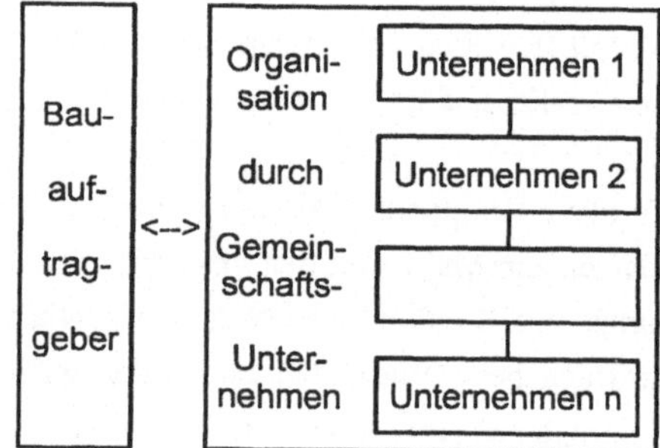

Bild 1.13   Organisation zeitlich befristeter
Kooperation in Form einer Arbeitsgemeinschaft.

Bild 1.14   Organisation unbefristeter Kooperation mit Hilfe eines Gemeinschaftsunternehmens.

Im allgemeinen ist für Unternehmen die Branchenkooperation durch Beitritt zu einem Verband
möglich, der die o.g. Aufgaben ganz oder teilweise wahrnimmt und die Ergebnisse seiner Arbeit
den Mitgliedern in Publikationen und besonderen Veranstaltungen zugänglich macht.

Eine bekannte Branchenkooperation der Bauwirtschaft ist das VOB-Konditionenkartell des
Bayrischen Baugewerbes, das seit 1.3.84 besteht und das Ziel verfolgt, die rechtlichen und
technischen Bedingungen der VOB B und C bei der Vertragsabwicklung einzuhalten.

Die Gruppen- oder Firmenkooperation ist eine intensivere, aber auch speziellere Form zwischenbetrieblicher Zusammenarbeit. Da sich nur wenige Partner auf einem festgelegten

Kooperationsfeld zusammenschließen, können gemeinsame Aktivitäten auf die besonderen Belange der einzelnen Partner abgestimmt werden. Folglich dürfte diese Art der Zusammenarbeit für das einzelne Mitglied gewinnbringender sein als die o.a. Branchenkooperation.

Im Bauwesen dient Firmenkooperation häufig dem Zweck der Spezialisierung der Mitglieder auf ein bestimmtes Arbeitsgebiet, z.B. auf die Verbesserung der Auslastung teurer Betriebsmittel bzw. auf die Risikominderung.

1.5.4 Gebiete für langfristige Kooperationen

Die nachfolgenden Sachgebiete werden ohne Unterscheidung zwischen horizontaler und vertikaler Kooperation bzw. verschiedener Mischformen aufgezählt:

Informationswesen:

Zusammenarbeit bei der Beschaffung und Auswertung von Informationen kann zu einer Verbesserung der Markttransparenz führen und den beteiligten Betrieben eine bessere Kenntnis der verschiedenen Marktdaten vermitteln. Es kann zweckmäßig sein, gemeinsam diejenigen Informationen zusammenzustellen, die an den potentiellen Kundenkreis über Art, Umfang und Qualitätsstandard der betrieblichen Produktion weitergegeben werden sollen. Die intensivste Form des Informationsaustausches ist der Betriebsvergleich, bei dem Daten technischer, wirtschaftlicher und personeller Natur (sowohl Grundzahlen als auch Verhältniszahlen) von den Partnern ausgetauscht und zu Analysen verarbeitet werden.

Gemeinsame Beschaffung und gemeinsamer Einkauf

Wenn der Bedarf mehrerer Betriebe zu größeren Bestellungen zusammengefaßt werden kann, führt das in der Regel für die Käufer zu günstigeren Preisen bzw. Liefer- und Zahlungsbedingungen als sie einem Einzelabnehmer eingeräumt werden. Zusätzlich besteht für kleinere Betriebe die Möglichkeit, Eignung und Qualität der Lieferung gemeinsam zu prüfen. Kartellrechtlich bestehen gegen Einkaufsgemeinschaften nur dann Bedenken, wenn sich die beteiligten Betriebe vertraglich in ihrem eigenen, selbständigen Einkauf beschränken.

Entwicklung und Konstruktion

Nur große Bauunternehmen haben finanzielle Möglichkeiten, eigene Entwicklungs- und Konstruktionsbüros zu unterhalten. Wollen kleinere Unternehmen ihre Wettbewerbsfähigkeit durch systematische eigene Entwicklungsarbeit steigern, sind sie auf enge Zusammenarbeit mit anderen Betrieben oder freien Ingenieurbüros angewiesen (d.h. vertikale Kooperation).

Arbeitsvorbereitung

Die Kosten der Bauproduktion hängen wegen der Höhe der Personalkosten und zur Verkürzung des Maschinen- und Geräteeinsatzes bei komplexen Bauverfahren erheblich von der Vorbereitung und Organisation der Bauausführung ab. Daher hat die Arbeitsvorbereitung heute mehr Bedeutung als je zuvor. Sie kann aber nur effektiv sein, wenn sie von entsprechend qualifizierten Mitarbeitern betrieben wird. Die Auslastung einer Spezialabteilung ist bei kleineren Betrieben nur durch Zusammenschluß mehrerer Partner denkbar. Die Verrechnung der Leistungen kann mit vereinbarten Verrechnungssätzen erfolgen.

Spezialisierungen

Bei geräteintensiven Arbeiten bedeutet Spezialisierung eine Minderung des Investitionsrisikos durch bessere Betriebsmittelauslastung, die jedoch durch wachsende Abhängigkeit von Nachfrageänderungen bezahlt werden muß. Um eine Spezialisierung zu ermöglichen, können entweder die Partner vereinbaren, selbst auf bestimmte Bau- oder Dienstleistungen zu verzichten und diese einem Mitgliedsbetrieb zu überlassen, oder sie können die jeweiligen Spezialabteilungen ausgliedern und in einer Gemeinschaftsunternehmung zusammenfassen. Das Ziel ist stets die bestmögliche Auslastung der Kapazitäten.

Gemeinsame Nutzung von Geräten und Anlagen [1.38]

Vereinbaren kooperierende Unternehmen, Produktionsanlagen oder Großgeräte gemeinsam zu nutzen, so erhöhen sie die Auslastung dieser Betriebsmittel bzw. können sie die Stillstandskosten verringern. Dieser Vorteil schlägt bei der zunehmenden Kapitalisierung der Baubetriebe spürbar zu Buche. Die Partner können gemeinschaftliche Hilfs- und Nebenbetriebe unterhalten, gemeinsam teure Spezialmaschinen anschaffen oder sich gegenseitig freie Kapazitäten der in den Partnerbetrieben vorhandenen Betriebsmittel zur Verfügung stellen. Als Beispiele sind zu nennen:

- Gründung von Gerätepools,
- gemeinsame Fuhrparks und Tankstellen,
- Betrieb gemeinschaftlicher Werkstätten,
- gemeinsame Eisenbiegereien,
- gemeinsame Lagerplätze,
- gemeinsame Fertigteilwerke u.a.m.

Aufbau einer gemeinsamen Rohstoffbasis

Weiterhin kann das Ziel einer regelmäßigen und zuverlässigen Versorgung mit wichtigen Roh-stoffen eine zwischenbetriebliche Zusammenarbeit nahelegen oder erforderlich machen. Dies ist häufig im Auslandsgeschäft sehr wichtig. Logistische Überlegungen, die vor solchen Entschei-dungen angestellt werden müssen, haben eine Verbesserung der Kostenstruktur und längerfristig Wettbewerbsvorteile zum Ziel. Da die Aufgaben für einzelne Firmen zu kostspielig, zu groß und zu risikoreich sind, sind diese fast nur gemeinschaftlich lösbar. Beispiele für derartige Kooperationen können sein:

- Kiesgruben,
- Steinbrüche,
- Transportbetonwerke,

- Mischwerke für Straßenbaustoffe,
- Sägewerke u.a.m.

1.5.5 Voraussetzungen für eine dauerhafte Kooperation

Jede Art von zwischenbetrieblicher Kooperation kann längerfristig nur erfolgreich sein, wenn dafür wesentliche rechtliche, betrieblich-organisatorische und menschliche Voraussetzungen erfüllt sind:

Rechtliche Voraussetzungen

Zwar engt das Gesetz gegen Wettbewerbsbeschränkungen (GWB, auch "Kartellgesetz" ge-nannt) zwischenbetriebliche Kooperationsbemühungen ein: der Wettbewerb darf durch sie "nicht wesentlich" beeinträchtigt werden. Jedoch räumt die zweite Kartellgesetznovelle seit Juli 1973 mit dem eingefügten § 5b ausdrücklich kleinen und mittleren, im Einzelfall auch Großun-ternehmen ein, leistungssteigernde zwischenbetriebliche Zusammenarbeit zu betreiben. Koope-rationsvereinbarungen sind folglich nicht grundsätzlich verboten, sondern müssen bei der jeweils zuständigen Kartellbehörde angemeldet und von dieser genehmigt werden.

Betriebliche und organisatorische Voraussetzungen

Kooperationsmöglichkeiten bestehen sowohl zwischen konkurrierenden als auch zwischen nicht konkurrierenden Unternehmen, deren Leistungen sich gegenseitig ergänzen. Je gleichartiger die Betriebe sind, je weniger sie sich in ihren technischen und organisatorischen Einrichtungen unterscheiden und je größer das wirtschaftliche Gleichgewicht der Partner ist, umso mehr Vorteile können diese aus einer engen Zusammenarbeit ziehen.

Geringe Entfernung der Beteiligten wirkt sich vorteilhaft aus, weil häufige Kontakte möglich sind und gemeinsame Investitionen vorgenommen werden können. Der Austausch von Menschen, Gütern und Dienstleistungen wird erleichtert. Auf Dauer ist eine Kooperation nur wirkungsvoll, wenn die Zahl der Beteiligten nicht zu groß ist: Erfahrungen haben gezeigt, daß die Zahl der Partnerbetriebe etwa zwischen drei und fünf liegen, acht aber keinesfalls überschreiten sollte.

Menschliche Voraussetzungen

Wesentlich für das Funktionieren jeder Art von Kooperation ist neben gegenseitigem Vertrauen das Vorhandensein einer ähnlichen Denkweise bei den beteiligten Unternehmerpersönlichkeiten sowie der Belegschaft. Gerade kleinere Unternehmen sehen sich häufig in ihren Fähigkeiten beschnitten, wenn sie nicht mehr - wie gewohnt - die Entscheidungen allein fällen dürfen. Leitende Mitarbeiter von bisher selbständigen Unternehmen sind mitunter um ihre Einflußmöglichkeiten und ihre langjährig gewachsenen Rechte besorgt, übersehen dabei aber, daß gerade die Kooperation mit anderen Betrieben eine Vielzahl neuer Aufgaben, Entfaltungsmöglichkeiten und Aufstiegschancen eröffnet. Weiterhin hängt der Kooperationserfolg wesentlich davon ab, ob sich die Beteiligten von ihrer früheren Konkurrenzhaltung lösen und zu Partnern werden können. Darüber hinaus haben das Kennenlernen der anderen Arbeitsweise und des anderen Führungsstils der Partnerfirmen sowie die Meinungsvielfalt zwischen den Kooperationspartnern befruchtende Wirkung auf die Tätigkeit jedes einzelnen Mitgliedsunternehmens.

Das Institut für technische Betriebsführung im Handwerk (ITB) in Karlsruhe hat in einer schon mehrere Jahre zurückliegenden Untersuchung eine Umfrage durchgeführt und ausgewertet. Von 283 kooperierenden Firmen waren 97 besonders erfolgreich, 170 ohne besonderen Erfolg und 16 meldeten einen Mißerfolg. Die Erfolgsquote, das sind die Fälle, wo später die angestrebte Verbesserung der Marktposition und des Ergebnisses wirklich eingetreten ist, lag nur bei 34 % der befragten Firmen. Kooperation funktioniert also nicht automatisch, sondern muß angestrebt werden. Als häufigste Gründe für Mißerfolge sind mangelnder Wille zur Zusammenarbeit, unzureichende Menschenführung (die Motivation zur Zusammenarbeit ist unersetzbar), Konkurrenzdenken, unzureichende Koordination und ein uneinheitliches Rechnungswesen zu nennen. Die Einsetzung eines gemeinsamen Geschäftsführers ist noch keine Erfolgsgarantie. Externe Unternehmensberater oder Fachleute der Verbände sind häufig bei Kooperationen auf Jahre hinaus als Betreuer unentbehrlich.

2 Planungsrechnung in der Bauunternehmung

2.1 Maßstäbe für die Effizienzmessung

Jede betriebliche Betätigung in Form von Verrichtungen, Dispositionen, Management und Führung richtet sich darauf, Bedarf zu erkennen und zu befriedigen. Die dafür erforderlichen Mittel einer Bauunternehmung sind Menschen, Baumaschinen und Baugerät, Baustoffe und Bauhilfsstoffe sowie Kapital und Bauzeit. Da sie nur beschränkt zur Verfügung stehen, muß man mit ihnen haushalten, d.h. sie "bewirtschaften".

In der Betriebswirtschaftslehre gibt es eine Reihe von Standardgrößen. Sie sind z.T. einfach zu definieren, aber schwierig zu berechnen und sollten als Kennzahlen eine rasche Beurteilung der Effizienz des Betriebes erlauben. Keine dieser Größen wird jedoch dem Erfordernis, eine wertfreie und frühzeitige Information zu liefern, allein gerecht. Grundsätzlich stehen die folgenden Kenngrößen zur Verfügung:

2.1.1 Bauleistung

In der Betriebswirtschaftslehre (BWL) wird unter "Leistung" die Menge der erzeugten Wirtschaftsgüter bzw. Dienstleistungen verstanden, z.B. die Anzahl der Wohnungen pro Jahr.

In der Regel werden aber die Mengen in Geldwerte umgerechnet, da es keine geeigneten technischen Maßeinheiten gibt. Beispielsweise können große und kleine Wohnungen mit unterschiedlichen Standards gebaut worden sein. Für die Leistungsmeldung der Baustellen werden die Positionsvordersätze mit den Einheitspreisen multipliziert. Auch die sog. Jahresbauleistung wird zusammengefaßt und als Geldwert bzw. Jahresbauumsatz angegeben.

Die Bauleistung ist stets eine sehr globale Größe, weil darin nicht der Einsatz an Produktionsmitteln zum Ausdruck kommt, sondern die mit schwankenden Preisen bewertete Produktion.

2.1.2 Produktivität

Die Erzeugung von Gütern und Dienstleistungen ist umso günstiger zu beurteilen, je weniger Produktionsmittel (Ressourcen) für die Einheit eines Gutes verbraucht werden. Bezeichnet man die eingesetzte Menge an Produktionsmitteln als "Input" und die damit erzeugten Güter und Dienstleistungen als "Output", so ist der Quotient die Produktivität einer Baustelle, eines Betriebes, einer Branche oder einer Volkswirtschaft:

$$\text{Produktivität} = \frac{\text{output}}{\text{input}} = \frac{\text{Produzierte Güter} + \text{Dienste}}{\text{Eingesetzte Mittel}}$$

Während in stationären Betrieben oder in der Landwirtschaft die Produktivität meßbar ist (z.B. Stück Fahrräder pro Arbeitsstunde des Betriebes, m² Dachpappe je Maschinenstunde, Ernteertrag je ha Ackerfläche), bereitet dies im Baubetrieb wegen des permanenten Wandels der Produktion große Probleme. Aushub, Beton, Mauerwerk u.a. Dinge variieren ständig nach Qualität und Menge. Produktivitätskennzahlen werden daher nur für Teilbereiche berechnet (Bild 2.1).

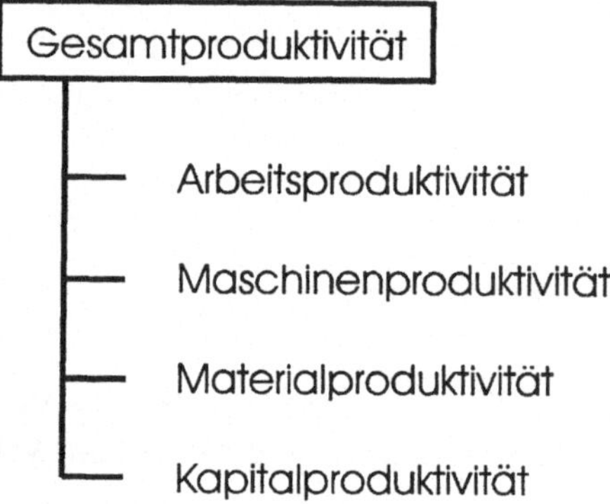

Bild 2.1   Teilbereiche der Gesamtproduktivität.

Sind beispielsweise 2000 m² durch Einsatz von 1000 Arbeitsstunden hergestellt worden, so ergibt sich eine Arbeitsproduktivität von 2,0 m²/h. Diese Kennzahl kann ggf. mit ähnlichen Bauaufgaben verglichen werden. Naturgemäß wird stets eine <u>hohe</u> Produktivität angestrebt. Eine Verbesserung kann durch Steigerung des Outputs wie auch durch Verringerung des Inputs erreicht werden.

Eine teilweise Produktivitätsmessung vermag aber nicht den Informationsbedarf des Betriebes zu befriedigen, da eine hohe Arbeitsproduktivität u.U. durch sehr hohen Materialeinsatz erkauft worden sein kann oder umgekehrt. Nur wenn die Randbedingungen konstant sind, kann eine Teilproduktivitätskennzahl eine sinnvolle Information und Vergleichsbasis sein: Wenn z.B. 3 Arbeiter an einer Maschine eingesetzt sind und wenn dabei einmal mehr und einmal weniger produziert wird, dann ist der Ausstoß pro Maschinenstunde eine informative Kennzahl.

Andererseits ist an der Produktivitätsermittlung vorteilhaft, daß diese Größen wertneutral sind und aus technischen Größen bzw. Zeiteinheiten berechnet werden. Die Einheitspreise wie auch Material- und Rohstoffpreise bleiben unberücksichtigt. Infolgedessen ist die Produktivität für verschiedene Qualitätsstandards unterschiedlich. Die hohe Zahl der möglichen Dimensionen bei der Ermittlung der Produktivität oder Teilproduktivität läßt jedoch keinen universellen Gebrauch in der Bauwirtschaft zu. Die immer wieder auftauchenden Produktivitätskennzahlen werden aus den Umsätzen der Bauwirtschaft berechnet. Sie sind daher vom Preisniveau abhängig, also nicht wertneutral.

2.1.3 Wirtschaftlichkeit

Die Definition der Wirtschaftlichkeit W lautet:
$$W = \frac{Leistungen}{Kosten}$$

innerhalb einer abgegrenzten Periode und Organisationseinheit. Es ist das Ziel eines jeden Wirtschaftsbetriebes, eine hohe Wirtschaftlichkeit zu erreichen. Sie ist ein Maß für die Ergiebigkeit bzw. Sparsamkeit bei der Leistungserstellung (sog. ökonomische Rationalität). Im Gegensatz zur Produktivität ist bei der Wirtschaftlichkeit der Output wie der Input wertmäßig erfaßt.

Die Kennzahl W läßt sowohl Jahresreihen wie auch Betriebsvergleiche zu, wobei aber die Gegebenheiten des Absatzmarktes und der Beschaffungsmärkte Einfluß haben.

2.1.4 Wertschöpfung

Durch Einsatz von Arbeit und Kapital sowie durch Bodennutzung entsteht ein Wertzuwachs. Für die Ermittlung der "Wertschöpfung" sind verschiedene Berechnungsarten in Gebrauch (volkswirtschaftliche, betriebswirtschaftliche und statistische). Die Wertschöpfung eines Betriebes errechnet sich aus dem gesamten Güter- und Geldeinkommen abzüglich aller Vorleistungskosten, das sind die von außen hereingenommenen Güterwerte bzw. die Leistungen vorgelagerter Produktionsstufen. Im Baubetrieb sind das vor allem Material- und Fremdarbeitskosten sowie alle Planungen und Dienstleistungen Dritter.

Die Wertschöpfung einer Periode kann weiterhin durch die Zahl der Beschäftigten geteilt werden. Mit Hilfe der Pro-Kopf-Wertschöpfung läßt sich sehr rasch ein Überblick über die Qualität des Betriebsgeschehens gewinnen. Natürlich gehen dabei alle Preis- und Markteinflüsse mit ein, so daß die Wertschöpfung in guten Zeiten höher liegt als in schlechten. Trotz gewisser Mängel lassen sich Verlustquellen im Betrieb relativ schnell orten, so daß man dort genauer nach den Ursachen für eine zu geringe Wertschöpfung forschen kann.

Vergleichszahlen über die Wertschöpfung in der Bauwirtschaft Nordrhein-Westfalens gibt Tabelle 2.2a und 2.2b.

Tab. 2.2a Wertschöpfung nach Betriebsgrößen in der NW-Bauindustrie.

Unternehmen in der Größenklasse	Bauleistung je geleistete Arbeitsstunde in DM	Wertschöpfung je geleistete Arbeitsstunde in DM
	1993	1993
bis 49 Beschäftigte	120,30	72,80
50 - 99 Beschäftigte	176,60	83,30
100 - 199 Beschäftigte	164,00	99,60
200 - 499 Beschäftigte	179,00	108,80
500 u. mehr Beschäftigte	222,50	104,20
Insgesamt	199,10	101,50

Tab. 2.2b Wertschöpfung nach Leistungsschwerpunkten in der NW-Bauindustrie.

Unternehmen in der Sparte	Bauleistung je geleistete Arbeitsstunde in DM	Wertschöpfung je geleistete Arbeitsstunde in DM
	1993	1993
Wohnungsbau	175,60	93,50
Hochbau	211,20	106,00
Gewerblicher Tiefbau	114,80	76,70
Öffentlicher Tiefbau	137,40	82,10
Straßenbau	238,30	79,40
Spezialbau	149,70	103,30
Hoch- u. Tiefbau ohne ausgeprägten Schwerpunkt	220,00	115,80
Insgesamt	199,10	101,50

Die Wertschöpfung ist derjenige Teil der Produktionsleistung, der zur Verteilung zur Verfügung steht. Bild 2.3 gibt ein Beispiel, wie dies graphisch aufbereitet werden kann.

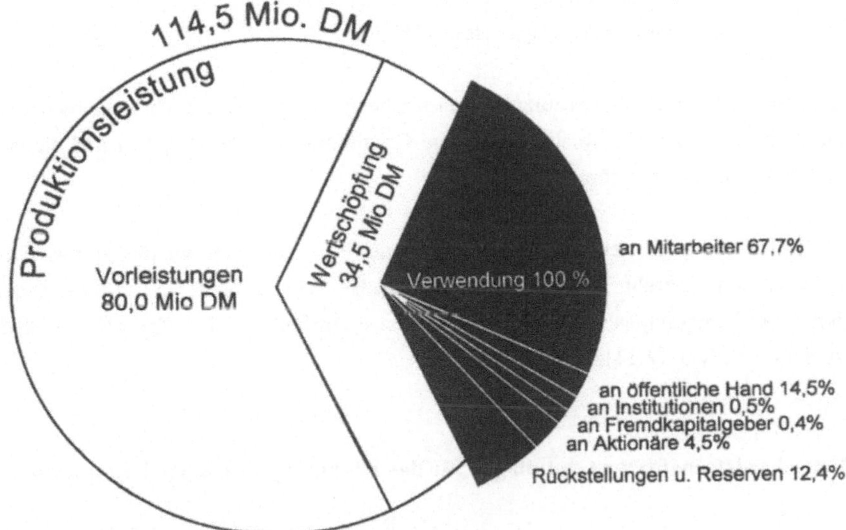

Bild 2.3   Verwendung der erzielten Wertschöpfung.

2.1.5 Mengeneinheiten pro Zeiteinheit

In den Nebenbetrieben des Bauhauptgewerbes wie z.B. Kiesgrube, Steinbruch, Transportbe-
tonwerk, Biegebetrieb oder Fertigteilwerk kann die Leistung hinreichend genau in Mengenein-
heiten pro Tag oder pro Arbeitsstunde angegeben werden, z.B. als m³/d, t/d, m³/h, t/h usw.
Auch bei speziellen Bauaufgaben, vor allem bei schnell vorrückenden Linienbaustellen, kann
der Fortschritt in m/d, m²/d oder m³/d gemessen werden (z.B. im Erd- und Kanalbau, Tunnel-
bau, Pipelinebau oder Straßendeckenbau).

2.1.6 Lohnstunden pro Mengeneinheit

Die wohl wichtigste Detailgröße im Baugeschehen stellen die Stundenaufwandswerte für die
zahllosen Verrichtungen auf den Baustellen dar. Es handelt sich also um den Kehrwert der Ar-
beits-Produktivität (vgl. 2.1.2). Sie werden vor allem aus (technischen) Nachkalkulationen beschafft und für die Angebotsbearbeitung benötigt als

h/m²   (z.B. bei Schalungen, Abdichtungen, Putzarbeiten, Fliesen, Estrich),
h/m³   (z.B. bei Beton, Aushub, Mauerwerk),
h/St.   (z.B. bei Rammträgern, Ankern),

h/t   (z.B. bei Bewehrungsarbeiten),

h/m   (z.B. bei Rohrleitungen, Bohrpfählen).

Die Vielfältigkeit derartiger Leistungswerte ist nahezu unbegrenzt. Es gibt entsprechende Verzeichnisse im Buchhandel, die aber nur grobe Orientierungswerte darstellen und eigene Auswertungen kaum ersetzen können.

Bei der Kalkulation, Arbeitsvorbereitung wie bei der Bauausführung werden <u>geringe</u> Stundenaufwandswerte angestrebt. Die Vielfalt der technischen Dimensionen muß in Kauf genommen werden. Gute Sammlungen von Stundenaufwandswerten finden sich in den neueren Kalkulationshandbüchern (vgl. [2.11] bis [2.22]).

2.2 Betriebswirtschaftliche Grundlagen für das Rechnungswesen der Bauunternehmung

Das Rechnungswesen ist das Spiegelbild aller in Zahlen ausdrückbaren Tatbestände und Vorgänge der Bauunternehmung, und zwar sowohl nach der Menge wie nach dem Wert.

Besondere Bedeutung erhält das Rechnungswesen in der Bauunternehmung durch die <u>Einzelfertigung</u> (Auftragsfertigung) sowie durch die <u>Dezentralisation</u> des Baugeschehens. Durch das Rechnungswesen soll die größtmögliche Transparenz in allen Abläufen und Zusammenhängen hergestellt werden.

Eine Unternehmung ist durch zwei entgegengesetzte Wertströmungen gekennzeichnet:
-          den G ü t e r s t r o m, in dessen Mittelpunkt die Produktion (Baustelle) steht, wo alle Rohstoffe und Vorprodukte verarbeitet werden , und
-          den F i n a n z s t r o m, in dessen Mittelpunkt die Unternehmung mit ihren Einnahmen, Ausgaben und Krediten steht.

Bildlich dargestellt sieht das so aus:

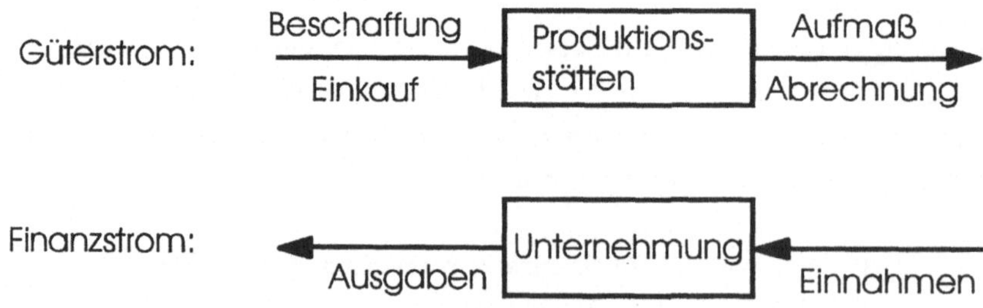

Bild 2.4   Wertströme durch eine Bauunternehmung.

Der Unternehmung ist es grundsätzlich freigestellt, wie sie das Rechnungswesen gestalten will, sie muß dabei aber <u>die Mindestvorschriften des Gesetzgebers</u> in rechtlicher und steuerlicher Hinsicht beachten. Die handelsrechtlichen Vorschriften (HGB §§ 38-47) bestimmen die Art der Buchführung sowie die jährliche Aufstellung des Inventars und der Bilanz. Darüber hinaus verlangen die steuerrechtlichen Vorschriften eine <u>lückenlose Erfassung aller Geschäftsvorgänge</u> mit Kassenbüchern, Warenbestandsverzeichnissen und anderen Kontrollaufzeichnungen.

Diese Vorschriften zwingen die Unternehmung,

- bei allen finanziellen Vorgängen Ordnung zu halten,
- Grundlagen für die gerechte Besteuerung zu schaffen und
- die erforderliche Rechtssicherheit für Gläubiger und Arbeitnehmer zu gewährleisten.

2.2.1 Grundbegriffe der Kostenrechnung

Im landläufigen Sinne versteht man unter den "Baukosten" all das, was ein Auftraggeber für die Durchführung eines Bauvorhabens aufwenden muß. Die DIN 276 "Kosten" für das Veranschlagen und die Abrechnung von Hochbauten stützt diesen Kostenbegriff und schreibt eine Gliederung in 7 Kostengruppen vor, von den Grundstückskosten über die Erschließung, den Bau, die Gebäudeausrüstung bis hin zu den Baunebenkosten.

Diese Kostenvorstellung darf nicht mit dem Kostenbegriff innerhalb einer Bauunternehmung verwechselt werden!

<u>Unter Kosten (im betriebswirtschaftlichen Sinn) versteht man den in Geld bewerteten Verzehr von Gütern und Diensten zur Erstellung des Betriebsproduktes.</u>

Nach Mellerowicz ist aber nur der <u>betriebsnotwendige</u> Regelverbrauch an Gütern und Dienstleistungen den Kosten zuzurechnen, damit die Kosten periodengerecht erfaßbar und mit anderen Betriebsphasen oder Produktionsbereichen vergleichbar sind. Kosten entstehen auf zweierlei Art, durch Verbrauch von Mengen oder durch Zeitverbrauch:

Kosten = Menge · Wert
Kosten = Zeit · Verrechnungssatz

Zur zweiten Kategorie gehören alle betriebsinternen Verrechnungen. Der Techniker rechnet und plant vorrangig in Mengen und/oder Zeit, der Kaufmann in Kosten.

2.2.1.1 Kosten - Aufwand - Ausgaben

<u>Kosten</u> sind der betriebsbedingte Verbrauch von Gütern und Diensten. Kosten sind teilweise identisch mit Aufwand und Ausgaben, teilweise auch nicht.

<u>Ausgaben</u> sind alle gezahlten Geldbeträge der Unternehmung, z.B. die Bezahlung von Rechnungen auch für Investitionen oder Vorratskäufe. Ausgaben die nicht Aufwand sind, entstehen durch Investitionen sowie Lagervorräte. Sie führen erst später zu periodengerechtem Zusatzaufwand.

<u>Aufwand</u> ist der gesamte Verbrauch von Gütern und Diensten in einer <u>Periode</u>, also auch der nicht auf die Bauleistung bezogene. Er stellt die linke Seite der Erfolgsrechnung für die Gesamtunternehmung dar.

<u>Neutraler Aufwand</u> ist nicht betriebsspezifisch bedingt (Schenkungen, Spenden, Geldanlagen).

Sog. <u>"Zusatzaufwand"</u>, der nicht zu Ausgaben führt, ist die Abnutzung von Maschinen und Anlagen, der buchmäßig zu "Abschreibungen" führt.

Sog. <u>"Zusatzkosten"</u>, die nicht Aufwand sind, sind alle kalkulatorischen Kosten, wie z.B. kalkulatorische Abschreibung, kalkulatorische Zinsen, Unternehmerlohn, Wagniszuschläge usw., die in wechselnder Höhe in Ansatz gebracht werden können.

Bild 2.5 Sinnbild für die Abgrenzung der Begriffe Kosten - Aufwand - Ausgaben.

2.2.1.2 Leistungen - Erträge - Einnahmen

<u>Leistung ist das bewertete Resultat der betrieblichen Tätigkeit</u>, d.h. der Leistungserstellung. Man kann unterscheiden zwischen Bauleistungen aus Hauptaufträgen, ferner Leistungen aus Zusatz- und Nachtragsaufträgen sowie aus Stundenlohnaufträgen. Ferner werden Lieferungen

und Leistungen an Arbeitsgemeinschaften in der Baubetriebsrechnung gesondert erfaßt. Die Leistungen verursachen die Kosten durch den Verzehr von Gütern und Diensten.

Erträge sind das Gegenstück zu den Aufwendungen: Während die Aufwendungen der Werteverzehr einer Periode sind, stellen die Erträge den Wertezuwachs einer Abrechnungsperiode dar, und zwar aus allen Geschäftsvorfällen. Erträge aus dem Verkauf der Bauleistung einer Periode werden auch als "Erlös" oder "Umsatzerlös" bezeichnet.

Einnahmen sind die Geldeingänge (bar oder unbar). Sie beruhen wie die Ausgaben auf Zahlungsvorgängen. Einnahmen müssen nicht mit Erträgen identisch sein (z.B. Kapitalrückflüsse). Sie sind zwar wie Ausgaben und Aufwendungen in der Regel miteinander verbunden, decken sich aber nicht in jedem Falle (Bild 2.5).

2.2.1.3 Kostenarten - Kostenstellen - Kostenträger

Hierbei handelt es sich um drei Gliederungsprinzipien für die Kostenrechnung bzw. Kostenübersicht:

- eine Kostenartenrechnung zeigt, welche Kosten angefallen sind,
- eine Kostenstellenrechnung zeigt, wo die Kosten verursacht worden sind,
- eine Kostenträgerrechnung zeigt, welchen Produkten oder Produktgruppen die Kosten zugeordnet werden.

Keines dieser drei Gliederungsprinzipien kann alle erdenklichen Anforderungen der Geschäftsführung stets und vollständig erfüllen.

Beispiel:
Wie groß sind die Instandhaltungskosten der Hydraulikbagger einer Firma? Die Kostenartenrechnung kann dafür die Kosten für Reparaturlöhne, Ersatzteile und Verbrauchsmaterial, Fremdleistungen und Allgemeines zur Verfügung stellen. Eigentlich wäre eine differenzierte Kostenstellenrechnung in der Lage, diese Auskünfte unmittelbar zu geben, da die Hydraulikbagger die Reparaturkosten verursachen. Nur wird die Kostenstellenrechnung nicht so tief gegliedert sein, daß sie heute für diese Baumaschinengruppe und morgen für jene Anlage die Reparaturkosten getrennt erfaßt. Deshalb wird in vielen Betrieben in der Maschinenabteilung für die Großgeräte ein "Stammblatt" geführt mit den Maschinenkenngrößen sowie den kompletten Kostendaten. Dies ist die Fortsetzung der Kostenstellenrechnung außerhalb der Betriebsbuchhaltung. Man kann aber auch dem Gedankengang von Schmidt [2.37] folgend

die Reparaturkosten als "Mischkostenart" ansehen, sofern in der Maschinenabteilung keine Kostendaten gesammelt werden und für die gewünschte Auswertung auf eine sehr detaillierte Kostenartenrechnung zurückgegriffen werden muß.

2.2.1.4 Gewinn oder Verlust

Ist das Ergebnis einer Abrechnungsperiode positiv, d.h. die Erträge sind höher als die Aufwendungen, so entsteht Gewinn (G), anderenfalls Verlust (V). Das Ergebnis muß in der Ergebnisrechnung (G + V) und in der Vermögensübersicht in gleicher Größe erscheinen, möglicherweise um einen Steueranteil reduziert.

2.2.1.5 Wertberichtigungen - Rückstellungen - Rücklagen

Es handelt sich hierbei um Begriffe und besondere Korrekturinstrumente der Vermögensverwaltung.

Wertberichtigungen sind auf der Passivseite einer Bilanz immer dann vorzunehmen, wenn das Vermögen auf der Aktivseite (Sachanlagen, Beteiligungen oder Forderungen) nach jüngsten Erkenntnissen zu hoch bewertet war. Wertberichtigungen zu Posten der Passivseite sind Ausnahmen.

Rückstellungen berücksichtigen zukünftige Aufwendungen, die am Bilanzstichtag hinsichtlich Höhe und Fälligkeit noch unklar sind (z.B. für Auslandsrisiken oder Gewährleistungen).

Rücklagen sind angesammelte Eigenkapitalreserven. Man unterscheidet zwischen gesetzlichen und freien (oder offenen) Rücklagen. Stille Reserven sind buchmäßige Unterbewertungen von Aktiva, die nicht in voller Höhe in der Bilanz in Erscheinung treten.

2.2.2 Konten - Kontenplan - Kontenrahmen

Das Konto dient der Buchführung zur wertmäßigen Erfassung von Geschäftsvorfällen. Ein Konto hat i.d.R. eine Soll- und eine Habenseite. Bei den sog. Aktivkonten (= Konten der Aktivseite der Bilanz bzw. Aufwandskonten der G + V) stehen der Anfangsbestand sowie die Zugänge im Soll, Abgänge und Endbestand im Haben. Bei den Passivkonten (= Konten der

Passivseite bzw. Ertragskonten der G + V) stehen umgekehrt Anfangsbestand und Zugänge im Haben, dagegen Minderungen und der Endbestand im Soll.

Man unterscheidet Bestandskonten, Erfolgskonten und gemischte Konten. Die Bestandskonten, z.B. Bankkonten, Kassen-, Kunden- oder Lieferantenkonten können nicht mit Gewinn oder Verlust abschließen, sondern nur die Erfolgskonten.

Jede Unternehmung muß sich ein mittel- bis langfristig gültiges Konzept für die Erfassung der Geschäftsvorfälle schaffen, den firmenspezifischen Kontenplan. Es ist zweckmäßig, diesen Kontenplan aus dem von den Wirtschaftsverbänden festgelegten Kontenrahmen und seiner Ordnungsstruktur zu entwickeln, damit man im Falle von Arbeitsgemeinschaften oder Betriebsvergleichen keine unnötigen Schwierigkeiten bekommt. Die Arbeitsgruppen der Bauverbände haben sich 1975 auf einen gemeinsamen Baukontenrahmen (BKR) geeinigt. Das Konzept wurde aus dem allgemeinen Industriekontenrahmen entwickelt und wird mit seinen 10 Kontenklassen allen Anforderungen gerecht.

Jedes dieser Konten hat Spalten, eine "Soll-" und eine "Haben-Spalte", die für einen Kontoabschluß addiert werden. Der "Saldo" ergibt sich dann durch Differenzbildung. Innerhalb dieses Kontenrahmens (Tab. 2.6) soll die einzelne Bauunternehmung die erforderliche Tiefengliederung selbst wählen und das Gliederungsprinzip bevorzugen, das dem Tätigkeitsfeld und den Zielsetzungen des Betriebes gerecht wird.

Tab. 2.6 Inhalt und Abgrenzung der Kontenklassen des Baukontenrahmens (BKR)

Rechnungs-kreis	Konten-klassen	Inhalt		
I Externer Rechnungskreis	0 1 2	Sachlagen und immaterielle Anlagewerte Finanzanlagen und Geldkonten Vorräte, Forderungen und aktive Rechnungsabgrenzungsposten	Aktiv-konten	Bestandskonten (Bilanz)
	3 4	Eigenkapital, Wertberichtigungen und Rückstellungen Verbindlichkeiten und passive Rechnungsabgrenzungsposten	Passiv-konten	
	5	Erträge	Ertrags-konten	Erfolgskonten (Gewinn u. Verlustrechnung)
	6	Betriebliche Aufwendungen	Aufwands-konten	
	7	Sonstige Aufwendungen		
	8	Eröffnung und Abschluß		
II Interner Rechnungskreis	9	Baubetriebsrechnung einschl. Abgrenzungsrechnung		

In dem Schema des BKR ist das sog. "Zweikreisprinzip" vorgesehen (Bild 2.7)

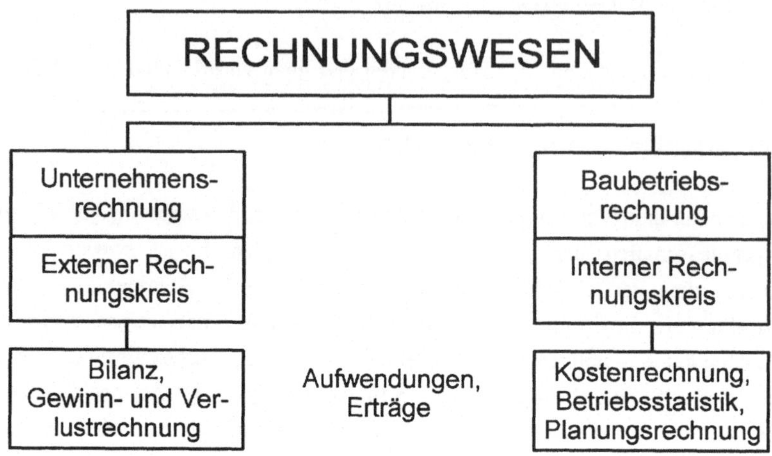

Bild 2.7   Zweikreisprinzip des Rechnungswesens.

Die Unternehmensrechnung (= Finanzbuchhaltung) erfaßt die Geschäftsbeziehungen nach außen, während die Baubetriebsrechnung (= Betriebsbuchhaltung) alle innerbetrieblichen Wertbewegungen sichtbar macht. Sie soll insbesondere die Art und die Verteilung der Kosten für ein Produkt aufzeigen und dadurch die Steuerung des Betriebes erleichtern. Außerdem müssen die Grundlagen für eine ordnungsgemäße Kalkulation sowie Kennzahlen bereitgestellt werden. Tab. 2.8 gibt eine Übersicht, wie die Kontenklasse 9 im BKR aufgebaut ist:

Tab. 2.8   Ausgestaltung der Kontenklasse 9 im BKR.

90	Übernahmekonto	Übernahmekreis
91	Unternehmensbezogene Abgrenzungen	Abgrenzungs-rechnung
92	Betriebsbezogene Abgrenzungen	
93	Kosten- und Leistungsarten	Baubetriebsrechnung
94	Schlüsselkosten	
95	Verwaltung	
96	Hilfsbetriebe und Verrechnungskostenstellen	
97	Baustellen	
98	Übergangskostenstellen zu Gemeinschaftsbaustellen (Argen)	
99	Ergebnisrechnung	

Es ist klar, daß kein Betrieb wünscht, daß die internen Daten über die Geschäftskosten oder andere vertrauliche Dinge nach außen gelangen. Daher ist diese strikte Trennung in zwei Kreise zweckmäßig und folgerichtig. Nur bei kleineren Betrieben ohne sog. Hilfsbetriebe ist ein Rechnungswesen im Einkreisprinzip (externer = interner Rechnungskreis) ausreichend, der die Aufgaben der Kostenerfassung und der innerbetrieblichen Verrechnung gemeinsam durchführen muß.

Um eine Übereinstimmung beider Rechnungskreise und eine gegenseitige Kontrolle herbeizuführen, sind besondere Überlegungen und eine spezielle Abgrenzungsrechnung erforderlich. Dafür sind das Übernahmekonto (90) sowie die Abgrenzungskonten (91, 92) eingerichtet. Den buchungstechnischen Zusammenhang zwischen der Baubetriebsrechnung und der Unternehmensrechnung mit der dazu erforderlichen Abgrenzungsrechnung zeigt das Bild 2.9.

UNTERNEHMENS-RECHNUNG		BETRIEBSRECHNUNG einschl. ABGRENZUNGSRECHNUNG						ERGEB-NIS-RECH-NUNG
		Übernahmekreis	Abgrenzungs-rechnung		Kosten- Leistungsarten	Schlüsselkosten		
Bilanz	G +V						Kosten- u. Leistungs-stellen-rechnung	
Kontenklassen 0-4	Kontenklassen 5-7	90	91	92	93	94	95-98	99
Aktiv-seite Ktkl. 0-2 Passiv-seite Ktkl. 3-4	Betriebliche Erträge Ktkl. 5 Ktgr.50-54 ↔							
	Sonstige Erträge Ktkl. 5 Ktgr.55-59 ↔							
	Betriebliche Aufwendungen Ktkl. 6 ↔							
	Sonstige Aufwendungen Ktkl. 7 ↔							
I Unternehmens-erfolg =		II Abgrenzungs-ergebnis			+./.			III Betriebs-ergebnis

Bild 2.9   Zusammenhang des in- und externen Rechnungskreises (ohne Kontenklasse 8) nach KLR-Bau [2.31].

Es gibt Geschäftsvorfälle, die sowohl die Unternehmensrechnung als auch die Baubetriebsrechnung betreffen (z.B. betriebliche Aufwendungen für eine Baustelle). Daneben gibt es Geschäftsvorfälle, die nur die Unternehmensrechnung (z.B. Investitionen oder steuerliche Abschreibungen) und solche, die nur die Baubetriebsrechnung betreffen (interne Verrechnungssätze, kalkulatorische Gerätekosten). In Bild 2.10 sind sechs Beispiele für derartige Buchungen für das Zweikreissystem vorgeführt, und zwar für

1. Löhne und Gehälter für Baustellen   DM 2.700,00 (intern + extern)
2. Schlußrechnungen an Auftraggeber   DM 1.700,00 (intern + extern)
3. Bilanzielle Abschreibung   DM   600,00 (intern + extern)
4. Kalkulatorische Abschreibung   DM   500,00 (nur intern)
5. Spenden   DM   100,00 (intern + extern)
6. Ertrag aus Finanzanlagen   DM 1.350,00 (intern + extern)

Unternehmensrechnung							
Bilanz		Gewinn- und Verlustrechnung Kontenklassen 5-7					Bilanz
Vermögen und Schulden		Erträge		Betriebliche Aufwendungen		Sonstige Aufwendungen	Eröffnung und Abschluß
0-4		5		6		7	8
1700	2700		1700	2700			
	600			600			
	100					100	
1350			1350				

Fortsetzung:

Baubetriebsrechnung einschließlich Abgrenzungsrechnung									
Übernahmekonto	Abgrenzungsrechnung		Kostenarten- und Kostenstellenrechnung						
	unternehmensbezogene Abgrenzung	Betriebsbezogene Abgrenzung	Kosten- und Leistungsarten	Schlüsselkosten	Verwaltung	Hilfsbetriebe u. Verrechnungskostenstellen	Baustellen		
							eigene Baustellen	Gemeinschaftsbaustellen
90		91	92	93	94	95	96	97	98
1700	2700	600	500					2700	1700	
	600	100						500		
1350	100	1350								

Bild 2.10   Buchungen nach dem BKR mit Zweikreisprinzip (Das Konto 99 für die Ergebnisrechnung wurde weggelassen).

Zur Durchführung der Abgrenzungsrechnung dient das Prinzip von Bild 2.11. Im linken Bildteil ist der Unternehmenserfolg mit Hilfe einer vereinfachten G + V dargestellt (Kontenklassen 5-7). Dem steht die Baubetriebsrechnung gegenüber mit dem Betriebsergebnis (Kontengruppen 93-99). Unternehmenserfolg und Betriebsergebnis weichen voneinander ab. Rechenschaft über die Höhe dieser Abweichungen legen die Kontengruppen 91 und 92 ab, die zusammen die Abgrenzungsrechnung ermöglichen.

Mit der Grundgleichung

Unternehmenserfolg - Abgrenzungsergebnis = Betriebsergebnis

kontrolliert sich das Zahlenwerk selbst. Jeder Kreis kann auch unabhängig von dem anderen abgeschlossen werden, beispielsweise mit einer monatlichen Baubetriebsrechnung und einer vierteljährlichen Bilanz.

Gewinn- und Verlustrechnung (G + V)	Abgrenzungsrechnung		Baubetriebsrechnung einschl. Ergebnisrechnung
	Unternehmensbezogene Abgrenzung	Betriebsbezogene Abgrenzung	
Kontenklassen 5-7	Gruppe 91	Gruppe 92	Gruppen 93 - 99
Erträge:			Leistungen:
Stundenlohnarbeiten 10.000,00			Stundenlohnarbeiten 10.000,00
Erträge aus Finanzanlagen 8.000,00	8.000,00		
Unfertige Bauten 600.000,00	600.000,00	800.000,00	Leistungsmeldungen 810.000,00
Summe H 618.000,00	S 608.000,00	S 800.000,00	H 810.000,00
Aufwendungen:			Kosten:
Löhne 350.000,00			Löhne 350.000,00
Bilanzielle Abschreibung 50.000,00	50.000,00	60.000,00	Kalkulatorische Abschreibung 60.000,00
Summe S 400.000,00	H 50.000,00	H 60.000,00	S 410.000,00
Saldo	S 558.000,00	S 740.000,00	
Unternehmenserfolg 218.000,00 (Erträge ./. Auswendungen)	Abgrenzungsergebnis	./. 182.000,00	Betriebsergebnis (Leistungen ./. Kosten) 400.000,00

Bild 2.11   Durchführung einer Abgrenzungsrechnung nach dem BKR [2.31].

2.3 Der Jahresabschluß für die GmbH nach dem BiRiLiG

Der von der GmbH aufzustellende Jahresabschluß muß ein Bild abgeben, das den tatsächlichen Verhältnissen der Vermögenslage, Finanzlage und Ertragslage entspricht. Der Jahresabschluß besteht aus der Bilanz, der Gewinn- und Verlustrechnung und dem Anhang, der die erforderlichen Angaben zur Feststellung der tatsächlichen Verhältnisse enthält. Erst mit diesem Anhang ist der Jahresabschluß vollständig. Außerdem haben die gesetzlichen Vertreter der Kapitalgesellschaften einen Lagebericht abzugeben, der aber nicht als Bestandteil des Jahresabschlusses gilt.

2.3.1 Die Bilanz (Vermögensübersicht)

Zu einem Stichtag, z.B. nach Ablauf eines Geschäftsjahres, werden alle wirtschaftlichen Vorgänge seit der letzten Bilanz zusammengefaßt. Zur Feststellung der Bestände und des Gesamtverbrauches werden alle Konten abgeschlossen und ggf. durch eine Inventur überprüft, die Wertberichtigungen zur Folge haben kann. Die Bilanz weist grundsätzlich nur die Bestände an Vermögen und Kapital aus. Sie ist nach den z.T. national unterschiedlichen Richtlinien aufzustellen. Das neue BiRiLiG hat die Pflichten für die Kapitalgesellschaften nach folgenden Größenmerkmalen gestaffelt (Tab. 2.12).

Tab. 2.12 Kernvorschriften des Bilanzrichtlinien-Gesetz (BiRiLiG).

		Kleines Unternehmen	Mittleres Unternehmen	Großes Unternehmen
1	Bilanzsumme	bis 3,9 Mio. DM	bis 15,5 Mio. DM	über 15,5 Mio. DM
2	Umsatz (netto)	bis 8 Mio. DM	bis 32 Mio. DM	über 32 Mio. DM
3	Mitarbeiter (im Jahresdurchschnitt)	bis 50	bis 250	über 250
4	Fristen für den Jahresabschluß			
4.1	Aufstellungsfrist	6 Monate	3 Monate	3 Monate
4.2	Feststellungsfrist	11 Monate	8 Monate	8 Monate
5	Veröffentlichung des Jahresabschlusses			
5.1	Bilanz	Handelsregister	Handelsregister	Bundesanzeiger
5.2	G+V	entfällt	Handelsregister (ohne Umsatzangaben)	Bundesanzeiger
5.3	Anhang	Handelsregister	Handelsregister	Bundesanzeiger
5.4	Lagebericht	entfällt	Handelsregister	Handelsregister
5.5	Veröffentlichungsfrist	12 Monate	9 Monate	9 Monate
6	Prüfungspflicht	entfällt	besteht	besteht

Mit den neuen Vorschriften über die Rechnungslegung werden Kapitalgesellschaften dazu gezwungen, ihre bisherigen Gliederungen der Bilanz und der G + V zu ändern. Grundlage bilden die durch das Gesetz nunmehr vorgeschriebenen Gliederungsschemata, die nicht ohne weiteres geändert werden können. Sie sind je nach Größenordnung des Unternehmens unterschiedlich tief gegliedert. Das abgebildete Bilanz-Schema (Bild 2.13) soll für die betriebsindividuellen Regelungen einen Anhalt bieten. Grundsätzlich muß die kleine Kapitalgesellschaft alle Posten ausweisen, die im Gliederungsschema mit römischen Vorzahlen gekennzeichnet sind, während die mittelgroße GmbH zu allen Positionen des Gliederungsschemas, also auch zu jenen mit arabischen Vorzahlen, Angaben zu machen hat. Natürlich können auch bei der kleinen GmbH dann, wenn es sinnvoll erscheint, weitere Tiefengliederungen vorgenommen und Saldierungen in der Vorspalte durchgeführt werden, z.B. bei der Saldierung der unfertigen Bauleistungen mit den darauf geleisteten Abschlagszahlungen.

Der Jahresabschluß hat nicht nur die Zahlen des jeweiligen Abschlußstichtages, sondern auch die Vergleichszahlen aus dem vorausgegangenen Abschluß auszuweisen. Von Bedeutung für die Organisation der Buchhaltung sind auch die zusätzlichen Angaben, zu denen die Kapitalgesellschaften verpflichtet sind, nämlich:
- Betrag der Forderungen mit einer Restlaufzeit von mehr als einem Jahr bei jedem gesondert ausgewiesenen Posten,
- Betrag der Verbindlichkeiten mit einer Restlaufzeit von weniger als einem Jahr bei jedem gesondert ausgewiesenen Posten.

In den Unternehmen ist zu überlegen, ob man die "davon-Posten" auf besondere Konten bucht oder ob man die Werte statistisch ermittelt, wobei es zu beachten gilt, daß die Restlaufzeiten sich jeweils auf den Abschlußstichtag beziehen.

Eine weitere Besonderheit stellt die nunmehr eindeutig geregelte Saldierung der unfertigen Bauleistungen dar. In einer Vorspalte sind die unfertigen Bauleistungen mit den darauf geleisteten Abschlagszahlungen zu saldieren und der Saldo dann als Bilanzposten einzubringen.

Eine wesentliche organisatorische Änderung wird auch für viele Unternehmen die Vorschrift bringen, den Anlagenspiegel nach dem Bruttoprinzip zu erstellen. Während es bisher möglich war - und meistens auch so gehandhabt wurde - ausgehend vom Restbuchwert des vergangenen Jahres über Zugänge und Abschreibungen etc. den Restbuchwert im Abschlußjahr zu bestimmen (Netto-Methode), müssen Kapitalgesellschaften nunmehr nach der "Brutto-Methode" vorgehen. Dabei sind, ausgehend von den gesamten Anschaffungs- und Herstellungskosten, die Zugänge, Abgänge, Umbuchungen und Zuschreibungen des Geschäftsjahres ebenso anzugeben wie die kumulierten Abschreibungen.

AKTIVA	PASSIVA
A. ANLAGEVERMÖGEN	**A. EIGENKAPITAL**
I. Immaterielle Vermögensgegenstände	I. Gezeichnetes Kapital
1. Konzession, gewerb. Schutzrechte u. ähnliche Rechte u. Werte sowie Lizenzen aus solchen Rechten u. Werten	II. Kapitalrücklage
2. Geschäfts- und Firmenwert	
3. geleistete Anzahlungen	III. Gewinnrücklagen
	1. gesetzliche Rücklage
II. Sachanlagen	2. satzungsmäßige Rücklagen
1. Grundstücke, grundstücksgleiche Rechte u. Bauten einschließlich der Bauten auf fremden Grundstücken	3. andere Gewinnrücklagen
2. technische Anlagen und Maschinen	IV. Gewinnvortrag / Verlustvortrag
3. andere Anlagen, Betriebs- u. Geschäftsausstattung	
4. geleistete Anzahlungen u. Anlagen im Bau	V. Jahresüberschuß / Jahresfehlbetrag
III. Finanzanlagen	**B. RÜCKSTELLUNGEN**
1. Anteile an verbundenen Unternehmen	
2. Ausleihungen an verbundenen Unternehmen	1. Rückstellungen für Personen und ähnliche Verpflichtungen
3. Beteiligungen	2. Steuerrückstellungen
4. Ausleihungen an Unternehmen, mit denen ein Beteiligungsverhältnis besteht	3. sonstige Rückstellungen
5. Wertpapiere des Anlagevermögens	**C. VERBINDLICHKEITEN**
6. sonstige Ausleihungen	
B. UMLAUFVERMÖGEN	1. Anleihen - davon konvertibel - davon mit einer Restlaufzeit bis zu einem Jahr
I. Vorräte	2. Verbindlichkeiten gegenüber Kreditinstituten - davon mit einer Restlaufzeit bis zu einem Jahr
1. Roh-, Hilfs- u. Betriebsstoffe	3. erhaltene Anzahlungen auf Bestellungen (soweit nicht bei den Vorräten abgesetzt)
2. unfertige Erzeugnisse, unfertige Leistungen ./. Abschlagszahlungen	4. Verbindlichkeiten aus Lieferungen und Leistungen - davon mit einer Restlaufzeit bis zu einem Jahr
3. fertige Erzeugnisse und Waren	5. Verbindlichkeiten aus der Annahme gezogener und der Ausstellung eigener Wechsel - davon mit einer Restlaufzeit bis zu einem Jahr
4. geleistete Anzahlungen	6. Verbindlichkeiten gegenüber verbundenen Unternehmen - davon mit einer Restlaufzeit bis zu einem Jahr
II. Forderungen und sonstige Vermögensgegenstände	Verbindlichkeiten gegenüber Unternehmen mit denen ein
1. Forderungen aus Lieferungen und Leistungen - davon mit einer Restlaufzeit von mehr als einem Jahr	7. Beteiligungsverhältnis besteht - davon mit einer Restlaufzeit bis zu einem Jahr
2. Forderungen gegen verbundene Unternehmen - davon mit einer Restlaufzeit von mehr als einem Jahr	8. sonstige Verbindlichkeiten - davon aus Steuern - davon im Rahmen der sozialen Sicherheit - davon mit einer Restlaufzeit bis zu einem Jahr
3. Forderungen gegen Unternehmen, mit denen ein Beteiligungsverhältnis besteht - davon mit einer Restlaufzeit von mehr als einem Jahr	
4. sonstige Vermögensgegenstände	
III. Wertpapiere	
1. Anteile an verbundenen Unternehmen	
2. eigene Anteile	
3. sonstige Wertpapiere	
IV. Schecks, Kassenbestand, Bundesbank- u. Postgiroguthaben, Guthaben bei Kreditinstituten	
C. RECHNUNGSABGRENZUNGSPOSTEN	**D. RECHNUNGSABGRENZUNGSPOSTEN**
BILANZSUMME	**BILANZSUMME**

Bild 2.13   Gliederungsschema für Bilanzen.

Das in Tabelle 2.14 aufgeführte Beispiel soll Aufschlüsse darüber geben, wie der Anlagenspiegel in Zukunft aufgebaut werden muß. Das praktische Problem wird vor allem darin bestehen, die ursprünglichen Anschaffungs- bzw. Herstellkosten zu ermitteln.

Tab. 2.14   Beispiel für den Aufbau des Anlagenspiegels nach dem Bruttoprinzip (140.000,00 DM linear abzuschreiben in 7 Jahren).

Jahr	Bilanzposten	Gesamte Anschaffungs/Herstellungskosten	Zugänge	Abgänge	Abschreibungen kumuliert	Buchwert 31.12. Abschlußjahr	Buchwert 31.12. Vorjahr	Abschreibungen Abschlußjahr
			+	+	-			
		1	2	3	4	5	6	7
1.	A.II.3	-	+140.000		-20.000	120.000	-	20.000
2.		140.000			-40.000	100.000	120.000	20.000
3.		140.000			-60.000	80.000	100.000	20.000
4.		140.000			-80.000	60.000	80.000	20.000
5.		140.000			-100.000	40.000	60.000	20.000
6.		140.000			-120.000	20.000	40.000	20.000
7.		140.000			-140.000	-	20.000	20.000
8.		140.000		-140.000	-140.000	-	-	-

2.3.2 Die Gewinn- und Verlustrechnung (Erfolgsübersicht)

Für die Gewinn- und Verlustrechnung wird für die Kapitalgesellschaften die Staffelform verbindlich eingeführt. Eine Darstellung in Kontenform, wobei die gesamten Aufwendungen den gesamten Erträgen gegenüberstehen, ist nicht mehr zulässig. Die aussagefähigere Staffelform geht nicht automatisch aus den Abschlußbuchungen des Kontensystems hervor, sondern muß im Gegensatz zur zweiseitigen Kontenform unmittelbar durch Zu- und Abschreibungen in einer einzigen Zahlenreihe geführt werden.

Der Gesetzgeber räumt den Kapitalgesellschaften zwei Möglichkeiten zur Darstellung ein, und zwar einmal nach dem Gesamtkostenverfahren und zum anderen nach dem Umsatzkostenverfahren (§ 275 Abs. 2 und 3 HGB sowie § 157 AktG).

Das Umsatzkostenverfahren ist finanzwirtschaftlich orientiert und erfordert eine sehr weit ausgebaute Kosten- und Leistungsrechnung, um bezogen auf die angesetzten Leistungen Herstellkosten ermitteln und Angaben über Verwaltungskosten, Vertriebskosten und sonstige betriebliche Aufwendungen machen zu können. Man kommt zwar bei Anwendung des Umsatzkostenverfahrens zum gleichen Ergebnis wie beim Gesamtkostenverfahren, aber das Gesamtkostenverfahren ist bei der insgesamt langfristigen Fertigung der Bauwirtschaft aussagefähiger und leichter zu handhaben, da strikt nach Aufwandsarten gebucht wird.

Die Gewinn- und Verlustrechnung ist für das Gesamtkostenverfahren im § 275 Abs. 2 des HGB und für das Umsatzkostenverfahren im § 275 Abs. 3 HGB aufgeführt. Nachdem für die Bauwirtschaft in jedem Fall das Gesamtkostenverfahren empfohlen werden muß, wird diese Gliederung in Tabelle 2.15 dargestellt.

Kleine und mittelgroße Kapitalgesellschaften dürfen bei Anwendung des Gesamtkostenverfahrens die Posten

1. Umsatzerlöse,
2. Erhöhung oder Verminderung des Bestandes an fertigen und unfertigen Erzeugnissen,
3. andere aktivierte Eigenleistungen,
4. sonstige betriebliche Erträge,
5. Materialaufwand,

zu einem Posten unter der Bezeichnung "Rohergebnis" zusammenfassen, wobei diese Vorschrift nicht nur für die Veröffentlichung, sondern auch für den internen Jahresabschluß gilt, der den Gesellschaftern vorzulegen ist.

2.3.3 Bilanzpolitik

Nachdem es ohne erheblichen (steuerlichen) Aufwand kaum möglich ist, der Unternehmensform der GmbH zu entfliehen, was nebenbei auch aus mancherlei Gründen nicht sinnvoll wäre, muß und kann der Unternehmer aber Überlegungen anstellen, wie er durch entsprechende Bilanzpolitik oder besser Politik des Jahresabschlusses eine für seine Verhältnisse optimale Gestaltung erreichen kann.

Tab. 2.15 Gliederung der G + V nach dem Gesamtkostenschema.

	Vorjahr	Abschlußjahr
1. Umsatzerlöse	——	——
2. Erhöhung oder Verminderung des Bestands an fertigen und unfertigen Erzeugnissen	——	——
3. andere aktivierte Eigenleistungen	——	——
4. sonstige betriebliche Erträge	——	——
5. Materialaufwand		
a.) Aufwendungen für Roh-, Hilfs- u. Betriebsstoffe u. für bezogene Waren	——	——
b.) Aufwendungen für bezogene Leistungen	——	——
6. Personalaufwand		
a.) Löhne und Gehälter	——	——
b.) soziale Abgaben und Aufwendungen für Altersversorgung und für Unterstützung	——	——
- davon für Altersversorgung	——	
7. Abschreibungen		
a.) auf immaterielle Vermögensgegenstände des Anlagevermögens und Sachanlagen sowie auf aktivierte Aufwendungen für die Ingangsetzung und Erweiterung des Geschäftsbetriebes	——	——
b.) auf Vermögensgegenstände des Umlaufvermögens, soweit diese die in der Kapitalgesellschaft üblichen Abschreibungen überschreiten	——	
8. sonstige betriebliche Aufwendungen	——	——
9. Erträge aus Beteiligungen	——	——
- davon an verbundene Unternehmen	——	
10. Erträge aus anderen Wertpapieren und Ausleihungen des Finanzanlagevermögens	——	——
- davon an verbundene Unternehmen	——	
11. sonstige Zinsen und ähnliche Erträge	——	——
- davon an verbundene Unternehmen	——	
12. Abschreibungen auf Finanzanlagen u. auf Wertpapiere des Umlaufvermögens	——	——
13. Zinsen u. ähnliche Aufwendungen	——	——
- davon an verbundene Unternehmen	——	
14. Ergebnisse der gewöhnlichen Geschäftigkeit	——	——
15. außerordentliche Erträge	——	——
16. außerordentliche Aufwendungen	——	——
17. außerordentliches Ergebnis	——	——
18. Steuern vom Einkommen und vom Ertrag	——	——
19. sonstige Steuern	——	——
20. Jahresüberschuß / Jahresfehlbetrag	——	——

Zur Beeinflussung der Bilanzsumme (Größenordnungsmerkmal!) sind folgende Sachverhalte in ihren Auswirkungen zu prüfen:

- Saldierung der erhaltenen Anzahlungen mit den unfertigen Bauleistungen,
- Absetzen nicht eingeforderter, ausstehender Einlagen vom gezeichneten Kapital,
- Beeinflussung der Restbuchwerte durch höchstzulässige Abschreibungen,
- <u>Abbau von Vorräten</u> auf das unbedingt erforderliche Maß,
- frühzeitiges <u>Abrechnen von Bauleistungen</u> und Hereinholen von Außenständen,
- Abbau von Verbindlichkeiten,
- Kontenausgleich zwischen verschiedenen Banken zum Abschlußstichtag.

Auf jeden Fall müssen sich die Geschäftsführer einer GmbH mit der Tatsache auseinandersetzen, daß sich durch die Offenlegungspflicht jedermann ein Bild über die Gesellschaft machen kann. Dieses Bild soll und darf <u>weder zu positiv noch zu negativ</u> ausfallen, d.h., daß man die verbleibende Zeit nutzen muß, um im Rahmen der erlaubten Bandbreiten einer echten Bilanzpolitik die optimale Gestaltung zu finden.

2.4 Erfordernisse an den internen Rechnungskreis

Die Baubetriebsrechnung ist so zu gestalten, daß sie kostenstellenbezogene Auswertungen in jeder Weise zuläßt, z.B. für die Verwaltungskostenstellen, Hilfsbetriebe oder Baustellen durch entsprechende Zusammenfassungen für Verantwortungsbereiche (Oberbauleiter) oder Bausparten (Hoch-, Tief-, Strassenbau usw.), eigene Baustellen oder Gemeinschaftsbaustellen. Das gleiche gilt für die Kostenarten, z.B. Lohnanteil insgesamt, Lohnanteil im Hoch- bzw. Tiefbau, Fertigteileinsatz im Hochbau (zur Trendermittlung) usw.

2.5 Weitere Kostenbegriffe und Unterscheidungsmerkmale

2.5.1 Einzelkosten - Gemeinkosten - Selbstkosten

Hierbei handelt es sich um verrechnungstechnische Unterscheidungen bzw. Zusammenfassungen der Kosten, um den Preis für ein Produkt bestimmen zu können (Bild 2.16).

Dabei sind alle Kosten, die für mehrere Kostenträger (bzw. LV-Positionen) gemeinsam anfallen, Gemeinkosten (= gemeinsame Kosten), die nur mittelbar zugeordnet werden können. Je

nach Gestaltung einer Ausschreibung können die folgende Dinge Gemeinkosten entstehen oder
nicht, je nach dem ob Positionen darfür vorhanden sind:

- Einrichten und Räumen der Baustelle,
- Vorhalten der Baustelleneinrichtung,
- Betrieb, Bedienung, Bewachung, Beleuchtung,
- örtliche Bauleitung,
- technische Bearbeitung,
- Allgemeines (Hilfslöhne, Transporte, Mieten, Kleingeräte),
- Sonstiges (Versicherungen, Finanzierung, Lizenzen),
- Soziales, Wegegelder usw.

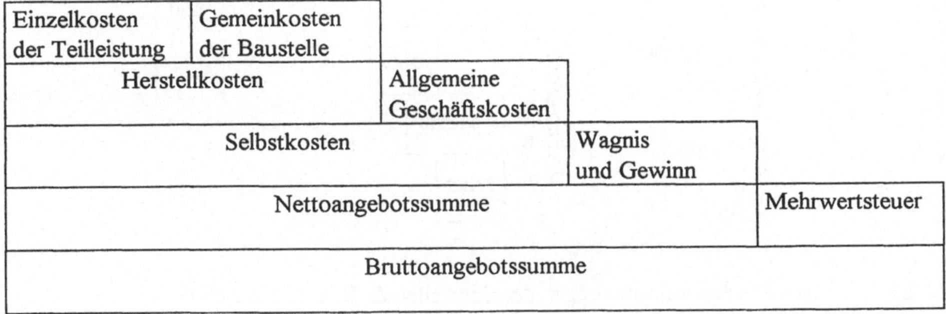

Bild 2.16   Prinzip der Preisbildung (Kalkulationsschema).

2.5.2 Der Begriff "Deckungsbeitrag"

Werden alle Gemeinkosten, Geschäftskosten sowie Wagnis und Gewinn durch Zuschläge auf
die Einzelkosten der Teilleistungen umgelegt, so nennen wir dies eine "Vollkostenrechnung"
(vgl. Bild 2.16). Sie stimmt aber nur dann, wenn die Basis, also die Summe aller Einzelkosten,
im voraus bekannt ist. Dies ist aber weder bei der Auftragserteilung noch im Verlauf der Bauausführung gewährleistet, sondern erst rückwirkend.

Eine sinnvolle Alternative wäre eine Trennung zwischen den Einzelkosten der Teilleistungen
und den anderen Kostenarten usw. Dies ist eine sog. "Teilkostenrechnung". Die Einzelkosten
der Teilleistungen sind variable Kosten, die mit jeder Leistungseinheit anteilig anfallen, der andere Anteil sind die fixen Kosten oder die "Bereitschaftskosten der Unternehmung", die von
der Leistung weitgehend unabhängig sind und auch anfallen, wenn überhaupt kein Auftrag
ausgeführt wird.

Alles, was ein Betrieb mehr einnimmt als das, was für den Ausgleich der Einzelkosten der Teilleistung erforderlich ist, liefert einen Beitrag zur Deckung der Bereitschaftskosten der Unternehmung, also einen "Deckungsbeitrag" (DB). Während es im Kleinbetrieb nur einen einzigen Deckungsbeitrag gibt, muß man sich den Großbetrieb als eine hierarchische Struktur mit immer weitergehender Zusammenfassung von Deckungsbeiträgen vorstellen. Auf jeder Ebene werden weitere Kosten verursacht, die durch Anteile am Deckungsbeitrag abgedeckt werden müssen. Dies führt zu einer Untergliederung in DB 1, DB 2 usw.

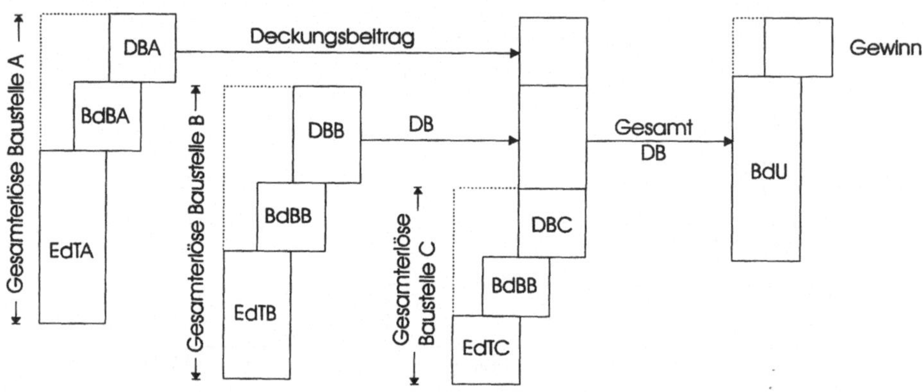

Bild 2.17   Aus den Deckungsbeiträgen der Baustellen A, B, C ergibt sich der Gesamtdeckungsbeitrag.
                 EdT = Einzelkosten der Teilleistung
                 BdB = Bereitschaftskosten der Baustelle
                 BdU = Bereitschaftskosten der Unternehmung

Der Deckungsbeitrag ist eine Wertgröße besonderer Art mit hoher Aussagekraft für die Bedeutung des Auftrages. Baustellen ohne DB sind sinnlos. Die einzelnen Deckungsbeiträge müssen für sich genommen maximiert werden. Der Soll-DB läßt sich aus dem LV und seinen Preisen ermitteln. Ihm wird später der Plan-DB zur Seite gestellt, der sich aus den faktischen Mengenvordersätzen ergibt. Es ist die Aufgabe des Bauleiters, die Gemeinkosten der Baustelle (also die Bereitschaftskosten der Baustelle) klein zu halten, um den DB für die nächst höhere Ebene zu maximieren. Der DB ist eine ideale Steuerungsgröße: Wird beispielsweise eine firmeneigene Baumaschine auf der Baustelle eingesetzt, so fallen die Maschinenkosten hierfür als Deckungsbeitrag an, wird dagegen eine Baumaschine angemietet, so sind die Kosten hierfür variable Kosten und vermindern den DB.

Die Erfolgsbeteiligung des Bauleiters sollte nach dem erwirtschafteten Deckungsbeitrag bemessen werden, damit das Interesse für die Maximierung des DB geweckt wird. Der "Baustellengewinn" als Bezugsgröße kann zu Fehlverhalten Anlaß geben.

2.5.3 Die Unterscheidung in fixe und variable Kosten

Fixe Kosten sind die Kosten, die durch die Betriebsbereitschaft entstehen, variable Kosten werden unmittelbar durch die Produktion verursacht. Fixe Kosten sind leistungsunabhängig infolge der Betriebsbereitschaft sowie als Folge von Stillständen. Die fixen Kosten können sich sprunghaft ändern, z.B. durch die Erweiterung eines Bürogebäudes, durch Kauf neuer Maschinen, durch Mieten einer EDV-Anlage usw. Dies sind dann sogenannte "sprungfixe" Kosten (Bild 2.18 unten).

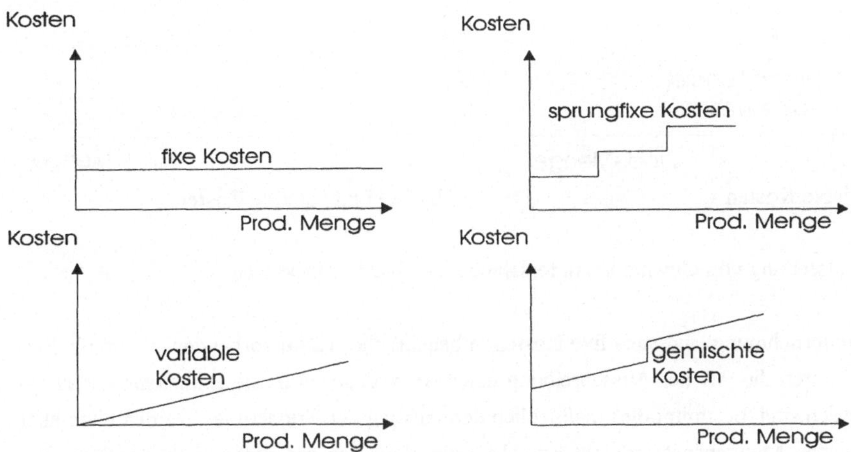

Bild 2.18 Unterscheidung von fixen, sprungfixen und variablen Kosten.

Unter <u>variablen</u> Kosten versteht man die rein mengenabhängigen Kosten, die durch die Produktion entstehen. Diese können ebenso wie die fixen Kosten aus verschiedenen Kostenarten bestehen: Beispielsweise sind die Stoffkosten typische variable Kosten, wie auch die Löhne der Fertigung, die Energiekosten usw. Dagegen sind die Löhne während eines Stillstandes fixe Kosten (Bereitschaftskosten). Die wirklichen Produktionskosten setzen sich aus fixen und variablen Anteilen zusammen, ggf. auch aus sprungfixen Komponenten (Bild 2.18 oben). Die Auflösung aller Kosten in fixe und variable Anteile ist jedoch nicht immer eindeutig und in Grenzbereichen von persönlichen Ansichten abhängig. Fixe Kosten können nur schrittweise verkleinert werden, z.B. durch Kapazitätsabbau. Dies wirkt sich in der Kostenstruktur erst mit gewisser Zeitverschiebung aus.

2.5.4 Kosten und Preise

Alle Kosten einer Unternehmung müssen auf längere Sicht durch Einnahmen gedeckt werden. Die Höhe der Einnahmen (Erlöse) wird durch den Preis für die Produkte und Dienstleistungen bestimmt. Unter normalen Marktverhältnissen wird dieser Preis auch einen angemessenen Gewinnzuschlag enthalten. Preise können als Pauschalpreise, Stückpreise oder Einheitspreise in Erscheinung treten.

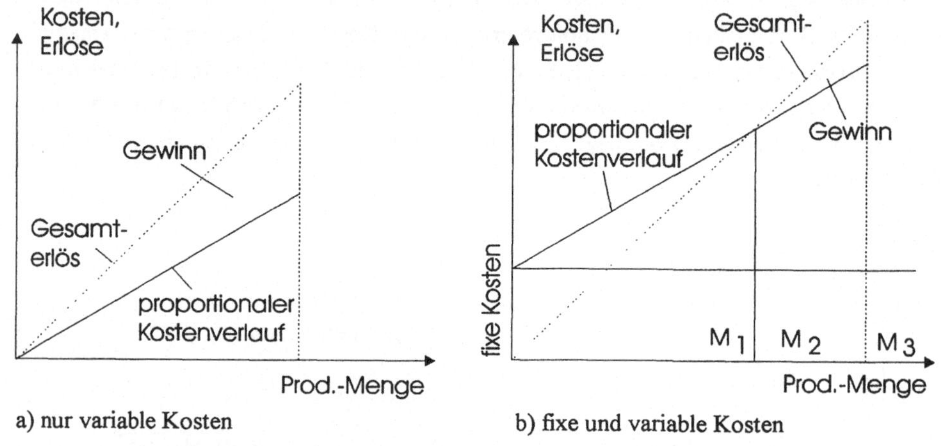

Bild 2.19 Entstehung von Gewinn bei unterschiedlichen Kostenstrukturen.

In der Bauunternehmung sind stets fixe Kosten in beachtlicher Höhe vorhanden. Wenn die Fixkosten z.B. durch die Art der Ausschreibung eines Bauvorhabens in die Einheitspreise eingerechnet worden sind, bestimmt dies maßgeblich den Anstieg der Erlöskurve. Werden dann aber die projektierten Mengenansätze nicht erreicht, verändert dies das gesamte Preisgefüge zum Nachteil der Unternehmung (z.B. M_1 statt M_2 in Bild 2.19b).

Von besonderer Bedeutung ist der Schnittpunkt des Gesamterlöses mit der Kostenkurve. Er stellt die Gewinnschwelle dar (sog. "break even point"). In Wirklichkeit verläuft der Anstieg der variablen Kosten jedoch nicht exakt proportional zur Menge. Ab einer gewissen Menge lassen sich Mengenrabatte von den Lieferanten erzielen, und die bessere Auslastung des Personals kann zu einem geringeren Stundenaufwand führen. Dies alles hat im Bereich von 50 bis 70 % Auslastung eine Kostendegression zur Folge.

Genau die gegenteilige Erscheinung, eine Kostenprogression ist jedoch bei weiterer Produktionssteigerung zu erwarten durch die Zahlung von Mehrarbeitszuschlägen, Leistungsabfall, erhöhten Reparaturkosten usw. im Bereich von 90 bis 110 % Auslastung des Betriebes. Diese Beobachtungen können den break even point auflösen in eine untere und eine obere Gewinnschwelle (Bild 2.20).

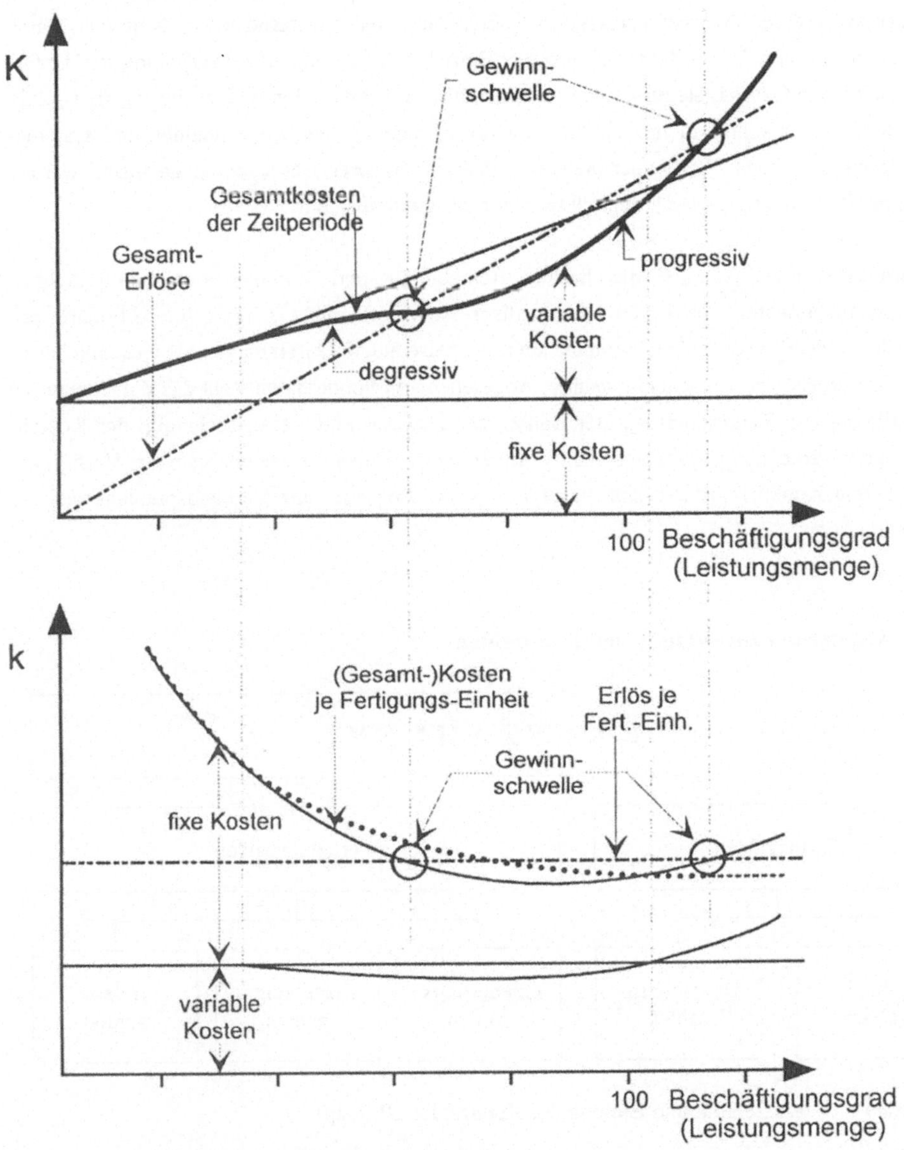

Bild 2.20   Veränderung der Gewinnschwelle bei teilweise degressivem und teilweise progressivem Verlauf der Gesamtkosten (oben) bzw. der Stückkosten (unten) [2.37].

2.6 Führungskennzahlen und Betriebsstatistik

Kennzahlen sind intern ein Hilfsmittel der Unternehmensleitung bei der Planung des Betriebsgeschehens, der Steuerung des Betriebsablaufes, der Kontrolle der Betriebsergebnisse sowie
bei der Analyse der Unternehmenslage (= Nabelschau). Jedes Unternehmen erhebt viele Daten
und wertet sie aus. Diese Zahlen dienen zur Betriebsführung und Lagebeurteilung der Unternehmung. Jede Geschäftsleitung kann grundsätzlich die Kennzahlen bilden, die sie für wichtig
hält. Kennzahlen sollten nicht einmalig, sondern in regelmäßigen Zeitabständen und systematisch gebildet werden. Wenn aber die Kennzahlen mit anderen Betrieben ausgetauscht werden
(z.B. bei Betriebsvergleichen), sind diese zuvor zu standardisieren.

Extern dienen Statistiken über die Umsatz-, Rentabilitäts- und Liquiditätsentwicklung, die z.B.
in Geschäftsberichten oder in der Wirtschaftspresse veröffentlicht werden, für Aktionäre, po-
tentielle Anleger, Kreditgeber, mitunter auch für befreundete Unternehmen als wesentliche Informationsquelle und Entscheidungshilfe. Abgesehen von Sonderdaten steht das Zahlenmaterial
zur Bildung von Kennzahlen aus der Bilanz, der Gewinn- und Verlustrechnung, der Kosten-
und Leistungsrechnung sowie aus allen weiteren betrieblichen Aufzeichnungen zur Verfügung.
Markt- und Konkurrenzdaten sind gesondert zu erheben oder aus Verbandspublikationen zu
entnehmen.

2.6.1 Allgemeines zur Bildung von Kennzahlen

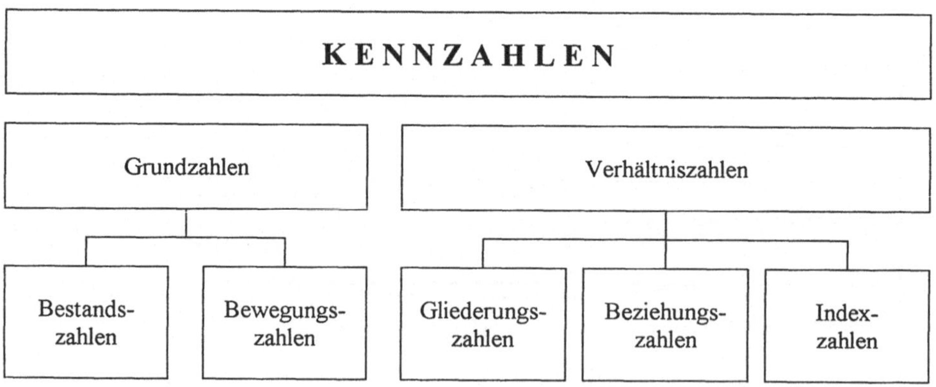

Bild 2.21   Entstehung und Bildung der Kennzahlen (Prinzip).

- Grundzahlen sind absolute Zahlen mit beliebigen Dimensionen, die aus den statistischen
  Erhebungen und Beobachtungen unmittelbar hervorgehen. Sie geben Auskunft über

die tatsächliche Höhe oder den tatsächlichen wert- oder mengenmäßigen Umfang eines wirtschaftlichen Tatbestandes oder Vorganges. Derartige Grundzahlen existieren als

– Bestandszahlen, gemessen an einem Zeitpunkt (z.B. Vorräte an einem Stichtag) oder

– Bewegungszahlen, gemessen in einem Zeitraum (z.B. Verbrauch innerhalb einer Periode).

Der Vorteil der Grundzahlen liegt darin, daß sie die tatsächliche Größenordnung angeben. Sie sind miteinander vergleichbar (von Baustelle zu Baustelle oder von Betrieb zu Betrieb). Ihr Nachteil besteht darin, daß sie nur durch Zeitreihen oder Vergleiche Informationen liefern.

• Verhältniszahlen werden gewonnen, indem zwei oder mehrere Grundzahlen zueinander in Beziehung gesetzt werden.

Sie gestatten eine leichtere Erfassung und Vergleichbarkeit des Zahlenmaterials und geben eine schnellere und bessere Übersicht als absolute Zahlen. Allerdings haben sie den Nachteil, daß die Grundzahlen, die hinter den durch Verhältniszahlen ausgedrückten Größenbeziehungen stehen, nicht zu erkennen sind.

Man unterscheidet drei Arten von Verhältniszahlen:

• Gliederungszahlen, als Verhältnis einer untergeordneten zu einer übergeordneten Menge (z.B. Gerätekosten zu Gesamtkosten).
• Beziehungszahlen, als Verhältnis fremdartiger, aber gleichgeordneter Teilmengen zueinander (z.B. eigene Gerätekosten zu Fremdgerätekosten).
• Indexzahlen, als Verhältnis gleichartiger und gleichgeordneter Mengen zu einer Basiszahl (i.a. "100") im Zeitablauf (z.B. Preisindex).

• Durchschnittszahlen haben die Aufgabe, eine statistische Reihe ungleicher Größen, die die Glieder dieser Reihe bilden, durch einen einzigen zahlenmäßigen Ausdruck zu charakterisieren. Ihr Vorteil liegt in einer Konzentration der statistischen Einzelwerte.

Die Durchschnittszahlen sind von großer Wichtigkeit für Vergleichszwecke im Betrieb wie auch zwischen den Betrieben. Im letzteren Fall haben sie den Charakter von Richtzahlen (z.B. der Durchschnittslohn in verschiedenen Betrieben), weshalb sie zugleich ein Maßstab zur Beurteilung von Einzelwerten und ein wichtiges Hilfsmittel zur Überwachung des Betriebes sind. Denn starke Abweichungen von einer Durchschnittszahl weisen in der Regel auf besondere Ursachen hin.

Der Aussagewert der Durchschnittszahlen darf jedoch nicht überschätzt werden, indem sie beispielsweise zur Grundlage betrieblicher Dispositionen gemacht werden: z.B. darf die Lagerdis-
position eines Betriebes bei starken saisonalen Schwankungen nicht nach dem durchschnittlichen Lagerbestand erfolgen, da sonst die Bedarfsspitzen nicht gedeckt werden können.

Bei der Bestimmung der Durchschnittszahlen unterscheidet man:

- Berechnete Mittelwerte als fiktive Rechnungsgrößen, die von jedem Reihenglied beeinflußt
  werden. Die wichtigsten Mittelwertberechnungen sind:
  - das <u>arithmetische Mittel</u> als Summe einer statistischen Reihe, dividiert durch die Zahl der
    Reihenglieder oder
  - das <u>geometrische Mittel</u>, das man berechnet, indem jedes Glied einer statistischen Reihe
    mit jedem multipliziert und aus dem Produkt die der Zahl der Glieder entsprechende
    Wurzel gezogen wird.

- Ausgewählte Werte mit besonderen Eigenschaften aus einer Zahlenreihe, wie z.B.
  - der <u>häufigste Wert</u> aus der Gesamtheit von Einzelwerten. Seine Bedeutung liegt darin,
    daß er als Schätzwert benutzt wird, um die normale oder typische Größe zu beschreiben,
  - der <u>Zentralwert</u> als der mittlere Wert einer nach der Größe der Zahlen geordneten
    Zahlenreihe.

Mit der Bildung solcher Kennzahlen beschäftigt sich die spezielle Betriebsstatistik. Betriebs-
kennzahlen müssen mit großer Sorgfalt und im Hinblick auf den gewünschten Zweck gebildet
werden. Da dies Zeit und Geld kostet, muß die Kennzahlenberechnung im Betrieb auf das unbedingt notwendige Maß beschränkt werden.

2.6.2 Bilanzkennzahlen

Aus den Zahlen einer Bilanz oder mehrerer aufeinanderfolgender Bilanzen eines Betriebes lassen sich eine Reihe nützlicher Kennzahlen oder Zahlenreihen bilden, auf die hier beispielhaft
hingewiesen wird. Das Schema von Bild 2.22 dient dabei als Merkhilfe und zur besseren Einordnung der verschiedenen Begriffe.

<u>Kapitalstruktur und Vermögensstruktur</u>

Verschuldungsgrad = Fremdkapital in % des Eigenkapitals
                      (oder Fremdkapital in % des Gesamtkapitals)

Die Kapitalstruktur gibt Auskunft über die Mittelherkunft, die Kreditfähigkeit und die Unabhängigkeit der Unternehmung. Im allgemeinen wird die Gewährung von Krediten - neben anderen Bedingungen, wie Stellen von Sicherheiten und Ertragskraft der Unternehmung - an das Vorhandensein entsprechend hoher eigener Mittel geknüpft. Der Anteil des Fremdkapitals am Gesamtkapital sollte nicht so groß sein, daß ein Unternehmen durch eine Kreditkündigung in seiner Tätigkeit und seinem Bestand gefährdet wird. Ferner muß berücksichtigt werden, daß die Zinsen für das Eigenkapital nicht unbedingt ausgabenwirksam sind, während die Zinsen für das Fremdkapital auch bei ungünstiger Ertragslage aufgebracht werden müssen.

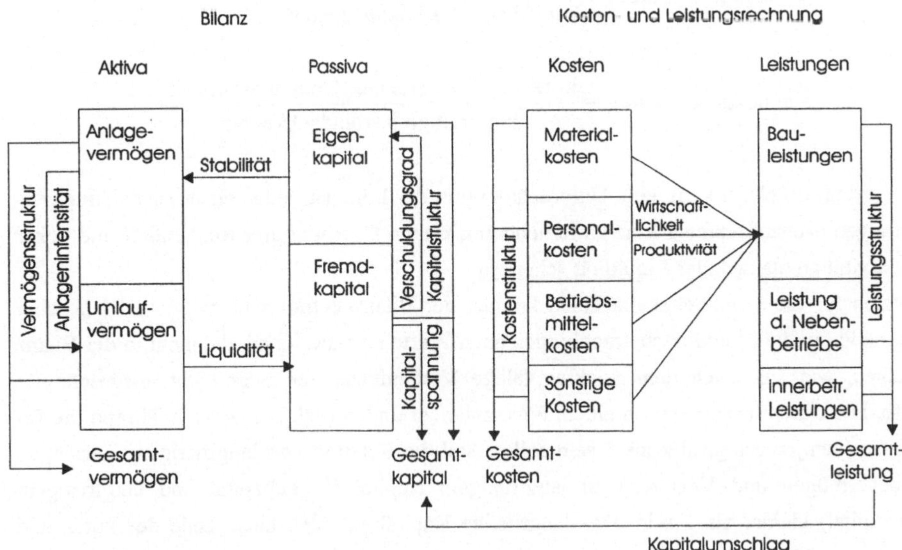

Bild 2.22   Bildung einiger wichtiger Kennzahlen.

Anlagenintensität = Anlagevermögen in % des Umlaufvermögens
                      (oder Anlagevermögen in % des Gesamtvermögens)

Diese Kennzahl gibt Auskunft über die Mittelverwendung. Aus der Vermögensstruktur lassen sich Rückschlüsse auf die Anpassungsfähigkeit des Unternehmens ziehen. Bei der Beurteilung der Anlagenintensität ist zu beachten, daß sie nichts über die Eignung der Anlagegüter für den Betriebszweck aussagt. Die Erbringung von Leistungen ist auch nicht an das Eigentum von Vermögenswerten gebunden, sondern Miete, Pacht oder Leasing von Anlagen sind hier unberücksichtigt.

Stabilität = Eigenkapital in % des Anlagevermögens

                 (oder langfristig verfügbares Kapital in % des Anlagevermögens)

Die <u>Stabilität</u> des Unternehmens ist abhängig von der Eigenkapitalausstattung. Im Idealfall sollen zur langfristigen Nutzung bestimmte Wirtschaftsgüter (Anlagevermögen) mit langfristig verfügbarem Kapital, d.h. Eigenkapital und langfristigem Fremdkapital (z.B. Pensionsrückstellungen) finanziert sein.

$$\text{Liquidität 1. Grades} = \frac{\text{Geldkonten}}{\text{kurzfristige Verbindlichkeiten}}$$

$$\text{Liquidität 2. Grades} = \frac{\text{kurz- u. mittelfristiges Umlaufvermögen}}{\text{kurzfristige Verbindlichkeiten}}$$

Die <u>Liquidität</u> drückt aus, ob eine Unternehmung in der Lage ist, jederzeit ihren Zahlungsverpflichtungen nachzukommen. Eine Unternehmung kann u.U. trotz guter Rentabilität und hoher Produktivität <u>an mangelnder Liquidität scheitern</u>.

Die Daten für die Liquiditätskennzahlen können der Bilanz entnommen werden. Es ist aber zweckmäßig, in die Liquiditätsbetrachtungen auch Werte einzubeziehen, die nicht in der Bilanz erscheinen, wie z.B. nach dem Stichtag fällige Verbindlichkeiten oder nicht ausgeschöpfte Kredite. Die Daten hierfür sind in einem Finanzplan zu finden (vgl. Kap 4.4). Während die Liquiditätszahlen jeweils größer als 1 sein sollen, soll die Relation von langfristigem Vermögen (Anlagevermögen und Vorräten) zu langfristigem Kapital (Eigenkapital und langfristigem Fremdkapital) kleiner als 1 sein. Das langfristige Kapital soll also auch Teile des kurz- und mittelfristigen Vermögens mitfinanzieren. Um Stabilität und Liquidität zu sichern, sind neben Liquiditätsübersichten und kurzfristigen Finanzplänen auch langfristige Finanzpläne aufzustellen. Hieraus läßt sich der <u>langfristige Mittelüberhang</u> aus der <u>langfristigen Mittelherkunft</u> und Mittelverwendung berechnen. Nicht übersehen werden darf bei den Liquiditätsüberlegungen die Bedeutung der Eventualverbindlichkeiten.

Finanzierung = Eigenkapital in % des Fremdkapitals

Die <u>Finanzierung</u> ist unter Stabilitätsgesichtspunkten zu sehen. Einem hohen Anlagevermögen sollte ein entsprechend hoher Anteil an eigenen Mitteln bzw. langfristigem Kapital gegenüberstehen.

$$\text{Kapitalausstattung} = \frac{\text{Dauerkapitalbedarf}}{\text{langfristiges Kapital}}$$

Die Kapitalausstattung soll ausgewogen sein, d.h. daß sich der Dauerkapitalbedarf (Anlagevermögen, Vorratsvermögen und Teile des Umlaufvermögens) und das langfristig verfügbare Kapital (Eigenkapital, temporäres Eigenkapital, langfristiges Fremdkapital) größenmäßig entsprechen sollen.

$$\text{Fremdkapitalstruktur} = \frac{\text{langfristiges Fremdkapital}}{\text{kurzfristiges Fremdkapital}}$$

Die Fremdkapitalstruktur, d.h. die Relation von langfristigem zu kurzfristigem Fremdkapital, sollte möglichst groß und der Mittelverwendung angemessen sein.

$$\text{Kapitalumschlag} = \frac{\text{Jahresbauleistung}}{\text{eingesetztes Kapital}}$$

Die Umschlaghäufigkeit des Kapitals ist eine wesentliche Kennzahl für die Unternehmensleitung. Sie zeigt, wie oft sich das eingesetzte Kapital innerhalb einer Periode umschlägt. Bei geringer zeitlicher Bindung des Kapitals wird der Kapitalbedarf entsprechend niedriger. Daher sollten das Vorratsvermögen möglichst niedrig gehalten und die Forderungen möglichst schnell realisiert werden. Bei ausreichender Liquidität sollten die Verbindlichkeiten aus Lieferungen und Leistungen unter Ausnutzung der Skontierung beglichen werden - denn Warenkredite sind bekanntlich die teuersten Kredite.

Kapitalbindung in Vorräten = Vorräte in % der Jahresbauleistung

Kapitalbindung in Außenständen = Forderungen in % der Jahresbauleistung

Verbindlichkeiten in % der Jahresbauleistung

2.6.3 Kennzahlen aus der Kosten- und Leistungsrechnung

Kostenstruktur in % der Jahresbauleistung

Bestandsveränderungen in % des Umsatzes

Die Kostenanalyse kann wertvolle Hinweise für die Aufdeckung von Fehlerquellen geben und Ausgangspunkt für Rationalisierungsmaßnahmen sein. Wählt man die Jahresbauleistung als Bezugsgröße, so sind die einzelnen Kostenarten nicht der Gewinn- und Verlustrechnung, sondern der Kostenrechnung bzw. der Kalkulation zu entnehmen. Will man die Zahlen der

Gewinn- und Verlustrechnung zur Kostenanalyse verwenden, so muß der Umsatz die Bezugsgröße sein. Negative Bestandsveränderungen bedeuten einen Rückgang der Leistung. Es ist nach der Ursache zu suchen.

Aus den in der Betriebsrechnung ermittelten Kosten ergeben sich beispielsweise folgende Kennzahlen zur Baubetriebsführung

$$\text{Entwicklung der Löhne und Gehälter} = \frac{\text{Löhne und Gehälter im Berichtsjahr}}{\text{Löhne und Gehälter im Vorjahr}} \cdot 100 \; [\%]$$

$$\text{Anteil der Sozialkosten an den Löhnen und Gehältern} = \frac{\text{Sozialkosten}}{\text{Löhne und Gehälter}} \cdot 100 \; [\%]$$

$$\text{Anteil der Sozialkosten an den Gehältern} = \frac{\text{Sozialkosten}}{\text{Gehälter}} \cdot 100 \; [\%]$$

$$\text{Anteil der Lohnfortzahlung an den Löhnen und Gehältern} = \frac{\text{Lohnfortzahlung}}{\text{Löhne und Gehälter}} \cdot 100 \; [\%]$$

$$\text{Anteil der Löhne und Gehälter an den Gesamtkosten} = \frac{\text{Löhne und Gehälter}}{\text{Gesamtkosten}} \cdot 100 \; [\%]$$

$$\text{Anteil der Gehälter an den Gesamtkosten} = \frac{\text{Gehälter}}{\text{Gesamtkosten}} \cdot 100 \; [\%]$$

$$\text{Durchschnittlicher Stundenlohn} = \frac{\text{Löhne und Gehälter}}{\text{Geleistete Arbeitsstunden}} \cdot 100 \; [\%]$$

$$\text{Anteil der Bau-, Bauhilfs- und Betriebsstoffkosten an den Gesamtkosten} = \frac{\text{Bau-, Bauhilfs- und Betriebsstoffkosten}}{\text{Gesamtkosten}} \cdot 100 \, [\%]$$

$$\text{Anteil Leistungslohn an den Gesamtkosten} = \frac{\text{Summe Leistungslohn}}{\text{Gesamtkosten}} \cdot 100 \; [\%]$$

Rentabilität des Kapitals

– Betriebsergebnis in % des Eigenkapitals
– Betriebsergebnis zuzüglich Zinserträge in % des Gesamtkapitals

Umsatzrentabilität = Betriebsergebnis in % der Jahresbauleistung

Investitionsgrad = Anlagenzugang in % der Jahresbauleistung

Abschreibungsquote = Abschreibung in % der Jahresbauleistung

cash flow = Gewinn + Abschreibung + Zuführung zu eigenkapitalähnlichen
Mitteln (z.B. Pensionsrückstellungen)

return on investment (ROI) = Umsatzrentabilität · Kapitalumschlag

Da der Bilanzgewinn durch das neutrale Ergebnis u.U. nicht unerheblich beeinflußt sein kann, sollte bei der Bildung von Rentabilitätskennzahlen das Betriebsergebnis als Beziehungsgröße gewählt werden. Unter Gesamtkapital ist in diesem Fall das betriebsnotwendige Gesamtkapital zu verstehen, d.h. das ausschließlich den Betriebszwecken dienende Kapital.

Liegt die Rendite des Gesamtkapitals höher als die Zinsen des Fremdkapitals, so hat sich dessen Einsatz gelohnt. Solange diese Relation erhalten bleibt, kann dem Unternehmen noch weiteres Fremdkapital zugeführt werden. Dies wird in der Regel auch die Eigenkapitalrendite weiter verbessern. Bei diesen Überlegungen darf aber die Stabilität und die Finanzierung nicht unberücksichtigt bleiben; denn ein zu geringer Eigenkapitalanteil vermindert in der Regel die Kreditfähigkeit.

Der Erfolg eines Unternehmens beruht aber nicht auf dem Kapitaleinsatz allein, sondern weit mehr auf dem Umsatzprozeß. Neben der <u>Kapitalrentabilität</u> ist daher auch die <u>Umsatzrentabilität</u>, d.h. die Relation von Betriebsergebnis zur Bauleistung von Interesse.
Das Produkt aus Umsatzerfolg und Kapitalumschlag ergibt wiederum die <u>Kapitalrendite</u>. Diese im angelsächsischen Sprachbereich als "return on investment" (ROI) bezeichnete Kenngröße ist ein Maßstab für die Verzinsung des investierten und zu investierenden Kapitals.

Der <u>Investitionsgrad</u> zeigt den Anlagenzugang gemessen an der Jahresbauleistung. Diese Kennzahl kann nach Investitionsursachen, d.h. für Ersatzbeschaffung, Rationalisierung und Kapazitätsausweitung aufgegliedert werden.
Gleichfalls auf die Jahresbauleistung nimmt die Abschreibungsquote Bezug. Eine weitere wichtige Kenngröße ist die Finanzierung aus Abschreibungen. Diese beiden Kennzahlen spiegeln die Abschreibungspolitik und die Investitionsneigung wider.

Will man die für Investitionen zur Verfügung stehenden eigenen Mittel feststellen, so bedient man sich vielfach eines gleichfalls aus dem angelsächsischen Sprachraum stammenden Begriffs, des <u>cash flow</u>. Cash flow ist die Summe aus Gewinn, Abschreibungen und Zuführungen zu eigenkapitalähnlichen Mitteln (z.B. Pensionsrückstellungen). Durch Abschreibungs- und Rückstellungspolitik manipulierte Gewinne können mittels dieser Kenngröße in wahrer Höhe gezeigt werden.

<u>Produktivität und Wirtschaftlichkeit</u>

Arbeitsproduktivität = Bauleistung je Arbeiter   (oder Bauleistung je Arbeitsstunde)

Unter Produktivität (d.h. wert- oder mengenmäßige Ergiebigkeit der Güterherstellung) versteht man in erster Linie die <u>Arbeitsproduktivität</u>, worin der Produktionswert auf die Arbeiter oder die Beschäftigten bezogen wird. Die Differenz zwischen Leistung je Arbeiter und Pro-Kopf-Leistung wird durch die Angestelltenquote bestimmt.

Maschinisierungsgrad = Baugeräte in t, kW oder PS je Arbeiter

Die Arbeitsproduktivität wird nicht unwesentlich vom <u>Maschinisierungsgrad</u> beeinflußt. Da Mensch und Maschine gemeinsam die Leistung erbringen und zumindest teilweise substituierbar sind, sollten diese Kennzahlen stets zusammen gesehen werden.

Fertigungsintensität = geleistete Arbeitsstunden pro Mann und Jahr

Die <u>Fertigungsintensität</u> ist nichts anderes als die pro Mann und Jahr geleisteten Arbeitsstunden. Für den Soll-Ist-Vergleich zwischen der vorgegebenen und der erbrachten Leistung kann diese Kennzahl wertvolle Hinweise auf Fehlerquellen und Schwachstellen geben.

$$\text{Geräteausnutzung} = \frac{\text{Geräteeinsatzdauer}}{\text{mögliche Einsatzdauer}}$$

Eine Soll-Ist-Relation ist auch die <u>Geräteausnutzung</u>. Hier wird die erbrachte Leistung zur technisch möglichen Leistung in Beziehung gesetzt. Bei unterdurchschnittlicher Geräteausnutzung sollte nach den Ursachen geforscht werden, um Leerkosten zu vermeiden.

Wertschöpfung = Bauleistung ./. (Baustoffe + Fremdleistungen)

Die <u>Wertschöpfung</u> ist eine besonders wichtige Kenngröße. Diese Kennzahl, um die Personalkosten vermindert, ergibt den "Deckungsbeitrag."

Deckungsbeitrag = Wertschöpfung ./. Personalkosten

Der <u>Deckungsbeitrag</u> soll mindestens die Hilfs- und Betriebskosten, die Gemeinkosten (ohne Gehälter) und die Gerätekosten decken sowie einen Gewinnanteil umfassen.

Geschäftsdynamik

Die Geschäftsdynamik spiegelt sich in der <u>Umsatzentwicklung</u> als Zeitreihe wider. Es können Jahresumsätze, z.B. der zurückliegenden drei Jahre, des laufenden Jahres und der für das folgende Jahr geplante Umsatz aufgezeigt werden. Es können aber auch die Umsätze (Bauleistungen kürzerer Intervalle) verglichen werden.

Auftrags- und Angebotsstruktur

- Auftragsbestand bezogen auf die Jahresbauleistung (in Monaten)
- Auftraggeber (privat/öffentlich)
- mittlerer Auftragswert
- Erfolgsquote der Angebote

Besonders aufmerksam ist die <u>Auftragsstruktur</u> zu beobachten. Nur ein den vorhandenen Kapazitäten adäquater Auftragsbestand gewährleistet deren produktiven Einsatz. Diese Überlegungen sollen aber nicht dazu verleiten, Aufträge um jeden Preis hereinzunehmen. Von Interesse kann ferner die Zusammensetzung der Aufträge nach Auftraggebern (privat/öffentlich), der mittlere Auftragswert (Wert der Aufträge: Zahl der Aufträge) und die Erfolgsquote der Angebote (wertmäßige Gegenüberstellung der Aufträge und der abgegebenen Angebote) sein.

Zur Personalstruktur sind mehrere Kennzahlen oder Zahlenreihen möglich. Eine wichtige Auswertung ist beispielsweise die Altersstruktur der Belegschaft. Man unterscheidet auch nach Angestellten (kfm., techn.), Aufsichtspersonal, Facharbeitern, Hilfsarbeitern und Lehrlingen. Als Bezugsgröße können beispielsweise jeweils 100 Arbeiter gewählt werden.

Diese Kennzahlen dürfen nicht isoliert betrachtet werden. Ergänzend zur Angestelltenquote ist das Gehaltsniveau heranzuziehen. Die Angestelltenquote (je 100 Arbeiter) allein ist noch wenig aussagefähig. Sie sollte im Zusammenhang mit dem Maschinisierungsgrad gesehen werden. Eine Relation der Angestelltenzahl zur Bauleistung bringt einen weiteren Erkenntniswert. Hieraus lassen sich Rückschlüsse auf die innerbetriebliche Organisation und den Maschinisierungsgrad ziehen.

<u>Gewinnverwendung</u>

Entnahmen in % von Betriebsergebnis oder Einlagen

Kredittilgung (bisheriger Kredit) in % des Betriebsergebnisses

Kredittilgung (zukünftiger Kredit) in % des Betriebsergebnisses.

Die Frage nach der <u>Gewinnverwendung</u> kann akut werden, wenn das Unternehmen einen Kreditantrag stellt. Für einen Kreditsuchenden ohne ausreichende dingliche Sicherheiten kann ein System von Kennzahlen über Finanzstruktur, Rentabilität, Produktivität und Wirtschaftlichkeit, mit deren Hilfe die Ertragskraft des Unternehmens nachgewiesen wird, von großer Bedeutung sein:

- die Finanzstruktur als Relation von Vermögen und Kapital,
- die Rentabilität als Ausdruck des Unternehmenserfolgs,
- die Produktivität als Nachweis der Betriebsleistung,
- die Wirtschaftlichkeit als Maßstab für Kosten und Leistung.

2.7 Die Finanzierung des Baubetriebes

Die in den letzten Jahren in den Bauunternehmen aller Sparten und Größen wachsende <u>Kapitalintensität</u> läßt das Problem der Unternehmensfinanzierung in anderem Licht als früher erscheinen. Damit ergeben sich nicht nur intensive, sondern in vieler Hinsicht auch neue Beziehungen zwischen der einzelnen Bauunternehmung und den Finanzierungsmärkten, dem Geld- und Kapitalmarkt. Die Bauunternehmung hat im allgemeinen nur in beschränktem Umfang beleihungsfähige Aktiva. Die Finanzpolitik der Bauunternehmung steht im Spannungsverhältnis zwischen der Finanzierung durch die <u>Auftraggeber</u>, die <u>Lieferanten</u> und <u>Kreditgeber</u>. Diese ausbalancierte baubetriebliche Finanzpolitik ist störanfällig. Von einer einzelnen Finanzierungsquelle ausgehende Verschlechterungen der Finanzierung wirken sich kurzfristig auch auf die übrigen Finanzierungsquellen aus, oft mit Verstärkungseffekten.

Bei eingetretener Unterfinanzierung erschüttert eine oft an sich kleine Finanzlücke die Gesamtheit der finanziellen Verpflichtungen und führt zur Insolvenz. Fast alle Bauunternehmen, die in der letzten Zeit insolvent wurden, bewirkten dies nicht primär über ausgewiesene Verluste, sondern über Finanzlücken, die zu Notverkäufen und damit erst zu Verlusten führten.

Die Frage der Finanzierung von Baustellen ist für die öffentlichen Auftraggeber teilweise durch die VOB geregelt: Nach § 16 VOB/B und den ZVB der Auftraggeber sind monatliche Abschlagszahlungen üblich. Diese Abschlagsanforderungen in richtiger Höhe und rechtzeitig geltend zu machen, die Forderungen laufend zu verfolgen und anzumahnen, die Schlußrechnung kurzfristig zu legen, prüfen und begleichen zu lassen, das hängt in einem hohen Maße von der einzelnen Bauunternehmung selbst ab. Die Verhältnisse auf dem Gebiet der baubetrieblichen Finanzwirtschaft sind oft recht unbefriedigend.

Unter Finanzierung im engeren Sinne verstehen wir die Aufnahme von Krediten und Darlehen bei Banken und Sparkassen, die bestimmte Anforderungen mit einer Kreditgewährung verbinden.

2.7.1 Grundregeln für ein Kreditgespräch

Jeder Unternehmer, der den Gang zu einem Kreditinstitut antritt, sollte folgendes wissen:

1. Der Kreditnehmer ist kein Bittsteller: Bankiers sind Händler, Geld ist ihre Ware. Das Kreditgespräch ist ein Verhandlungs- oder Verkaufsgespräch. Das gilt für beide Parteien. Man sollte nicht sofort jede angebotene Kondition akzeptieren. Hartes Verhandeln beweist, daß ein Unternehmer sein Handwerk versteht.

2. Nicht jedes Kreditinstitut ist geeignet. Bei überregionalen Großbanken gilt der Handwerker oft nur als "kleiner Fisch". Man sollte sich seine Bank oder Sparkasse immer "vor Ort", d.h. in der näheren Umgebung suchen.

3. Kann eine mittelfristige Unternehmensplanung vorgelegt werden, macht dies einen guten Eindruck; der Bankier, der über einen Kreditantrag entscheidet, hat dann nicht das Gefühl, der Unternehmer lebe "von der Hand in den Mund."

4. Je umfangreicher und eindeutiger man Fragen beantworten kann, desto besser. Die eigene Verhandlungsposition verschlechtert sich, wenn Unterlagen nicht vorliegen oder nachgereicht werden müssen. Es ist verhandlungspsychologisch günstig, von sich aus zu agieren, um auf diese Weise Vertrauen zu schaffen. Informationen sollte man nicht erst geben, wenn die Bank sie fordert. Kreditinstitute verlangen einen vollständigen Überblick über ihre Schuldner.

5. Je besser das "Standing" eines Unternehmers und seines Betriebes, desto niedriger der Zinssatz. Viele Bankiers hören es nicht gerne und doch ist es eine Tatsache: Mit einem Guthaben auf dem Konto (z.B. Festgeld oder langfristigen Wertpapieren) oder anderen Sicherheiten (z.B. Grundstücken und Immobilien) sind Verhandlungen wesentlich leichter zu führen. Je sicherer ein Unternehmen dasteht, desto geringer ist das Risiko für die Bank. Deren Zinssatz ergibt sich nämlich aus Einstandspreis plus Gewinnzuschlag plus Risikozuschlag. Je besser ein Unternehmer dasteht, deso geringer der Risikozuschlag der Bank und damit der zu zahlende Zins.

6. Man sollte die Konkurrenz im Kreditgewerbe nutzen und zu zwei oder drei Kreditinstituten, aber auch nicht zu mehr, gehen und dabei die Gebühren der verschiedenen Institute vergleichen. Eine Hilfestellung hierzu gibt die Tabelle 2.23.

7. Wichtig ist, mit dem "richtigen Mann" zu verhandeln. Man sollte sich vergewissern, ob der Gesprächspartner Entscheidungskompetenz hat. Dies kann man i.d.R. annehmen, wenn der Partner der Zweigstellenleiter, der Filialdirektor, der Leiter der Sonderkreditabteilung oder der spezialisierte Kundenberater ist. Ansonsten kann man nie sicher sein, ob die vorgetragenen Argumente und der gute Eindruck, der hinterlassen wurde, auch "oben" ankommen wird.

8. Für verschiedene Investitionen, z.B. im Umweltschutz, gibt es zinsgünstige öffentliche Kreditprogramme.

2.7.2 Kreditprüfung

Eine Bank interessiert sich bei einer Kreditprüfung für die Kreditfähigkeit im rechtlichen Sinne, die Kreditwürdigkeit des Kreditnehmers und die Kreditsicherheiten. Die Prüfung der Kreditfähigkeit hat zum Inhalt, ob jemand juristisch betrachtet überhaupt einen Kredit aufnehmen kann. Kreditfähig sind:

- Natürliche Personen mit unbeschränkter Geschäftsfähigkeit. Beschränkt Geschäftsfähigen sind Kreditaufnahmen nur mit Zustimmung des gesetzlichen Vertreters und des Vormundchaftsgerichtes erlaubt.

- Inhaber, Gesellschafter oder Geschäftsführer von Bauunternehmungen
  In Einzelunternehmungen ist ihr Inhaber kreditfähig, da er allein über die Aufnahme von Krediten entscheiden kann.

In Personengesellschaften (OHG, KG) sind alle persönlich haftenden Gesellschafter kreditfähig, sofern sie nicht von der Geschäftsführung ausgeschlossen sind.
Kommanditisten haben keine Vertretungsbefugnis, dürfen folglich auch keine Kredite aufnehmen.
In Kapitalgesellschaften (AG, GmbH) sind alle Geschäftsführer und Vorstandsmitglieder mit Gesamtvertretungsvollmacht kreditfähig.

Im Anschluß an die Prüfung der Kreditfähigkeit wird die Kreditwürdigkeit überprüft. Man unterscheidet zwei Arten:

- die persönliche Kreditwürdigkeit, wenn es auf eine bestimmte Person ankommt. Die ist gegeben, wenn der Kreditnehmer zuverlässig, charakterlich einwandfrei, fleißig und tüchtig in seinem Beruf ist;

- die materielle Kreditwürdigkeit setzt geordnete wirtschaftliche Verhältnisse voraus, denen auch die Kredithöhe angemessen sein muß.

Kreditwürdig ist derjenige, von dem erwartet werden kann, daß er seine Kreditverpflichtung vertragsgemäß erfüllen kann. Die Prüfung der Kreditwürdigkeit ist auch dann erforderlich, wenn man besondere Kreditsicherheiten anbieten kann. Wichtige Informationsquellen, um die Kreditwürdigkeit beurteilen zu können, sind:

- öffentliche Register wie Grundbuch, Handelsregister und Güterrechtsregister;
- testierte Jahresabschlüsse, Steuerbilanz sowie Gewinn- und Verlustrechnung der letzten drei bis vier Jahre, aus denen sich ein Trend des Geschäftsverlaufs ablesen läßt;
- Auskünfte von gewerblichen Auskunfteien, Banken oder Geschäftsfreunden des Antragstellers (Referenzen);
- Beobachtung des Kontos, woraus sich Rückschlüsse auf die Geschäfte des Kunden und seine Zahlungsweise ergeben;
- Betriebsbesichtigung, wodurch ein Gesamteindruck vom Zustand des Betriebes ver-mittelt wird;
- Finanzierungspläne bei mittel- oder langfristigen Krediten;
- Unterlagen über Vermögenswerte des Unternehmers, die das Kreditengagement ab-sichern können (festverzinsliche Wertpapiere, Sparguthaben, Aktien, Lebensver-sicherungen);
- Feststellung, wie sich die Geschäftsbeziehungen zwischen der Bank und der kreditnach-fragenden Unternehmung in der Vergangenheit entwickelt haben, z.B. ob das Konto häufig überzogen wurde und ob es ordentlich geführt war.

– Unterlagen über Beschränkungen des Eigentums, z.B. Sicherungsübereignung oder Eigentumsvorbehalte zugunsten anderer Gläubiger.

2.7.3 Bilanzanalyse und Bilanzkritik

Besonderer Aufmerksamkeit "erfreut" sich bei einer Kreditaufnahme der vorgelegte Jahresabschluß, insbesondere die Bilanz. Um einen Zeitvergleich vornehmen zu können, sind auch frühere Jahresabschlüsse in die Überprüfung einzubeziehen. Aus diesen Unterlagen versucht der Kreditgeber, Erkenntnisse über die zukünftige Unternehmensentwicklung zu gewinnen, insbesondere bei langfristigen Krediten.

In der Regel werden Kundenbilanzen in der Bank mit Formblättern aufbereitet, um die Bilanzzahlen besser vergleichbar zu machen. Durch Gegenüberstellung bestimmter Bilanzpositionen ergeben sich Verhältniszahlen, mit deren Hilfe der Kreditfachmann die Bonität eines Kreditsuchenden beurteilt. Gegenstand der Bilanzkritik sind vor allem: Kapitalstruktur, Verschuldung, Investitionsfinanzierung, Vermögensaufbau, Rentabilität, Liquidität, Umschlagshäufigkeit des Kapitals, Stille Reserven und die Entwicklungstendenzen.

Die wirtschaftliche Kreditwürdigkeit einer Unternehmung hängt auch von ihrer Rechtsform, der Unternehmensgröße und der Kapitalhöhe ab, da die Rechtsform einer Unternehmung u.a. die zur Kreditsicherung wichtigen Haftungsverhältnisse festlegt (vgl. Abschnitt 3).
Die Kreditwürdigkeit einer Unternehmung wächst mit ihrer Haftungsbasis. Großbetriebe sind im allgemeinen kreditwürdiger als Klein- oder Mittelbetriebe, da sie i.d.R. größere Sicherheiten anbieten können. Mittlere und kleine Unternehmen haben daneben noch finanzwirtschaftliche Nachteile, da ihnen die Kapitalmärkte nicht zur Verfügung stehen.

2.7.4 Kreditkosten

Hat sich ein Kreditinstitut nach Prüfung der diversen Unterlagen grundsätzlich bereit erklärt, einen Kredit zu gewähren, sollte immer die Frage nach der <u>Effektivverzinsung</u> gestellt werden. Anhand der Effektivverzinsung ist es möglich, Kreditangebote verschiedener Banken miteinander zu vergleichen.

- Es sollte vereinbart werden, daß jede Tilgungsrate sofort von der zu verzinsenden Kreditschuld abgezogen wird. Andernfalls wird monatlich oder vierteljährlich getilgt und die Bank zieht die Tilgungsbeträge erst am Jahresende in einer Summe von der Kreditschuld ab. In diesem Fall zahlt man als Kreditnehmer zuviel Zinsen.

- Man sollte danach fragen, ob Sondertilgungen möglich sind und wie diese verrechnet werden. Die Zinsen sollten nicht auf den Darlehensursprungsbetrag berechnet werden, sondern nur auf die jeweils noch offene Restschuld. Andernfalls würde eine Sondertilung, die am 1. Januar eines Jahres geleistet wird, nicht anders behandelt als die gleiche Sonderleistung am 31. Dezember des gleichen Jahres.

- Vor Unterschrift des Kreditvertrages sollen nach Bearbeitungsgebühren und Bereitstellungszinsen gefragt werden, da manche Kreditinstitute für die Zeit zwischen verbindlicher Darlehenszusage und tatsächlicher Inanspruchnahme des Darlehens sogenannte Bereitstellungszinsen berechnen. Auch hier lohnt es sich zu verhandeln, um die Bereitstellungszinsen z.B. erst vom dritten oder vierten Monat nach der Darlehenszusage an zahlen zu müssen.

2.7.5 Kreditarten

Auf Antrag stellen Kreditinstitute ihren Kunden <u>Kontokorrentkredite</u> zur Verfügung. Diese werden auf dem Girokonto des Kunden bereitgestellt. Die Kreditinstitute räumen Höchstgrenzen (Kreditlimits) ein, die nicht überschritten werden sollten. Bis zu diesen Höchstbeträgen kann der Kunde mit Scheck, Überweisung oder Barabhebung über das bereitgestellte Geld verfügen. Dafür berechnet das Kreditinstitut folgende Kosten:

- <u>Sollzinsen</u> als Verzinsung des tatsächlich in Anspruch genommenen Kredites. Der Zinssatz kann variabel sein.
- Die <u>Kreditprovision</u> kann bis zu 5 % von einem zugesagten, aber nicht beanspruchten Kredit betragen. Die Kreditprovision ist eine Bereitstellungsgebühr, weil die Bank die zugesicherte Kreditsumme ständig bereithalten muß. Wenn bei Nichtinanspruchnahme des gesamten Kredits der Bank Sollzinsen entgehen, soll die Kreditprovision die Kosten ausgleichen.
- <u>Überziehungsprovision</u> beim Überschreiten des von der Bank eingeräumten Kreditlimits. Üblich sind 1,5 % zusätzlich.
- <u>Umsatzprovision</u> in Form einer Gebühr je Buchungsposten.
- <u>Nebenkosten</u> für Porto, Spesen, Bearbeitungsgebühren usw.

Die Kreditkosten sind beim Kontokorrentkredit relativ hoch, weil die Banken und Sparkassen das Kapital für den insgesamt eingeräumten Höchstbetrag jederzeit bereithalten oder kurzfristig beschaffen müssen.

Das <u>Darlehen</u> ist ein langfristiger Kredit. Sein Zinssatz liegt deutlich unter dem eines Konto-korrentkredites. Häufig liegt beim Darlehen der Auszahlungsbetrag unter der Darlehenssumme. Die Differenz zwischen den beiden Größen bezeichnet man als "Disagio". Seine Höhe ist von der jeweiligen Situation auf dem Kapitalmarkt abhängig und bestimmt maßgeblich die Kredit-kosten mit. Je nach Art der Rückzahlung unterscheidet man folgende Darlehensarten:

- Beim Fälligkeitsdarlehen werden während der Laufzeit des Darlehens lediglich die Zinsen entrichtet. Die Darlehenssumme ist am Fälligkeitstag zurückzuzahlen.

- Beim Kündigungsdarlehen werden während der Laufzeit ebenfalls nur die Zinsen entrichtet. Allerdings wird die Laufzeit nicht vorher festgelegt, sondern endet mit Ablauf einer vereinbarten Kündigungsfrist.

- Beim Annuitätendarlehen werden vom Beginn bis zum Ende der Laufzeit vom Schuldner gleiche Raten gezahlt. Sie bestehen aus Zinsen plus Tilgungsbetrag. Da die Zinsen mit dem Tilgungsbetrag immer geringer werden, wird bei den gleichbleibenden Raten der Tilgungsanteil kontinuierlich größer.

- Beim Abzahlungsdarlehen wird das Darlehen mit immer gleichbleibenden Tilgungsbeträgen zurückgezahlt. Die Zinsen nehmen auch hier mit jeder Tilgung ab, so daß die zu zahlende Rate (Zins plus Tilgung) immer geringer wird.

Bei einem Darlehen ist immer nach der Effektivverzinsung zu fragen. Der vereinbarte Zins gibt nämlich oft nur die Nominalverzinsung wieder, ohne Berücksichtigung des Disagios (Abschlag von der Darlehenssumme). Dieses ist rechnerisch über die Laufzeit des Darlehens zu verteilen und kann als zusätzlicher Zins und Zinseszins interpretiert werden.

Ein <u>Lieferantenkredit</u> entsteht immer dann, wenn der Lieferer seinem Kunden ein Zahlungsziel einräumt. Der Kunde kann dadurch einen kurzfristigen Engpaß seiner Liquidität überbrücken, ohne einen Bankkredit in Anspruch nehmen zu müssen. Die Leichtigkeit seiner Gewährung, das Fehlen jeglicher Formalität, insbesondere das Fehlen einer Kreditwürdigkeitsprüfung, darf nicht darüber hinwegtäuschen, daß der Lieferantenkredit erhebliche Nachteile und Risiken in sich birgt.

Er gehört zu den teuersten Krediten. Zwar wird kein Zins erhoben; aber bei Barzahlung der Rechnung kann kein Skonto abgezogen werden. Wie teuer der Verzicht auf den Skontoabzug ist, zeigt die Umrechnung der Zahlungsbedingungen auf den vergleichbaren Jahreszinssatz: Se-hen die Zahlungsbedingungen bei einer Lieferung ein Zahlungsziel von 30 Tagen und bei so fortiger Zahlung ein Skonto von 2 % vor, so entspricht dies einer monatlichen Verzinsung von 2 % und einer jährlichen Verzinsung von 24 %.

Ein Betrieb nimmt einen <u>Avalkredit</u> in Anspruch, wenn ein Kreditinstitut gegenüber einem Gläubiger des Unternehmens ein bedingtes Zahlungsversprechen entweder in Form einer Bürgschaft oder einer Garantie abgibt. Der Avalkredit ist also eine Form der Kreditleihe. Es werden keine liquiden (flüssigen) Mittel direkt zur Verfügung gestellt, sondern aufgrund der zusätzlichen Haftung des bonitätsmäßig erstklassigen Avalkreditgebers kann sich der Kreditnehmer bei dem durch Aval Begünstigten Kredite beschaffen. Nur wenn der Kreditnehmer seinen Hauptverbindlichkeiten nicht mehr nachkommt, wird aus der Eventualverbindlichkeit des Avalkreditgebers eine echte Verbindlichkeit.

Die Bedeutung des Avalkredites liegt darin, daß der begünstigte Dritte ohne eigene Kreditwürdigkeitsprüfung Kredite einräumen oder Aufträge erteilen kann, und selbst kein Kreditrisiko übernehmen muß. Für die Bereitstellung von Avalkrediten berechnen die Kreditinstitute eine Provision. Ihre Höhe ist abhängig von der Art und der Höhe der eingegangenen Eventualverbindlichkeiten sowie ihrer Laufzeit und der Einschätzung des Risikos unter Berücksichtigung eventuell vorhandener Sicherheiten. Die Avalprovision beträgt etwa 0,5 bis 2,0 % pro Jahr.

V o r s i c h t: Der scheinbar niedrige Preis für Avalkredite kann sehr teuer werden, weil der Avalkredit auf die Kredite angerechnet wird und bei hoher Kreditinanspruchnahme zu umso höheren Überziehungsprovisionen der Bank führt.

Der <u>Diskontkredit</u> ist eines der wichtigsten und zugleich sichersten Kreditgeschäfte. In der Regel geht ihm ein Warengeschäft voraus. Diskontkredite entstehen durch den Ankauf von Wechselforderungen. Der Zins wird im voraus berechnet und von der Wechselsumme abgezogen (Diskont). Der eigentliche Kreditbetrag ist also nicht der Nennwert, sondern der sogenannte Barwert des Wechsels.

Das Obligo, d.h. die Summe der zum Diskont übernommenen Wechsel, muß sich im Rahmen der vereinbarten Höchstgrenze halten. Die Banken kaufen nur einwandfreie Wechsel. Auch bereits diskontierte Wechsel können zurückgegeben werden, wenn über einen der Beteiligten Negatives bekannt wird. Die Banken holen deshalb Auskünfte ein und prüfen die bankinternen Protestlisten, auf denen die Bezogenen vermerkt sind, deren Wechsel in letzter Zeit zu "Protest" gingen.

Man unterscheidet drei Kategorien von Wechseln:
– Handelswechsel sind Wechsel, denen ein Warengeschäft zugrunde liegt;

– Finanzwechsel dienen nur der Kreditbeschaffung;

– Privatdiskonte sind erstklassige Bankakzepte zur Finanzierung von Außenhandelsgeschäften.

Die Vorteile des Diskontkredites für den Kreditgeber liegen in der einfachen Handhabung, der weitreichenden Sicherung, der Möglichkeit, die Wechsel diskontieren zu lassen. Für den Kreditnehmer ist der Diskontkredit rasch verfügbar. Er braucht in der Regel keine besonderen Sicherheiten zu stellen. Verglichen mit anderen Kreditarten ist der Diskontkredit relativ billig. Die Kosten des Diskontkredites bestehen vorwiegend aus dem Diskont, der von der Bank einbehalten wird. Er hängt zunächst ab von der Höhe des Diskontsatzes, der von der Deutschen Bundesbank bestimmt wird. Hierauf erheben die Kreditinstitute einen Zuschlag, der davon abhängig ist, ob der eingereichte Wechsel diskontfähig ist oder nicht, vom Verhandlungsgeschick des Kreditnehmers und der Wechselsumme. Der Zuschlag zum Diskontsatz liegt bei bundesbankfähigen Wechseln bei 0,75 bis 2,5% pa., bei anderen Wechseln zwischen 2 und 4%.

Ein weiterer Kostenfaktor ist die Wechselsteuer, die auf jeden Wechsel erhoben wird. Sie beträgt 0,15 DM je angefangene 100 DM der Wechselsumme. Schließlich entstehen noch Kosten für das Einholen von Auskünften oder das Wechselinkasso.

Unter einem <u>Lombardkredit</u> versteht man die Einräumung eines meist kurzfristigen Kredits gegen Verpfändung beweglicher Sachen oder Forderungen. Hierzu eignen sich Wertpapiere oder Edelmetalle. Sie gehen als dingliche Sicherheit in den Besitz des Kreditgebers über, obwohl sie Eigentum des Kreditnehmers bleiben.

Der Lombardkredit ist abhängig vom Wert des Pfandes, den man nur zu bestimmten Prozentsätzen beleiht. Wird die Schuld aus einem Lombardkredit bei Fälligkeit nicht beglichen, kann der Gläubiger das Pfand nach vorheriger Androhung und Ablauf einer Wartefrist versteigern oder verkaufen. Aus dem Erlös befriedigt er seine Forderungen. Der Lombardkredit wird meist kurzfristig zur Verfügung gestellt, seine Laufzeit steht von vornherein fest. Der Richtzinsfuß dieses Kredites, an dem sich die Geschäftsbanken orientieren, wird von der Deutschen Bundesbank festgesetzt. Er liegt in der Regel um 1 bis 2% über dem Diskontsatz. Für Unternehmen, die Lombardkredite bei Kreditinstituten aufnehmen, entspricht die Zinsbelastung in etwa dem Zinssatz eines Kontokorrentkredites.

Eine weitere Möglichkeit, Kredite zu sichern, liegt in der Verpfändung unbeweglicher Sachen (Grundstücke und Gebäude). Sie werden belastet durch Grundpfandrechte, die dem Kreditgeber eingeräumt werden. Voraussetzungen für das Entstehen einer <u>Hypothek</u> sind:

– bestehende oder mit Sicherheit entstehende persönliche Forderungen,

– eine Einigung zwischen Schuldner und Gläubiger, daß eine Hypothek begründet werden soll,

– eine Eintragung der Hypothek in das Grundbuch.

Nach ihrer Ausgestaltung unterscheidet man die Verkehrshypothek, die Sicherungshypothek, die Höchstbetragshypothek und die Briefhypothek. Diese Unterteilung hat hinsichtlich Erwerb, Übertragbarkeit und Verwertung der Rechtsansprüche für den Gläubiger Bedeutung.

Auch die Grundschuld stellt - wie die Hypothek - eine Belastung eines Grundstücks und somit die Einräumung eines Grundpfandrechts an den Gläubiger dar. Aus der Grundschuld entsteht dem Gläubiger der Anspruch auf eine bestimmte Geldsumme aus dem Grundstück. Die Grundschuld ist eine abstrakte, vom Kredit losgelöste Verpflichtung des Schuldners. Zur Bestellung einer Grundschuld ist keine Forderung eines Dritten notwendig. Die Grundschuld bleibt selbst dann noch eine Fremdgutschuld in der Hand des Gläubigers, wenn dieser keine persönlichen Ansprüche mehr gegen den Grundstückseigentümer hat. Ihm steht jedoch das Recht auf Rückübertragung oder Löschung der Grundschuld zu.

Tab. 2.23 Die Kreditarten im Überblick.

Kreditart	Vorteil	Nachteil
Kontokorrent-kredit	weit verbreitet; einfache Handhabung; geeignet zur Ausnutzung von Skonto	Kreditlimit; kurzfristig angelegt; teuer, Kostenkomponenten sind Sollzinsen, Kreditprovision, Überziehungsprovision, Gebühren, Umsatzprovision
Darlehen	langfristig angelegt; relativ niedriger Zinssatz; verschiedene Tilgungsformen	Nominalzins ist nicht gleich Effektivzins; oft Zinsgleitklauseln, d.h. kein fester Zinssatz (verhandeln); Sondertilgungen und Tilgungsverrechnung nicht immer klar erkennbar (fragen)
Lieferanten-kredit	sehr bequem; keine Kreditwürdigkeitsprüfung; keine Sicherheit zu stellen	sehr teuer; Eigentumsvorbehalt bis zur Bezahlung; Gefahr der Abhängigkeit vom Lieferanten
Avalkredit	preiswert; finanzielle Belastung gering	kaum bekannt; Geldbetrag wird nicht direkt zur Verfügung gestellt, sondern nur eine Bürgschaft gegeben.
Diskont-kredit	sicher; schnell verfügbar; relativ preiswert, trotz Diskont, Wechselsteuer und Spesen	wird i.d.R. nur bis zu einer bestimmten Höchstgrenze akzeptiert; zur langfristigen Finanzierung nicht geeignet
Lombard-kredit	relativ preisgünstig, da Sicherheiten hinterlegt sind; Laufzeit von vornherein bekannt	nur für kurzfristige Finanzierung geeignet; nur ein Teil des Sicherungsgutes wird beliehen; Sicherungsgut muß wertbeständig und schnell verwertbar sein
Hypothek und Grundschuld	relativ preisgünstig; verschiedene Arten hinsichtlich Erwerb, Übertragbarkeit und Verwertung	Sicherheiten müssen gestellt werden; Eintragung ins Grundbuch; Beleihungsgrenzen abhängig vom Immobilienmarkt stets notarielle Urkunden.

3 Wahl der Gesellschaftsform

Der Unternehmer muß mit der gewählten Rechtsform leben. Er kann sie nur von Zeit zu Zeit ändern, da jede Änderung erneut Kosten verursacht. Die Wahl der richtigen Unternehmensform kann für einen Bauunternehmer die maßgebliche Entscheidung über den Fortbestand des Unternehmens sein. Als Hauptfaktoren, die die Wahl der Unternehmensform beeinflussen, sind zu nennen:

  - Erbfolge- und Nachfolgeregelungen,
  - die Begrenzung des Haftungsrisikos und
  - steuerliche Überlegungen.

Bevor die Rechtsform einer Unternehmung geändert wird, sind alle Argumente für oder gegen diese eingehend zu prüfen. Das Verfahren und die Folgen dieser Maßnahmen einschließlich der Kosten sollten im voraus genau bekannt sein.

Durch die Änderung des <u>Körperschaftsteuergesetzes</u> von 1977 ist ein wesentlicher Nachteil der GmbH, die Doppelbesteuerung der ausgeschütteten Gewinne, weggefallen. Dadurch wurde die Entscheidung für eine GmbH als Rechtsform erleichtert. Die GmbH & Co. KG ist weniger interessant geworden.

Eine Doppelbelastung gibt es bis zu einem gewissen Grad bei der <u>Vermögenssteuer</u>: die GmbH zahlt als juristische Person Vermögenssteuer und der Anteilseigner auf sein privates Vermögen noch einmal, zu dem auch der Gesellschaftsanteil gehört. Wettgemacht wird dies allerdings dadurch, daß der Anteilseigner sich selbst bei der GmbH anstellen lassen und so das Geschäftsführergehalt von den Gewinnen der GmbH absetzen kann. Dies geht als Einzelkaufmann und bei Personengesellschaften natürlich nicht. Es kommt also stets auf die Umstände des Einzelfalles an. Die steuerlichen Überlegungen sollten jedoch für die Rechtsformwahl nicht allein den Ausschlag geben.

Nach meinen Beobachtungen befinden wir uns bereits seit Jahren in einem Umgründungsprozeß zur GmbH. Dies mag bedingt sein durch ein Anwachsen der Einzelfirmen, die ab einer gewissen Belegschafts- und Umsatzstärke sinnvoller und besser als GmbH geführt werden können, sowie durch eine Gründungswelle neuer Firmen, die unmittelbar als kleinere Kapitalgesellschaften in Form der GmbH entstehen. Die Statistik des Jahres 1989 bestätigt erneut den Trend der Vorjahre (Bild 3.1).

Die Vorschriften der §§ 705 - 740 BGB regeln die Verhältnisse der Gesellschaft bürgerlichen Rechts (sog. BGB-Gesellschaft). Ihr Zweck ist allgemein gehalten; er muß nicht unbedingt Vermögensinteressen beinhalten, sondern kann ebenso ideeller Natur sein. Für die Führung ei-

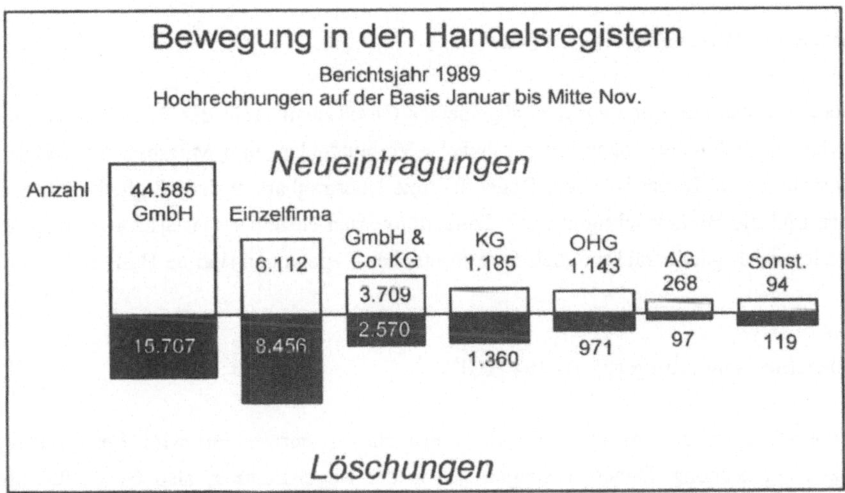

Bild 3.1   Neueintragungen und Löschungen in den Handelsregistern 1989.

nes Erwerbsgeschäftes sind folglich zusätzliche Regelungen hinsichtlich Leitung, Haftung und Risiko, Gewinnverwendung, Kapitalbeschaffungsmöglichkeiten, Steuerbelastung und Informationspflichten nach außen erforderlich. Diese zusätzlichen Vorschriften gibt das Gesellschaftsrecht. In ihm wird versucht, eine Abstimmung der Unternehmensinteressen und der Ansprüche, die die Öffentlichkeit an die Unternehmung stellt, zu erreichen.

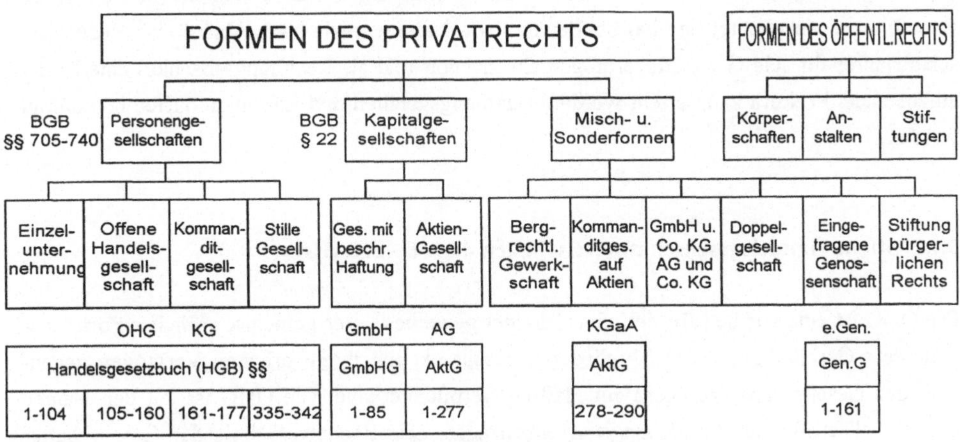

Bild 3.2   Übersicht über die gängigen Gesellschaftsformen.

Abhängig von der gewählten Rechtsform (Bild 3.2) unterliegen Unternehmen dem Handelsgesetz (HGB), dem Genossenschaftsgesetz (GenG), dem Aktiengesetz (AktG) oder dem GmbH-Gesetz (GmbHG). Bei der Betrachtung der einzelnen Unternehmensformen ist insbesondere die Unterscheidung von Personen- und Kapitalgesellschaften von grundsätzlicher Bedeutung.

3.1 Arten von Personengesellschaften

Personengesellschaften fußen auf dem allgemeinen Gesellschaftsrecht des BGB und stellen das Gesellschaftsverhältnis erheblich auf <u>persönliche Verbundenheit und Mitarbeit</u> der Mitglieder im Unternehmen ab. Daher ist in der Regel die freie Übertragbarkeit der Mitgliedschaft ausgeschlossen und die Berücksichtigung von Sonderinteressen einzelner Gesellschafter wegen der meist geringen Mitgliederzahl möglich. Ihre rechtlichen Regelungen sind im HGB enthalten.

3.1.1 Einzelunternehmung (§§ 1 - 104 HGB)

Eine Unternehmung, die von einer Einzelperson rechtlich repräsentiert wird, bezeichnet man als Einzelunternehmung. Dabei vereinigen sich in der Regel Leitung, also Geschäftsführung und Vertretung nach außen, Haftung und Gewinnverwendungsentscheidung in der Person des Einzelkaufmanns. Da nur sein Privatvermögen als Haftungsmasse zur Verfügung steht, sind die Möglichkeiten der Kapitalbeschaffung begrenzt, folglich findet sich diese Rechtsform zumeist bei kleineren Unternehmen.

Die Firmengründung wird durch die Eintragung in das bei den Amtsgerichten aufliegende Handelsregister vollzogen. Dadurch wird der Kaufmann (nicht die Firma) Träger von Rechten und Pflichten, und kann auch unter dem Namen seiner Firma klagen und verklagt werden. Er ist zur Buchführung verpflichtet und hat bei der Firmengründung sowie nach Ablauf eines jeden Geschäftsjahres für sein Geschäftsvermögen ein Inventar und als Rechnungsabschluß eine Bilanz aufzustellen. Prokura kann erteilt werden, Handlungsgehilfen und Lehrlinge dürfen beschäftigt werden.

3.1.2 Offene Handelsgesellschaft (OHG) nach §§ 105 - 160 HGB

Die OHG ist eine auf den Betrieb eines Handelsgewerbes unter gemeinschaftlicher Form ausgerichtete Gesellschaft, deren <u>Mitglieder unbeschränkt mit ihrem privaten Vermögen</u> gegenüber den Gesellschaftsgläubigern zur Haftung verpflichtet sind. Die OHG ist mit den Namen aller Gesellschafter ins Handelsregister einzutragen. Das Rechtsverhältnis der Gesellschafter untereinander richtet sich nach dem Gesellschaftsvertrag. Obwohl keine juristische Person, kann sie unter dem Firmennamen Rechtsgeschäfte tätigen, Eigentum erwerben, klagen und verklagt werden.

Geschäftsführungsbefugnis haben alle Gesellschafter einzeln oder gemeinsam, wie es im Gesellschaftsvertrag vorgesehen ist. Prokura kann erteilt werden. Vom Jahresüberschuß steht jedem Gesellschafter ein Vorausgewinnanteil von 4 % seines Kapitaleinsatzes zu, darüber hinausgehender Gewinn oder Verlust wird nach Köpfen verteilt. Durch Beschluß der Gesellschafter, Konkurs, Tod oder Kündigung eines Gesellschafters löst sich die Gesellschaft auf. Einzelne dieser Regelungen können durch Gesellschaftsvertrag anders bestimmt werden.

3.1.3 Kommanditgesellschaft (KG) nach §§ 161 - 177 HGB

Die KG unterscheidet sich von der OHG im wesentlichen durch die Haftungsvorschriften: mindestens ein Gesellschafter (Komplementär) haftet ohne Beschränkung, und die restlichen Kommanditisten sind in ihrer Haftung gegenüber Gesellschaftsgläubigern auf die Höhe ihrer Beteiligung (Kommanditeinlage) beschränkt. Soweit nicht anders geregelt, finden die für die OHG geltenden gesetzlichen Vorschriften Anwendung. So ist auch die Eintragung ins Handelsregister unter Angabe der Höhe der Kommanditeinlage zwingend. Der Firmenname muß den Namen des Komplementärs enthalten.

Sofern im Gesellschaftsvertrag nicht anders festgelegt, sind die Kommanditisten von der Geschäftsführungsbefugnis ausgeschlossen; bei außergewöhnlichen Geschäften haben sie allerdings Widerspruchsrecht, im Normalfall steht ihnen lediglich ein persönliches Kontrollrecht zu (z.B. Einsicht in Bücher und Bilanzen). Die Kapitalanteile der Kommanditisten bilden die Grundlage für die Gewinnverteilung. Der Verteilungsmodus ist im Regelfall Gegenstand des Gesellschaftsvertrages; eine Verteilung nach Köpfen wird den unterschiedlichen Risiken, Arbeitsleistungen und Kapitaleinlagen der Gesellschafter nicht gerecht. Daher sieht das Gesetz eine Gewinn-Verteilung bis 4 % nach der Höhe der Einlagen, darüberhinaus "im angemessenen Verhältnis" vor.

Beim Tod eines Kommanditisten treten die Erben an seine Stelle. Hat der einzige Kommanditist einer KG keinen Rechtsnachfolger, wird die KG zur OHG, sofern sie mehrere Komplementäre hatte. Stirbt dagegen der einzige Komplementär einer KG, dann löst sich diese auf.

3.1.4 Die stille Gesellschaft nach §§ 335 - 342 HGB

Die stille Gesellschaft (stille Beteiligung) entsteht, wenn sich jemand an dem Handelsgeschäft eines anderen in der Weise beteiligt, daß seine Vermögenseinlage gegen eine Gewinnbeteiligung in das Vermögen des anderen eingeht. Dem Geschäftsinhaber gehört das Geschäftsver mögen, und er allein ist aus den geschlossenen Geschäften berechtigt und verpflichtet. Nach außen wird die stille Beteiligung folglich nicht sichtbar.

Mit jedem einzelnen stillen Gesellschafter ist ein <u>gesonderter Gesellschaftsvertrag</u> abzuschließen, in dem unter anderem die Verlustbeteiligung ausgeschlossen werden kann; er nimmt am Verlust maximal bis zur Höhe seiner Einlage teil. Jedoch hat er ein erhebliches Kontrollrecht: er ist zur <u>Einsicht und Prüfung von Geschäftsbüchern</u> und Bilanzen berechtigt. Auch während des laufenden Geschäftsjahres kann er die Vorlage der Geschäftsunterlagen bei Vorliegen von wichtigen Gründen gerichtlich beantragen.

Eine stille Beteiligung ist sowohl an Einzelunternehmungen als auch an bestimmten Personen- (KG, OHG) und Kapitalgesellschaften (AG, GmbH) möglich. Kündigung des Gesellschaftsvertrages, Tod oder Konkurs des Geschäftsinhabers führen zur Auflösung der Gesellschaft; hingegen treten beim Tode des stillen Gesellschafters die Erben an seine Stelle.

3.2 Arten von Kapitalgesellschaften

Kapitalgesellschaften sind von den die Personalgesellschaften prägenden persönlichen Mitgliedschaftsbindungen völlig gelöst und begründen das Gesellschaftsverhältnis auf rein wirtschaftlichen Mitgliedsbeziehungen, der Kapitalbeteiligung. Daher beruht diese Gesellschaftsform auf dem allgemeinen Vereinsrecht des BGB (§ 22 BGB: Wirtschaftlicher Verein). Anstelle der persönlichen Haftung der Mitglieder dient das nach seiner Mindesthöhe gesetzlich festgelegte Gesellschaftsvermögen als Garantie für Forderungen von Gesellschaftsgläubigern. Handelsrechtliche Spezialgesetze, das Aktien- und das GmbH-Gesetz stecken den juristischen Rahmen für Untenehmungen dieser Rechtsform ab.

3.2.1 Die Aktiengesellschaft (AG) gemäß Aktiengesetz

Die AG ist eine Gesellschaft mit eigener Rechtspersönlichkeit (juristische Person), für deren Verbindlichkeiten den Gläubigern das Gesellschaftskapital haftet. Das Grundkapital in Höhe von mindestens 100.000 DM ist in Aktien (Anteile) mit einem Mindestnennbetrag von 50 DM zerlegt. Die Gesellschafter selbst haften folglich nur mit ihrem Anteil am Grundkapital. Die Aktien werden als Inhaberpapier oder als Namensaktien <u>an der Börse öffentlich gehandelt,</u> so daß infolge des Eigentumsüberganges von Teilen des Grundkapitals ein <u>ständiger Mitgliederwechsel</u> stattfindet, der den Bestand der Gesellschaft jedoch nicht berührt.

Für die <u>Gründung</u> einer AG gibt es zahlreiche gesetzliche Vorschriften: mindestens fünf Gründer müssen den Gesellschaftsvertrag verabschieden und gerichtlich oder notariell beurkunden lassen. Die Satzung muß enthalten:
- Namen und Sitz der Gesellschaft,
- Gegenstand des Unternehmens,
- Höhe des Grundkapitals,
- Nennbetrag und Zahl der Aktien.

Durch Übernahme sämtlicher Aktien seitens der Gründer ist die AG errichtet. Die Gründer bestellen den ersten Aufsichtsrat, der seinerseits den ersten Vorstand einsetzt. Alle diese Vorgänge sind ebenfalls gerichtlich oder notariell zu beurkunden. Mindestens 25 % des Nennbetrages zuzüglich Agio (Aufpreis) sind bar oder per Gutschrift an den "Gründerverein zu Händen des Vorstandes" einzuzahlen. Die Gründer verfassen einen schriftlichen Gründungsbericht, der von Vorstand und Aufsichtsrat geprüft werden muß. Daraufhin kann die Gesellschaft zum <u>Handelsregister</u> angemeldet werden. Nach der Überprüfung der ordnungsmäßigen Errichtung und Anmeldung findet die Eintragung ins Handelsregister statt: die AG ist entstanden.
Werden statt Bargeld von den Gründern teilweise <u>Sacheinlagen</u> (Immobilien, Anlagen, Maschinen Patente) eingebracht, handelt es sich um eine Sachgründung.

Der <u>Vorstand</u> leitet die Gesellschaft in eigener Verantwortung. Seine ab einem Aktienkapital von 3 Mio. DM wenigstens zwei Mitglieder werden vom Aufsichtsrat für längstens fünf Jahre bestellt. Der Vorstand führt die Geschäfte, hat spätestens vierteljährlich dem Aufsichtsrat über den Geschäftsgang und in größeren Zeitabständen über Rentabilität, Liquidität und die beabsichtigte Geschäftspolitik zu berichten. Er hat für Buchführung und Bilanz zu sorgen und ist zur Wahrung äußerster Sorgfalt bei der Geschäftsführung verpflichtet.

Der <u>Aufsichtsrat</u> (AR) besteht aus mindestens drei Mitgliedern, die nicht dem Vorstand angehören dürfen. Nach dem Betriebsverfassungsgesetz bzw. dem Mitbestimmungsgesetz sind die Arbeitnehmer mit einer der Gesellschaftsgröße angemessenen Zahl von Mitgliedern im AR vertreten. Die Wahl bzw. Entsendung in den AR gilt für längstens vier Jahre. Die Zahl der AR-Mandate je Person ist auf zehn begrenzt. Der AR wählt aus seiner Mitte einen Vorsitzenden und mindestens einen Stellvertreter.

Der AR hat die Geschäftsführung zu überwachen, darf die Geschäftsbücher prüfen oder prüfen lassen. Die Satzung kann verlangen, daß einzelne Geschäfte seiner Zustimmung bedürfen. Er vertritt die Gesellschaft gerichtlich und außergerichtlich gegenüber Vorstandsmitgliedern. Er überprüft Jahresabschluß und Geschäftsbericht, beruft die Hauptversammlung ein, berichtet ihr über das Prüfungsergebnis und bringt einen Gewinnverwendungsvorschlag ein.
Bei der Wahrnehmung seiner Aufgaben ist er auch gesetzlich zur Sorgfalt verpflichtet.

Die Hauptversammlung (HV) ist das Vertretungsorgan der Aktionäre, die dort ihre Interessen durch Ausübung ihres Stimmrechtes nach dem Aktiennennbetrag wahrnehmen. Aufgaben der alljährlich einmal einberufenen ordentlichen HV sind:

- den Aufsichtsrat zu wählen sowie ihn und den Vorstand zu entlasten,
- über die Verwendung des festgestellten Bilanzgewinnes zu beschließen,
- die Abschlußprüfer zu bestellen sowie
- Satzungsänderungen, Maßnahmen der Kapitalbeschaffung oder -herabsetzung und ggf. die Auflösung der Gesellschaft zu beschließen.

Im Regelfall ist die absolute Mehrheit ausreichend; bei besonders wichtigen Beschlüssen (z.B. Satzungsänderungen) ist die Zustimmung von 75 % des Grundkapitals erforderlich. Das Stimmrecht braucht nicht persönlich ausgeübt zu werden, die Beauftragung eines Bevollmächtigten oder einer Bank ist möglich. Die Geschäftspolitik bestimmt also, wer über 50 % zuzüglich einer Stimme verfügt; beherrscht wird eine Gesellschaft von einer Aktionärsgruppe oder einer anderen Gesellschaft, wenn diese über 75 % zuzüglich einer Stimme verfügen.

Die Rechnungslegung der AG unterliegt zum Schutz der Gläubiger und der Aktionäre strengen gesetzlichen Vorschriften. Die Bilanz ist detailliert zu gliedern und zusammen mit dem Bericht über die entscheidenden Geschäftsvorfälle nach einer Überprüfung durch neutrale Abschlußprüfer dem AR vorzulegen und nach Feststellung durch AR und Hauptversammlung zu publizieren.

Die Bildung einer gesetzlichen Rücklage ist vom Gesetz her vorgeschrieben: darin sind solange 5 % des Jahresüberschusses einzustellen, bis ein Mindestbetrag von 10 % des Grundkapitals erreicht ist. Die Rücklage darf nur streng gesetzlich vorgeschriebenen Zwecken zugeführt werden. Aufgrund ihrer detaillierten rechtlichen Regelungen eignet sich die AG besonders als Rechtsform für größere Betriebe oder Konzernbetriebe.

3.2.2 Gesellschaft mit beschränkter Haftung (GmbH)

Auch die Gesellschaft mit beschränkter Haftung ist eine juristische Person, die zu jedem gesetzlich zulässigen Zweck gegründet werden kann. Der schriftlich abzufassende Gesellschaftsvertrag umfaßt mindestens zwei Gründer und ist notariell zu beurkunden. Er muß enthalten:

- Namen und Sitz der Gesellschaft,
- Gegenstand des Unternehmens,
- Betrag des Stammkapitals,
- Beträge der von den einzelnen Gesellschaftern zu leistenden Einlagen (Stammeinlagen).

Für das <u>Stammkapital</u> ist ein <u>Mindestbetrag von 50.000 DM</u> und für den einzelnen Anteil eine Mindestsumme von 500 DM vorgeschrieben. Die Stammeinlage kann auch als Sacheinlage erbracht werden. Die Anmeldung und Eintragung ins Handelsregister ist obligatorisch.

Die Gesellschafter <u>haften</u> gegenüber Gläubigern nur mit ihren Stammeinlagen. Die einzelnen Geschäftsanteile bestimmen sich nach dem Verhältnis der Beträge der Stammeinlagen. Sie sind veräußerlich und vererblich.

Die Gesellschaft muß einen oder mehrere <u>Geschäftsführer</u> haben, durch die sie gerichtlich und außergerichtlich vertreten wird. Die Geschäftsführung wird durch einfachen Mehrheitsbeschluß der Gesellschaftsversammlung oder durch den Gesellschaftsvertrag bestellt. Neben der Führung der Geschäfte hat der Geschäftsführer die Aufgabe, für ordnungsgemäße Buchführung und Bilanzierung zu sorgen und die Gesellschaftsversammlung einzuberufen.

Ein <u>Aufsichtsrat</u> muß nur bestellt werden, wenn die Satzung dies vorsieht bzw. wenn die GmbH mehr als 500 Arbeitnehmer hat (Betriebsverfassungsgesetz). In diesen Fällen überwacht der Aufsichtsrat die Geschäftsführung, prüft den Jahresabschlußvorschlag und kann jederzeit die Einberufung einer Gesellschaftsversammlung verlangen, wenn das Wohl der Gesellschaft es erfordert (AktG § 95).

In der <u>Gesellschaftsversammlung</u> vertreten die Anteilseigner ihre Interessen; hier wird im Verhältnis der Kapitalanteile abgestimmt, jeweils 100 DM eines Geschäftsanteils gewähren eine Stimme. Außer in Fragen der Gesellschaftsauflösung (75 %-Mehrheit) genügt für alle Beschlüsse einfache Mehrheit. Weiterhin bestellt, überwacht und entlastet die Gesellschaftsversammlung die Geschäftsführung sowie ggf. auch den Aufsichtsrat und verfügt über die Gewinnverteilung. Falls im Gesellschaftsvertrag nicht anders geregelt, wird der volle Reingewinn gemäß den Kapitalanteilen aufgeteilt. Die Bildung einer Rücklage ist gesetzlich nicht vorgeschrieben. Gegenüber dem seit 1892 geltenden GmbHG hat die Neufassung vom 01.01.1981 eine Reihe von Änderungen gebracht:

- Gesellschafter-Darlehen, die bisher als Ersatz für Eigenkapital von der Haftung ausgenommen waren, werden künftig bei Konkurs wie haftendes Kapital behandelt.
- Minderheitsgesellschafter können auf Kosten der Gesellschaft eine Gesellschaftsversammlung einberufen lassen, was bisher nur bei mehr als 10 % Kapitalanteil möglich war.
- Die Ein-Mann-Gründung ist gesetzlich erlaubt, allerdings unter genau definierten Bedingungen (Volleinzahlung oder Teileinzahlung des halben Kapitals mit Bestellung einer Sicherheit für den Rest).

– Der Erwerb eigener Geschäftsanteile durch die GmbH ist (im Gegensatz zum durch das AktG verbotenen Erwerb eigener Aktien) zugelassen, soweit diese voll eingezahlt sind. Die Gesellschaft kann aber keine Gesellschafterrechte aus eigenen Geschäftsanteilen ausüben.

– Bei der GmbH & Co. KG (vgl. dazu Kap. 3.3.3) muß in Zukunft der Name der Komplementär-GmbH in den Namen der KG aufgenommen werden, um die Haftungsbeschränkung nach außen sichtbar zu machen.

Die nach Unternehmensgrößen gestaffelten Publizitätspflichten, die auf Grund des EG-Rechtes vereinheitlicht wurden, sind in Tab. 2.12 dargestellt.

3.3 Misch- und Sonderformen

Kombinationen von Personen- und Kapitalgesellschaften, die darauf angelegt sind, die Vorteile beider Rechtsformen zu vereinen sind zulässig. An dieser Stelle können nur die gängigsten Rechtsformen behandelt werden.

3.3.1 Die Genossenschaft

Genossenschaft ist eine Gesellschaft ohne geschlossene Mitgliederzahl, die mit Hilfe eines gemeinschaftlichen Geschäftsbetriebes ihre Mitglieder wirtschaftlich unterstützt. Die Zahl der Genossen kann sich ändern, ohne daß dadurch der Bestand der Gesellschaft berührt wird. Wirtschaftliche Bedeutung hat allein die eingetragene Genossenschaft mit beschränkter Haftung (eGmbH), bei der die Haftungssumme des einzelnen Genossen, mit der er ausschließlich im Konkursfall für die Verbindlichkeiten der Gesellschaft einzutreten hat, auf seine Pflichteinlage beschränkt ist. Die eGmbH ist eine juristische Person, deren Verhältnisse in einem eigenen Gesetz, dem Genossenschaftsgesetz (GenG) geregelt sind.

Zu ihrer Errichtung ist es notwendig, daß wenigstens sieben Mitglieder schriftlich eine Satzung aufstellen, die später nur noch mit 75 % der Stimmen der Genossenschaft geändert werden darf. Aus dem Kreis der Gründer werden Vorstand und Aufsichtsrat bestellt; nach Anmeldung und gerichtlicher Prüfung erfolgt die Eintragung in das beim Amtsgericht aufliegende Genossenschaftsregister. Als Gründungseinlage ist mindestens ein Zehntel des Geschäftsanteils zu erbringen. Späterhin können weitere Mitglieder mit beliebig großen Einlagen der Genossenschaft beitreten.

Als Organe gibt es den Vorstand zur Führung der Geschäfte und Vertretung der Gesellschaft nach außen, den Aufsichtsrat zur Kontrolle des Vorstandes und zur Prüfung des Jahresergebnisses sowie die Generalversammlung als Interessenvertretung der Genossen; hier hat jeder Genosse unabhängig von der Höhe seines Geschäftsanteils nur eine Stimme. Statt der Generalversammlung ist für große Genossenschaften mit mehr als 3.000 Genossen eine Vertreterversammlung vorgesehen. Aufgabe dieser Gremien sind die Beschlußfassung über Jahresabschluß, Geschäftsbericht und Geschäftspolitik sowie die Wahl und Entlastung von Vorstand und Aufsichtsrat. Durch Beitrittserklärung wird die Mitgliedschaft in der Genossenschaft erlangt, durch Kündigung oder Tod des Genossen erlischt sie.

3.3.2 Die Kommanditgesellschaft auf Aktien (KGaA)

Die KGaA ist eine Kommanditgesellschaft, bei der das Kommanditkapital in Aktien zerlegt ist, das die gleiche Stelle einnimmt wie das Grundkapital einer AG. Daneben haftet mindestens ein Gesellschafter unbeschränkt für die Verbindlichkeiten der KGaA. Im Gegensatz zur reinen KG ist hier das Gesellschaftsvermögen körperschaftlich organisiert, so daß eine eigene Rechtspersönlichkeit (juristische Person) entsteht. Soweit die Rechtsvorschriften für die KGaA von denen der AG abweichen, sind sie ebenfalls im Aktiengesetz geregelt (§§ 278 - 290 AktG). Die Komplementäre haben aufgrund ihrer unbeschränkten Haftungsverpflichtung Geschäftsführungsbefugnis. Daneben gibt es einen Aufsichtsrat und eine Hauptversammlung. In beiden Gremien sind ausschließlich Kommanditaktionäre vertreten. Persönlich haftende Gesellschafter können durch den Erwerb von Kommanditaktien ebenfalls Mitglied der Hauptversammlung werden. Aufgabe dieses Organs ist die Feststellung des Jahresabschlusses und die Beschlußfassung über die Gewinnverwendung. Beschlüsse der Hauptversammlung über Dinge, die auch bei einer KG das Einverständnis der Komplementäre erfordern, bedürfen bei der KGaA der Zustimmung der persönlich haftenden Gesellschafter.

3.3.3. Die GmbH & Co. KG

Diese fußt auf einer Personengesellschaft (KG), bei der eine Kapitalgesellschaft (GmbH) als einziger Komplementär beteiligt ist. Folglich ist auch für den nach außen unbeschränkt haftenden Komplementäranteil nur im Rahmen der Gesellschaftseinlage der GmbH zu haften. Häufig sind die Kommanditisten der KG und die GmbH-Gesellschafter die gleichen Personen.

Die GmbH & Co. KG nutzt die Möglichkeit, daß sich juristische Personen als Gesellschafter an Personengesellschaften beteiligen dürfen. Sie vereinigt die Haftungsvorteile der Kapitalgesellschaft mit der günstigeren Besteuerung der Personengesellschaft.

Gesonderte Rechtsvorschriften für die GmbH & Co. KG gibt es nicht, vielmehr gelten sowohl die Bestimmungen des HGB über die KG als auch die Regelungen des GmbH-Gesetzes. Da es sich im Grunde um zwei rechtlich eigenständige Unternehmen handelt, ist eine getrennte Rechnungslegung beider Organisationen nach den jeweils geltenden Bestimmungen durchzuführen.

3.4 Umwandlung, Umgründung und Aufspaltung

Da die wirtschaftlichen und rechtlichen Faktoren, die bei der Gründung eines Betriebes zur Wahl einer bestimmten Rechtsform geführt haben, sich im Laufe der Zeit durch Änderung der allgemeinen Wirtschaftslage, durch den Wechsel des wirtschaftspolitischen Kurses, durch Wachstum oder Schrumpfung des Betriebes und nicht zuletzt durch Änderung von Steuergesetzen verschieben können, muß der Betrieb die Möglichkeit haben, sich den veränderten Verhältnissen durch einen Wechsel der Rechtsform anzupassen.

Eine andere Rechtsform kann auch notwendig werden durch den Tod eines Unternehmers und den Übergang des Betriebes auf eine Erbengemeinschaft, oder durch das Bestreben, die Haftung zu beschränken oder die Kapitalbeschaffungsmöglichkeiten zu verbessern.

3.4.1 Umwandlung

Als Umwandlung bezeichnet man die Überführung eines Betriebes von einer Rechtsform in eine andere ohne Liquidation entweder im Wege der Gesamtrechtsnachfolge ohne Vermögensübertragung oder durch eine Satzungsänderung. Gesamtrechtsnachfolge bedeutet also, daß keine förmliche Übertragung des Vermögens und der Schulden auf die neue Rechtsform erfolgt.
Zur Übertragung von Grundstücken ist keine Auflassung (Einigung zwischen Veräußerer und Erwerber über den Eigentumsübergang gem. § 925 BGB) und Eintragung, sondern nur eine Korrektur des Grundbuches erforderlich. Bewegliche Sachen gehen ohne Einigung und Übergabe, Forderungen ohne Zession (Abtretung), Orderpapiere ohne Indossament (Wechselübertragung) über.

Der Weg der Gesamtrechtsnachfolge ist zulässig bei der Umwandlung:

- einer Personengesellschaft in
  - eine andere Personengesellschaft,
    (formwechselnde Umwandlung gem. HGB)
  - ein zu gründendes Einzelunternehmen,
    (errichtende Umwandlung gem. § 142 HGB)
  - eine zu gründende AG, KGaA oder GmbH;
    (errichtende Umwandlung gem. §§ 40-49 UmwG)

- eines Einzelunternehmens in
  - eine AG oder KGaA;
    (errichtende Umwandlung gem. §§ 50-56 UmwG)

- einer Kapitalgesellschaft in
  - eine andere Kapitalgesellschaft,
    (formwechselnde Umwandlung gem. §§ 362 ff. AktG)
  - ein bestehendes Unternehmen,
    (verschmelzende Umwandlung gem. §§ 3-15, 23-29 UmwG)
  - eine zu gründende Personengesellschaft gem. §§ 16-20 UmwG.

Eine <u>verschmelzende</u> Umwandlung ist eine Übertragung einer Kapitalgesellschaft auf den Allein- oder Hauptgesellschafter der übertragenden Gesellschaft, eine <u>errichtende</u> Umwandlung tritt ein, wenn erst ein neues Unternehmen errichtet werden soll, auf das das umwandelnde Unternehmen übertragen wird, und eine <u>formwechselnde</u> Umwandlung liegt vor, wenn eine Übertragung einer Kapitalgesellschaft auf eine andere Kapitalgesellschaft oder einer Personengesellschaft auf eine andere Personengesellschaft folgt, wobei lediglich ein Wechsel der Rechtsform, nicht aber der Rechtspersönlichkeit eintritt und auch keine Vermögensübertragung stattfindet.

3.4.2 Umgründung

Die Überführung eines Betriebes von einer Rechtsform in eine andere mit (formeller) Liquidation der bisherigen Rechtsform im Wege der Einzelrechtsnachfolge (Einzelübertragung der Vermögensteile und Schulden) bezeichnet man als Umgründung. Diese ist vorgeschrieben beim Übergang:

- einer Einzelfirma (oder stillen Gesellschaft) in eine Personengesellschaft, GmbH
  oder bergrechtliche Gesellschaft;

- einer Personengesellschaft in eine bergrechtliche Gesellschaft oder Einzelfirma;
- einer bereits aufgelösten Personengesellschaft in eine AG, KGaA oder GmbH.

3.4.3 Aufspaltung

Bei einer Aufspaltung wird der bestehende Betrieb (Einzelfirma oder Personengesellschaft) in eine neu gegründete Kapitalgesellschaft (GmbH) und eine quasi schon bestehende Besitzfirma aufgeteilt.

Die Vermögenswerte, der bisherigen Personengesellschaft wechseln ihren Eigentümer nicht. Die neu gegründete GmbH führt das Geschäft der bisherigen Firma weiter und pachtet von der Besitzfirma alle notwendigen Wirtschaftsgüter (Grundstücke, Gebäude, Maschinen, Einrichtungen etc.), natürlich gegen Zahlung des vereinbarten Pachtzinses.

Obwohl an der Betriebs-GmbH und an der Besitzfirma dieselben Personen beteiligt sind, ist jede der beiden Firmen selbstständig, sowohl im Sinne des Gesellschafts- als auch des Steuerrechts, d.h. Vermögen und Gewinne beider Gesellschaften werden separat erfaßt. So ergeben sich für den Firmeneigner legal teilweise enorme Steuerersparnisse: Der Inhaber einer Personengesellschaft oder Einzelunternehmung muß auf sein Gehalt Gewerbesteuer zahlen, steuermindernde Pensionsrückstellungen darf er in einer Personenfirma für sich, seine Mitgesellschafter und für seine Angehörigen nicht bilden.

Nach einer Aufspaltung hingegen ist er in der Betriebs-GmbH als Geschäftsführer Angestellter, sein Gehalt ist damit abzugsfähige Betriebsausgabe der GmbH und mindert sowohl den Gewinn als auch automatisch die Gewerbesteuer. Weitere steuerliche Ersparnisse ergeben sich durch andere (nun mögliche) Betriebsausgaben, wie die Pacht, die die GmbH an die Besitzfirma zahlt oder die Rückstellung für betriebliche Alters-, Invaliden- und Witwenrente. Nachfolgend sei ein Beispiel aufgezeichnet, wie und in welcher Höhe durch eine Aufspaltung Steuervorteile entstehen können. Verglichen wird ein typischer mittlerer Betrieb, der in der Rechtsform einer Personengesellschaft geführt wird.

Beispiel und Vergleich der Steuerbelastung eines kleineren Familienunternehmens vor und nach der Betriebsaufspaltung (Personengesellschaft zwischen Vater, 58 J. und Sohn, 36 J., Jahresgewinn nach Abschreibungen 350.000,-- DM, jährliche Abschreibungen 50.000,-- DM).

A. Vor Aufspaltung - Personenunternehmen   Steuern:

    Gewinn nach AfA (vor Steuern)   350.000,--
    - Gewerbesteuer (Hebesatz 300 %)   47.100,--   47.100,--
    = zu verteilender Gewinn   302.900,--
    Anteil 50 % Vater und seine ESt (Spl)   151.450,--   56.262,--
    Anteil 50 % Sohn und seine ESt (Spl)   151.450,--   56.262,--
    STEUERN ZUSAMMEN   159.624,--

B. Nach Betriebsaufspaltung: (GmbH DM 50.000,-- je zu 50 %)

    a) Betriebs-GmbH:
    Gewinn nach AfA   350.000,--
    + AfA   50.000,--
    = zu verrechnen in der GmbH   400.000,--
    - Gehalt Vater (12 x DM 7.000,--)   84.000,--
    - Gehalt Sohn (12 x DM 7.000,--)   84.000,--
    = Zwischensumme vor Pacht: 232.000,--
    - Pacht und Miete an Besitzunternehmen   100.000,--
    = vor Pensionsrückstellungen   132.000,--
    - Pensionsrückstellungen Vater   74.780,--
    - Pensionsrückstellungen Sohn   34.750,--
    = GmbH-Gewinn vor Steuern   22.470,--
    - Gewerbesteuer der GmbH   3.660,--   3.660,--
    = Ausschüttung an Gesellschafter   18.810,--

    b) Besitzunternehmen:
    Pachteinnahmen   100.000,--
    - AfA (Abschreibungen)   50.000,--
    = zu versteuernder Gewinn   50.000,--
    - Gewerbesteuer Besitzunternehmen   2.100,--   2.100,--
    = zu verteilender Gewinn   47.900,--

    c) Besteuerung Vater:
    Gehalt von der GmbH   84.000,--
    + 50 % GmbH Ausschüttung   9.405,--
    + 50 % aus Besitzunternehmen   23.950,--
    = Einkommen und Einkommensteuer   117 335,--   38.672,--

    d) Desgleichen Sohn: 117 335,--   38.672,--

C. Steuern zusammen nach Aufspaltung   83.104,--

D. Minderung der Steuerlast durch Aufspaltung: 76.520,--

4 Unternehmensplanung und -politik der Bauunternehmung

4.1 Unternehmensziele und Unternehmenspolitik

Jede Unternehmung steht im Spannungsfeld zwischen konkurrierenden Wirtschaftsinteressen und gesellschaftlichen Kräften. Die Unternehmung ist als juristische Person an die Gesetze des Staatswesens gebunden und muß dennoch zwischen den einengenden Vorschriften und Verordnungen ihren eigenen Weg suchen, um in dem Spannungsfeld existieren zu können. Bild 4.1 zeigt schematisch die Kräfte, die auf eine Unternehmung einwirken können.

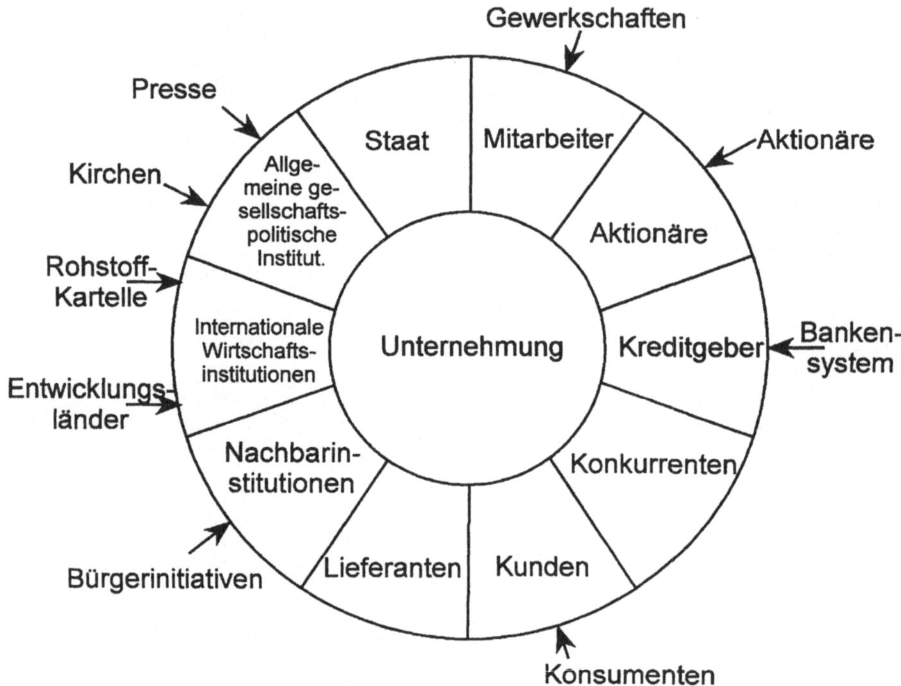

Bild 4.1 Umfeld der Bauunternehmung.

4.1.1 Ungeschriebene Unternehmensziele

Jedes Unternehmen hat unausgesprochen das Generalziel "Überleben". Dies erfordert aber weitere und speziellere Zielvorgaben um das komplexe System "Bauunternehmen" in Gang zu halten. In erster Linie soll dadurch eine einheitliche Motivation der Mitarbeiter erreicht werden, um durch gemeinsame Anstrengungen das bestmögliche Ergebnis zu erzielen.

Allgemeine Zielvorstellungen wie

- maximaler Gewinn,
- höchstmögliche Kapazitätsauslastung,
- beste Liquidität usw.

sind als Zielvorgaben für die Betriebsführung ungeeignet. Sie sind zu global, nicht genügend marktorientiert, ihre Zielerreichung ist nicht meßbar. Jede Zielplanung muß von den Beobachtungen in der Vergangenheit ausgehen, die Daten der Gegenwart verarbeiten und eine möglichst realistische Zukunftsprognose geben.

Derartige Vorgaben und Perspektivplanungen haben oft weitreichende Folgen, z.B. bei Erweiterungsinvestitionen, für die Einrichtung neuer Arbeitsplätze oder im anderen Extremfall Kurzarbeit und Entlassungen in gewissen Bereichen. Davon können alle Abteilungen, z.B. Arbeitsvorbereitung, Beschaffung und Einkauf, Maschinenabteilung usw. betroffen sein. Deshalb ist bei der Zielfindung und Zielvorgabe stets der Betrieb als Ganzes zu sehen.

Jede Geschäftsleitung hat stets die Aufgabe, die Produktionsfaktoren

Mensch - Maschine - Kapital - Information

optimal zusammenzuführen, wobei die Vorschriften und Gesetze des Staates, der Gesellschaft sowie die Aspekte der Humanität zu beachten sind.
Ferner ist eine hohe Produktivität sowie eine hohe Verfügbarkeit von Menschen, Maschinen, Anlagen und sonstigen Hilfsmitteln anzustreben. Hohe Auslastung bedeutet geringe Stillstandszeiten.

Ein weiteres ungeschriebenes Unternehmensziel ist die Maximierung der <u>Flexibilität</u>. Auf die Bauunternehmung bezogen bedeutet dies, im technischen Bereich die größtmögliche Mobilität der Einrichtungen und Hebezeuge anzustreben (Bauwagen oder Container statt Baracken, Baukrane, die leicht umzusetzen sind, usw.). Auf dem Personalsektor kann Flexibilität erreicht werden durch Einschalten von Nachunternehmern, durch Akkordverträge, durch sparsamste Ausgestaltung des Verwaltungsapparates und jeglichen Schritt, der vorübergehende Aufblähungen des Personalgefüges vermeidet. Flexibilität ist darüber hinaus bei der angebotenen Produktpalette sowie den ausgewählten Auftraggebern (öffentliche/private usw.) angezeigt, um die größtmögliche Unabhängigkeit zu gewinnen. Auch bei der Kapitalbeschaffung und Kreditaufnahme ist Flexibilität durch Vorsorge und geschicktes Verhalten eine erfolgversprechende Tugend.

4.1.2 Aufbau und Gliederung von Unternehmenszielen

Maßgebend für die Zielplanung ist die Ausrichtung auf die Zukunft. Nur der wird Ziele setzen, der an die Zukunft denkt. Es sollte so langfristig wie möglich geplant werden. Die langfristige Planung wird als strategische Planung verstanden und erstreckt sich auf einen Zeitraum von bis zu 10 Jahren. Daran orientieren sich die lang-, mittel- und kurzfristigen Planungen (Bild 4.2).

Strategische Planung				10 Jahre
	Langfristige Planung			5 Jahre
		Mittelfristige Planung		2 Jahre
			Kurzfristige Planung	1/2 Jahr

Bild 4.2   Unterscheidung der Planungsstufen nach den Fristen der Planung.

Entsprechend sind auch die Zielvorgaben aufzubauen: Die Geschäftsleitung gibt strategische Ziele für die Führungskader aus, die nur innerhalb des oberen Managements veröffentlicht und diskutiert werden. Diese erfordern taktische Zielvorgaben im Bereich des mittleren Managements. Für das untere Management sollten konkretere operative Ziele vorliegen, die fortgeschrieben werden (Bild 4.3).

Bild 4.3   Die Hierarchie der Ziele entspricht dem hierarchischen Unternehmensaufbau.

Die Kunst für quantitative Zielvorgaben besteht darin, die maßgebenden Zukunftsindikatoren zu finden und richtig zu bewerten. Im Wirtschaftsleben gibt es häufig Anzeichen, die bestimmte Entwicklungen in den kommenden Jahren signalisieren, wie z.B.

- politische Entwicklungen oder Wahlen mit günstigen wirtschaftspolitischen Auswirkungen (plötzliche Veränderungen können dagegen die gestellten Erwartungen zunichte machen),

- Wechselkursänderungen, die sowohl die Beschäftigungslage im Unternehmen direkt oder indirekt als auch die Erlössituation beeinflussen können,

- Geldentwertung, deren Ausmaß sich unmittelbar auf die Konsumgewohnheiten und dadurch mittelbar auf die Beschäftigungslage auswirkt,

- Indizes über Auftragseingänge, Rohstoffpreise, Spartätigkeit, Baugenehmigungen, Börsenkurse u.a., die der Wirtschaftsentwicklung vorauseilen oder bestimmte Tendenzen erkennen lassen.

Es ist zwar bekannt, daß zwischen vielen dieser Größen (wirtschaftliche) Zusammenhänge vorhanden sind; trotzdem ist es schwierig, zuverlässige Prognosen darauf abzustützen, weil die Korrelation zwischen den Daten der Wirtschaftsentwicklung weder in zeitlicher noch in quantitativer Hinsicht hinreichend bekannt und erfaßbar ist.

Die teilweise mit Ungewißheit belasteten Beurteilungsfaktoren bringen Unsicherheit in die extrapolierten Trends. Der Ausweg besteht darin, bei unsicheren Modellrechnungen Sensitivitätsanalysen anzuschließen, in denen der Einfluß der Hauptparameter auf das Ergebnis oder die Strategie in quantitativer Hinsicht festgestellt wird, etwa nach der Fragestellung:

Wie verändert sich die Ertragslage bei

- Veränderung des Dollarkurses um ± 0,20 DM?
- Schwankung des Beschäftigungsgrades um ± 5 % gegenüber dem Planansatz?
- Preisbewegungen von ± 4 %?
- Kostenabweichungen gegenüber der Vorgabe um ± 3 %?
- Zinsanstieg um 2 %?

Das Ergebnis kann häufig als Geraden- oder Kurvenschar dargestellt werden und ermöglicht eine frühzeitige Plankorrektur bei veränderten Umweltbedingungen.

4.1.3 Wege der Zielfindung und Zieldurchsetzung

Autoritär geführte Unternehmen benötigen eigentlich kein besonderes Zielsystem, weil ein zentraler Wille die Geschicke der Unternehmen lenkt. Wichtig ist dabei nur, daß der eingeschlagene Kurs konsequent genug durchgehalten und nicht ohne zwingende Gründe geändert wird.

Dagegen erfordert das kooperativ geführte Unternehmen eine einheitliche Zielsetzung, um alle Mitarbeiter in die gleiche Richtung zu lenken, die Interessen zu bündeln und gemeinsame Anstrengungen zur Zielerreichung zu ermöglichen. Daher wäre es nicht richtig, wenn der Chef einfach die Ziele vorschreibt; vielmehr soll die Zielfindung ein Meinungsbildungsprozeß der maßgeblichen Mitarbeiter sein.

Erst dadurch kann erreicht werden, daß sich die Mitarbeiter mit diesen Zielen beschäftigen und identifizieren. Es bedarf dann zumindest in diesem Kreis keiner weiteren Informationen über den Inhalt der Unternehmensziele. Danach müssen aber die Mitarbeiter der nächstniedrigeren Ebene in die Zielfindung mit einbezogen werden, bzw. die globalen Unternehmensziele bedürfen der weiteren Aufgliederung und Umsetzung in der Unternehmenspolitik. Steinle [4.05] hat ein ganzes System der Zielfindung entwickelt (Bild 4.4).

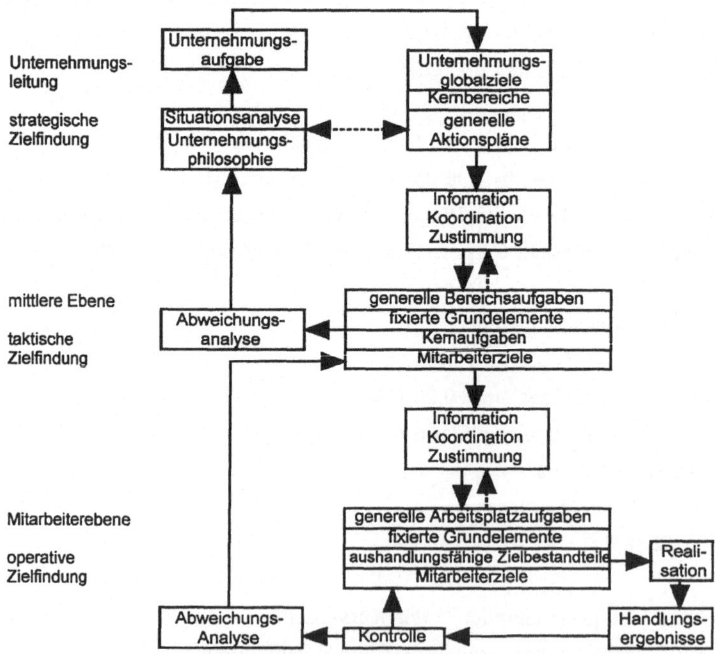

Bild 4.4   Das "Kaskadenverfahren" bei der Zielfindung nach Steinle [4.05].

Die Zielvorgaben in einem Unternehmen sind häufig nicht zu trennen von den persönlichen Erfahrungen der Führungskräfte, ihrer ideellen Motivation sowie deren eigenen Interessen. Ferner prägt in traditionsreichen Unternehmen die Vergangenheit oft auch die Ziele für die Zukunft entscheidend mit.

Um Unternehmensziele in die alltägliche Geschäftspolitik umzusetzen, müssen diese in geeigneter Weise unter den Mitarbeitern verbreitet werden. Es genügt nicht, diese zu drucken und zu verteilen, sondern sie müssen erörtert und mit Leben erfüllt werden. Manche Unternehmen haben ganz besondere Ideen in dieser Richtung entwickelt, indem sie die Unternehmensziele in einer Unternehmensverfassung festgelegt haben. Dies ist jedoch mehr für die strategischen Ziele als für die operativen und taktischen geeignet.

4.1.4 Beispiel für die Zielfindung in der Bauunternehmung

Das ehemals vielleicht einzige bzw. dominierende Unternehmensziel der Gewinnmaximierung hat heute nur noch sekundäre Bedeutung. Zwar müssen zumindest in guten Zeiten Gewinne erwirtschaftet werden, damit das Unternehmen schlechtere Zeiten überstehen kann: dieses Ziel tritt aber gegenüber der Erhaltung von Arbeitsplätzen häufig in den Hintergrund. Das verzerrte Unternehmensbild vom Kapitalist, der auf einem vollen Geldsack sitzt und danach trachtet, sein Kapital ohne Anstrengung zu vermehren, trifft auf den Unternehmer unserer Tage nicht mehr zu. Schneider ordnet die Ziele in 2 Kategorien [4.06]:

Allgemeine Unternehmensziele:	Spezielle Unternehmensziele:
- fachlicher Tätigkeitsbereich,	- Marktanteile,
- regionaler Tätigkeitsbereich,	- Versorgungsziele,
- Sicherung des Firmenbestandes sowie der Weiterentwicklung,	- Personalziele,
- Sozialverpflichtung,	- Finanzziele,
- Unabhängigkeit,	- Produktionsziele,
- Kapitalrendite.	- Organisationsziele.

Daraus ist das nachstehende Raster von Unternehmenszielen für ein Bauunternehmen entwickelt worden, das eine geeignete sachliche und logische Gliederung darstellt und als Diskussionsgrundlage für die Ingangsetzung der innerbetrieblichen Meinungsbildung angesehen werden kann (Bild 4.5).

Gliederung der Unternehmensziele nach den Hauptsachgebieten	Markt und Absatzziele	- Anzahl der Sparten - Festlegung regionaler Schwerpunkte - Produkte und Dienstleistungen - Auswahl des Kundenkreises - Höhe von Marktanteilen
	Produktions- und Produktivitätsziele	- Art und Größe der Produktionsanlagen (Wie? Wo?) - Art der Bauverfahren (Wie?) - Kooperation (gemeinsame Anlagen, Maschinenpool, Patente) - Verbesserungen bei der Bauausführung - Qualitätssicherungssystem
	Personalwirtschaft	- Planung des Personalbedarfs - Fortbildung und Mitarbeiterschulung - Prinzipien der Personalführung - Verbesserung des Entlohnungssystems - Verbesserung der Sicherheit - Soziales Engagement (Mitarbeiterbetreuung) - Betriebsklima
Gliederung der Unternehmensziele nach den Hauptsachgebieten	Logistik Versorgung	- Sicherheit durch langfristige Lieferverträge - Eigene Rohstoffbasis (Kies, Beton, Steine, Holz usw.) ggf. durch Kooperationen - Lagerplätze (zentral/dezentral) - Magazine (Verfügbarkeit?) - Art und Qualität der Geräte - Instandhaltung
	Organisations-(Struktur-)ziele	- Leistungsfähigkeit der Aufbauorganisation - Leistungsfähigkeit der Ablauforganisation - Zentrale oder dezentrale Entscheidungsbefugnisse? - Leistungsfähigkeit von Büroeinrichtungen
	Wirtschaftliche Ziele	- Bilanzstruktur und Liquidität - Umsatzziele (Sparten, Auftraggeber) - Investitionen - Betriebsergebnis - Beteiligungen
	Finanzziele	- Liquiditätsplanung - Kreditspielraum - Gewinnverwendung
	Sonstige soziale und gesellschaftliche Ziele	- Kontaktpflege zu den Kapital- und Kreditgebern - Öffentlichkeitsarbeit - Mitwirkung in Verbänden - Streben nach Unabhängigkeit von Kunden, Geldgebern, Lieferanten

Bild 4.5   Hauptpunkte der Zielfindung.

Diese Ziele durchdringen alle Bereiche des Unternehmens und können auch strukturelle Veränderungen in der Organisation des Unternehmens zur Folge haben. Zwischen den Zielvorgaben nach Bild 4.5 sind z.T. auch Überschneidungen sowie Berührungspunkte vorhanden. Bei der Erarbeitung von Unternehmenszielen muß beachtet werden, daß kaum alle Ziele gleichzeitig und gleichrangig verfolgt werden können, weil daraus in der Regel Zielkonflikte entstehen. Bei der Umsetzung sind Prioritäten zu setzen und Kompromisse zu schließen.

4.1.5 Schlußbemerkung

Die Amerikaner bewerten die Qualifikation für einen Manager wie folgt:

> Der schlechte Manager arbeitet an den Problemen von gestern, der gute an den Problemen von heute, aber der ausgezeichnete an den Problemen von morgen.

Ein Unternehmen ist ein Gebilde zur Verwirklichung von Zielsetzungen durch konkrete Entscheidung. Unternehmensführung ist daher nicht nur ein Wissen, sondern vor allem ein Tun. Und häufig ist die zweitbeste Entscheidung vorteilhafter als überhaupt keine Entscheidung.

4.2 Die innere Organisation der Bauunternehmung

4.2.1 Grundbegriffe der Organisationslehre

Die Organisationsstrukturen im Baubetrieb müssen sich an den Aufgaben orientieren. Diese bestimmen sowohl nach Art als auch nach Umfang (Größe) die Organisation. Man unterscheidet die auftragsgebundenen und die unternehmensgebundenen Aufgaben, die sich teilweise überschneiden und gegenseitig bedingen (Bild 4.6).

Die Organisation schließlich ist der Ordnungszusammenhang innerhalb der Unternehmung, um die Aufgaben beider Arten mit Hilfe der Menschen und der verfügbaren Betriebsmittel erfüllen zu können.

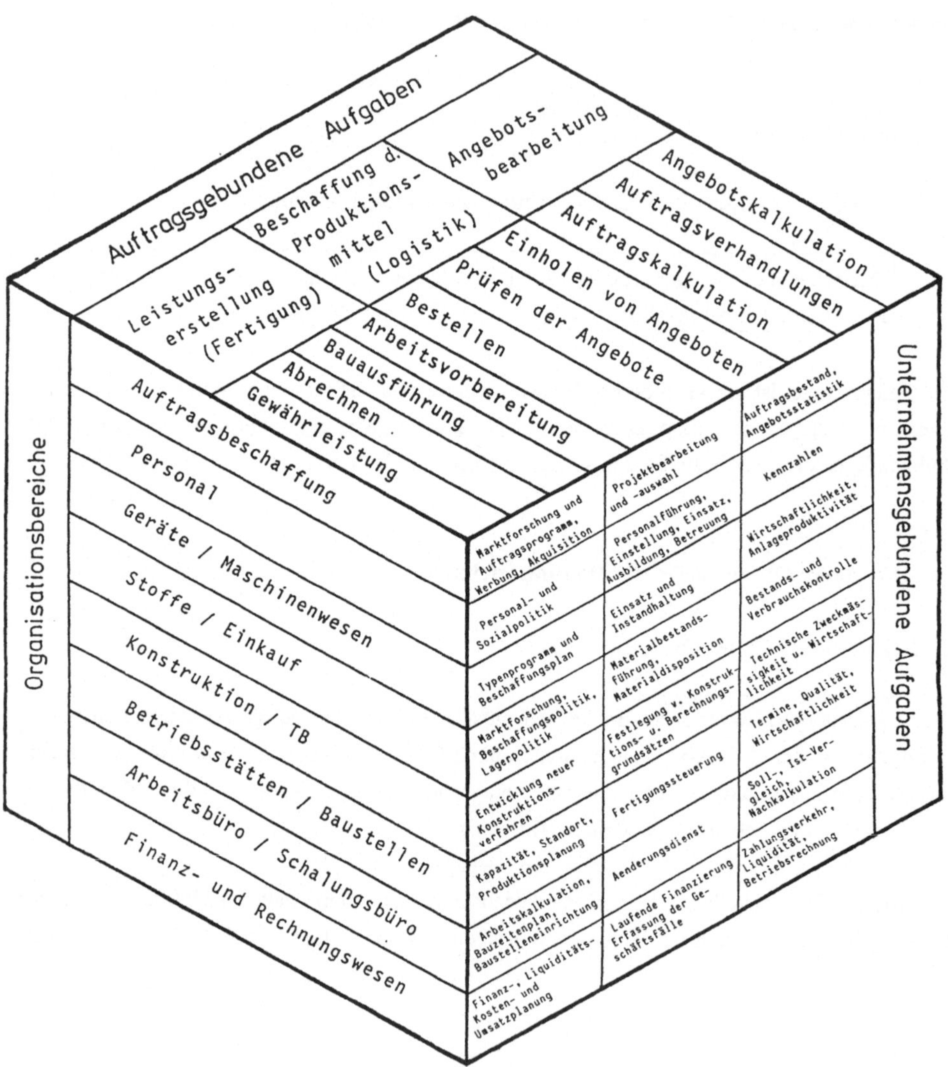

Bild 4.6   Die typischen Organisationsbereiche als Funktion der Aufgaben einer Bauunter-
               nehmung.

4.2.1.1 Organisationseinrichtungen

Innerhalb der <u>Betriebsorganisation</u> unterscheidet man zwischen der sog. <u>Aufbauorganisation</u>, die die Aufgaben innerhalb der Unternehmung auf die verschiedenen Stellen verteilt, die Zusammenarbeit regelt und den Informationsfluß organisiert, und der sog. <u>Ablauforganisation</u>, die sich mit dem Arbeitsgegenstand beschäftigt und das Zusammenwirken von Mensch und Betriebsmittel zur Erfüllung der Produktionsaufgaben gestaltet.

Naturgemäß gibt es zahlreiche Berührungspunkte zwischen der Aufbau- und der Ablauforganisation, weil beide das Ziel verfolgen, die Produktionsmittel optimal einzusetzen und das Arbeitsleben human zu gestalten. In der Bauunternehmung ist die sinnvollste Unterteilung die permanent existierende Organisation als die Aufbauorganisation und die vorübergehende Organisation auf der Baustelle als die Ablauforganisation anzusehen. Dabei sind die Kalkulationsabteilung, die Zentrale Arbeitsvorbereitung, die Oberbauleitung sowie die Maschinenverwaltung, die das Arbeitssystem Baustelle maßgeblich mitgestalten, der Aufbauorganisation zugeordnet, weil sie diese Funktionen unternehmensgebunden (zentral) und damit übergeordnet wahrnehmen.

4.2.1.2 Stelle und Funktion

Die kleinste Einheit der Aufbau- und der Ablauforganisation einer Unternehmung ist die <u>Stelle</u>. Sie ist die Institution, die zur Erfüllung ihrer Aufgaben mit Entscheidungs- und Anordnungsbefugnissen (Kompetenzen) ausgestattet ist und für die Zielerreichung die Verantwortung trägt. Folglich müssen

$$\text{Aufgaben} + \text{Kompetenzen} + \text{Verantwortung}$$

aufeinander abgestimmt und eindeutig festgelegt sein. Hierfür dient die <u>Stellenbeschreibung</u>, die für jede Stelle einer größeren Unternehmung entwickelt wird. Sie umfaßt

- die genaue Stellenbezeichnung,
- Ziele und Aufgaben,
- die vorgesetzte Stelle,
- die nachgeordneten Stellen (Mitarbeiter),
- Funktion, Verantwortung und Informationsfluß und
- alle Besonderheiten der Stelle, wie z.B. aktive oder passive Stellenvertretungen.

Damit ist die Stellenbeschreibung eine Anforderungsermittlung und Arbeitsbewertung für den Stelleninhaber bzw. -bewerber sowie ein Hilfsmittel der Personalplanung. Die Gesamtheit aller Stellenbeschreibungen stellt quasi den Geschäftsverteilungsplan der Unternehmung dar.

REFA nennt als wichtigste Grundsätze für die Zuordnung von Funktionen und Stellen:

- sachlich zusammenhängende Funktionen in einer Stelle zusammenfassen,
- know how und Arbeitsunterlagen nur an einer Stelle sammeln,
- Funktionen mit starkem Informationsaustausch der gleichen Stelle zuordnen (kurze
- Informationswege, keine Informationsverluste),
- jede Stelle erhält nur so viele Funktionen wie sie kapazitiv auch wirklich erfüllen kann,
- die Qualifikation des Stelleninhabers soll den übertragenen Aufgaben entsprechen,
- andernfalls sind Fortbildungsmaßnahmen zweckmäßig.

Ausführliche Beispiele für Stellenbeschreibungen in der Bauunternehmung finden sich bei Dressel [4.43] und Toffel [4.23].

4.2.1.3 Beziehungen zwischen den Stellen

Bei der Gestaltung von Organisationsstrukturen kommt es auf die Beziehungen zwischen den einzelnen Stellen an, die nach verschiedenen Prinzipien gestaltet werden können. Bild 4.7 zeigt die Möglichkeiten im Überblick:

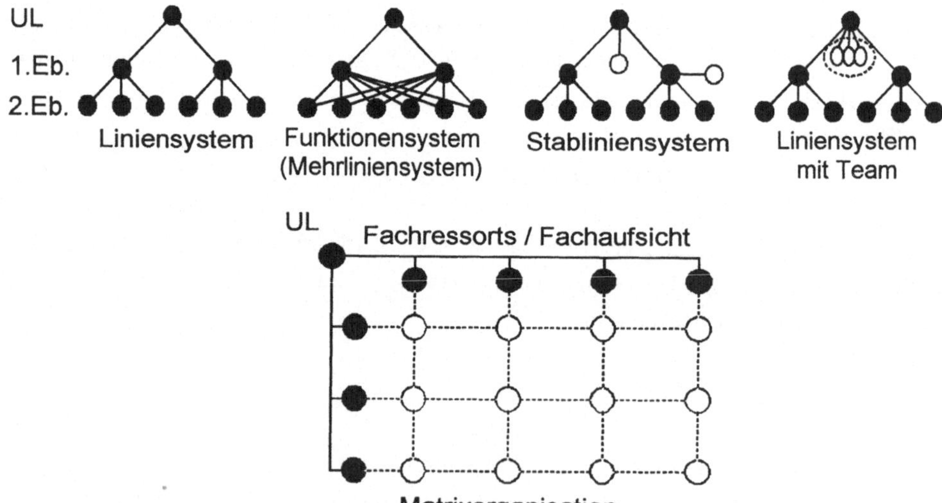

Bild 4.7 .   Prinzipieller Aufbau der Unternehmungsstruktur (UL = Unternehmensleitung).

Beim Liniensystem gehen alle Anordnungen, Weisungen und Informationen den vorgeschriebenen Dienstweg, sowohl von oben nach unten als auch von unten nach oben. Aufgaben, Kompetenzen und Verantwortung sind klar abgrenzbar. Der hierarchische Aufbau ist wenig flexibel und setzt der Eigeninitiative der Mitarbeiter Grenzen. Die meisten Bauunternehmungen sind nach dem Liniensystem organisiert.

Das Funktionensystem nach Taylor (Mehrliniensystem) will kürzere Dienstwege schaffen und die Linienstellen von Routinearbeiten entlasten, indem die Stellen unterschiedlicher Ebenen direkt in Kontakt treten, sei es daß die untergeordnete Stelle vom jeweiligen Spezialisten fachliche Informationen und Entscheidungen verlangt oder daß die Stelle der höheren Ebene aufgrund des besseren Überblickes Weisungen erteilt. Flexibilität, Motivation und Informationsmöglichkeiten der Mitarbeiter werden größer, aber die Kompetenzen und Verantwortlichkeiten überschneiden sich. Diese Struktur ist eher für den kleineren Betrieb geeignet, wenn ein hohes Maß an Kooperationsbereitschaft vorliegt.

Beim sog. Stabliniensystem sind zur Entlastung der Linienstellen zusätzliche Stabsstellen eingerichtet, die den Linienstellen zuarbeiten. Die Weisungsbefugnis und die Verantwortung bleiben in der Regel bei der Linienstelle. Stabsstellen sind nur sinnvoll, wenn deren Auslastung längerfristig gesichert ist. Stabsstellen können auf allen Ebenen eingerichtet werden. Es ist häufig eine Chance für junge Leute, über eine Stabsstelle z.B. als Direktionsassistent nach gründlicher Einarbeitung in eine freiwerdende Linienstelle nachzurücken.

Für Sonderaufgaben und größere Projekte können auch innerbetrieblich temporär Teams gebildet werden. Sie sind häufig interdisziplinär zusammengesetzt, um das erforderliche Fachwissen für neue und große Projekte zusammenzutragen. Durch derartige Teams wächst die Flexibilität der Unternehmung, jedoch ist die Teamarbeit nicht gerade billig, vor allem wenn keine erfahrene Führungskraft zur Verfügung steht.

Die Matrixorganisation ist eine sinnvolle Weiterentwicklung des Funktionensystems von Taylor. Die reine Linienorganisation ist dabei aufgespalten in die traditionellen Fachressorts, die für spezielle Sachfragen zuständig sind und das Fachwissen ansammeln und weiterentwickeln, sowie in spezielle Profitcenter (Fachbauleitungen, Produktlinien, Sparten o.ä.), die für das Ergebnis verantwortlich zeichnen. Die Schnittstellen markieren mögliche Konfliktsituationen, die u.U. von der Geschäftsleitung bereinigt werden müssen. Die Baustelle ist einem dieser Profitcenter unterstellt und unterliegt der Fachaufsicht der Ressorts, beispielsweise in den generellen Fragen wie Arbeitsvorbereitung, Logistik, Arbeitssicherheit, Controlling usw.

Bei der Spartengliederung ist anzustreben, daß diese möglichst gleich großes Gewicht haben sollte, da sonst möglicherweise die stärkste Sparte zu viel Einfluß nehmen und beispielsweise die Investitionsmittel weitgehend für ihre Belange und Weiterentwicklung in Anspruch nehmen und dadurch die Zukunftsaussichten der Unternehmung einengen kann.

Alle Organisationsstrukturen, die auch in gewissen Mischformen existieren, haben mehr oder weniger hierarchischen Aufbau. Sie unterscheiden sich aber in der Praxis in hohem Maß

- durch den praktizierten Führungsstil,
- in der Delegation von Aufgaben und Zuständigkeiten,
- in der Abgrenzung von Kompetenzen und Verantwortung,
- in der Gestaltung des Informationsflusses,
- in der Flexibilität der Unternehmung an Haupt und Gliedern sowie
- in der Motivation der Mitarbeiter.

Die Über- und Unterordnung entsteht aus den Sachzwängen heraus, da

- Ziele zu setzen,
- Aufgaben zu stellen,
- Aufgabenerfüllung zu kontrollieren sowie
- Mitarbeiter zu unterweisen und zu führen

stets ein Vorgesetzten-Mitarbeiter-Verhältnis bedingt.

4.2.2 Zur Ausgestaltung der Aufbauorganisation

4.2.2.1 Gestaltungsprinzipien

Die Aufbauorganisation von Bauunternehmen ist je nach Größe und Sparte unterschiedlich gestaltet. Die Ursachen dafür liegen bei der Entwicklungsgeschichte der Unternehmungen, aber auch in der unterschiedlichen Gewichtung von verschiedenen Gestaltungsprinzipien wie

- Zweckmäßigkeit,
- Wirtschaftlichkeit und
- Gleichgewicht zwischen Ordnung und Flexibilität.

Zweckmäßigkeitsüberlegungen spielen z. B. eine Rolle, wenn es darum geht, das organisatorische Zusammenspiel von Angebotsbearbeitung, Bauleitung und Arbeitsvorbereitung sicherzustellen, damit der Erfahrungsrückfluß der ausführenden Baustellen zu den kosten- und ablaufplanenden Stellen gelangt.

Die Wirtschaftlichkeit steht dagegen im Vordergrund, wenn über zentrale oder dezentrale Einrichtungen von Hilfsbetrieben entschieden werden soll, z. B. über die zentrale Vorfertigung von Schalung oder Bewehrung für alle Niederlassungen einer Bauunternehmung.

Eine zu starre Organisation kann die notwendige Anpassungsfähigkeit des Unternehmens und individuelle Entwicklungsmöglichkeiten von Mitarbeitern behindern. Deshalb ist nach einem Gleichgewicht zwischen Ordnung und Flexibilität zu streben.

Die Unternehmungsstruktur wird mit Hilfe von Organigrammen dargestellt. Die Struktur kann funktionsorientiert, produktspezifisch oder auch regional geordnet werden (Bild 4.8).

Bild 4.8   Organigramme mit unterschiedlichen Gliederungsprinzipien für das Liniensystem,
a) funktionsorientiert, b) produktorientiert, c) regional.

Toffel weist mit Recht darauf hin, daß die Vermischung dieser Gesichtspunkte organisatorisch bedenklich sei [4.23]. Er schlägt für die überregional tätige Baugesellschaft eine klar gegliederte Organisationsstruktur vor, die nach den Prinzipien

- Region,
- Funktion,
- Phase,
- Projekt

aufgebaut sein soll (Bild 4.9). Diese Organisationsform würde jedoch gewisse Vorteile einer Zentralisierung (z. B. des Maschinenwesens) außer Acht lassen. Erst die Zusammenfassung des Maschinenwesens bei der Hauptverwaltung ermöglicht es, die Investitionen richtig zu lenken und übergreifende Aufgaben zu erfüllen.

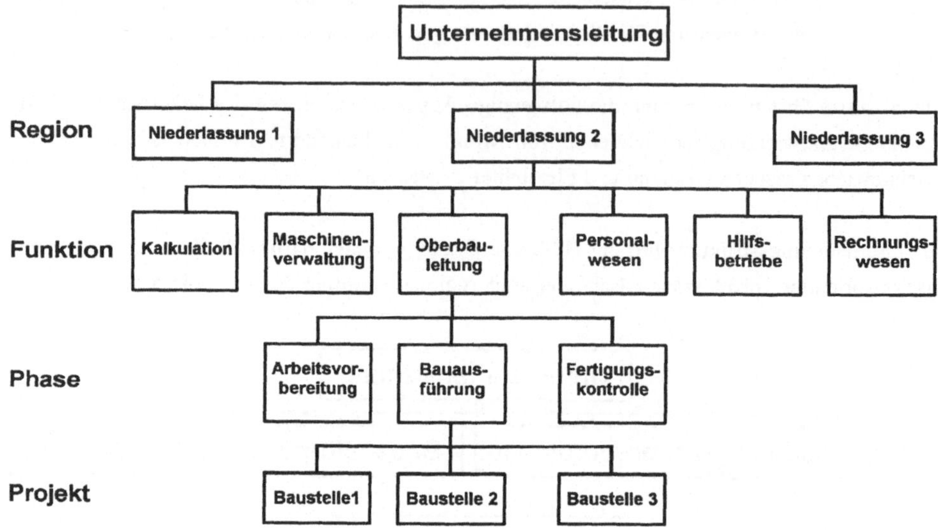

Bild 4.9   Stabliniensystem für eine überregional tätige Baugesellschaft (nach Toffel).

4.2.2.2 Vor- und Nachteile von Firmenzentralismus

Die Organisationsstruktur kann beispielsweise nach dem Grundsatz gestaltet werden
so viel Zentralismus wie möglich
(und so viel Dezentralismus wie nötig)
oder es kann umgekehrt verfahren werden nach dem Prinzip
so viel Dezentralismus wie möglich
(und so viel Zentralismus wie nötig).
Beide Prinzipien haben ihre Vor- und Nachteile. Wolff hat Auswirkungen einer zentralen Firmenstruktur eingehend untersucht [4.24]. Obwohl sich das Bauen stets dezentral vollzieht, trägt die Firmenzentrale die Verantwortung für das Geschehen auf den Außenstellen. Sie muß deshalb über den Fortgang bestmöglichst informiert sein, um ihrerseits der Baustelle im richtigen Zeitpunkt Anweisungen und Informationen geben zu können. Nur eine baustellenübergreifende Unternehmensführung kann die Betriebsmittel optimal und kostensparend einsetzen. Dies erfordert Zugeständnisse an eine zentralistisch orientierte Betriebsleitung. Im Hinblick auf das Personal der Bauunternehmung können allgemein folgende Vor- und Nachteile für eine Zentralisierung aufgeführt werden:

Vorteile:

- höhere Spezialisierung,
- besser ausgebildete Fachkräfte mit mehr Erfahrung,
- Kontinuität durch Einarbeitung jüngerer Nachwuchskräfte,
- bessere Kapazitätsauslastung,
- Überbrückung von Personalausfällen.

Nachteile:

- mehr Bürokratisierung, da längere Informationswege,
- durch die höhere Spezialisierung entstehen Informationslücken, d. h. es wird zusätzliche
- Koordination und Abstimmung zwischen den Abteilungen erforderlich,
- Anonymität der Mitarbeiter, die sich schwerer mit ihrer Aufgabe identifizieren können.

Die Vorzüge der Zentralisierung sind wiederum die Schwachpunkte der dezentralen Organisationsstruktur und umgekehrt. Jede Unternehmung muß das geeignete Maß an Zentralismus bzw. Dezentralismus selbst finden und diese Prinzipien bei Veränderungen stets weiterentwikkeln. Beobachtungen der Großbaufirmen in diesem Punkt zeigen, daß der Zentralismus unterschiedlich stark ausgeprägt ist und daß es stark auf die Führungskräfte und ihren Führungsstil ankommt.

4.2.2.3 Der Einfluß der Firmengröße auf die Organisationsstruktur

Während im Kleinbetrieb viele verschiedene Aufgaben von einer Person wahrgenommen werden (z.B. Kalkulation, Arbeitsvorbereitung, Bauleitung, Aufmaß und Abrechnung, Nachkalkulation vom Unternehmer selbst), stehen mit wachsender Unternehmensgröße immer mehr Spezialisten zur Verfügung. Die zunehmende Unternehmensgröße soll keineswegs zu einem Anstieg der anteiligen Geschäftskosten führen, sondern zu einer leistungsfähigeren Firmenstruktur. Bild 4.10 aus der REFA-Methodenlehre soll zeigen, daß die Schwerpunkte je nach Fertigungsart mehr auf der planerischen oder mehr auf der Durchführungsseite liegen.

Phase		Planung	Steuerung	Durchführung	Kontrolle
Mechanisierungsgrad	Handwerkliche Fertigung	■■■	■■■	■■■■■■	■■■
	Industrielle Fertigung durch Arbeitsteilung	■■■■	■■■■	■■■■	■■■■
	Automatische Fertigung	■■■■■	■■■	■■■	■■■

Bild 4.10   Die Bedeutung von Planung, Steuerung und Kontrolle im Verhältnis zur Durchführung bei unterschiedlichem Mechanisierungsgrad (nach REFA).

Diesen Bedingungen soll auch die Organisationsstruktur qualitativ wie quantitativ Rechnung tragen. Die weiteren Organigramme (Bild 4.11) geben Hinweise, wie kleine, mittlere und grössere Baubetriebe gestaltet werden können.

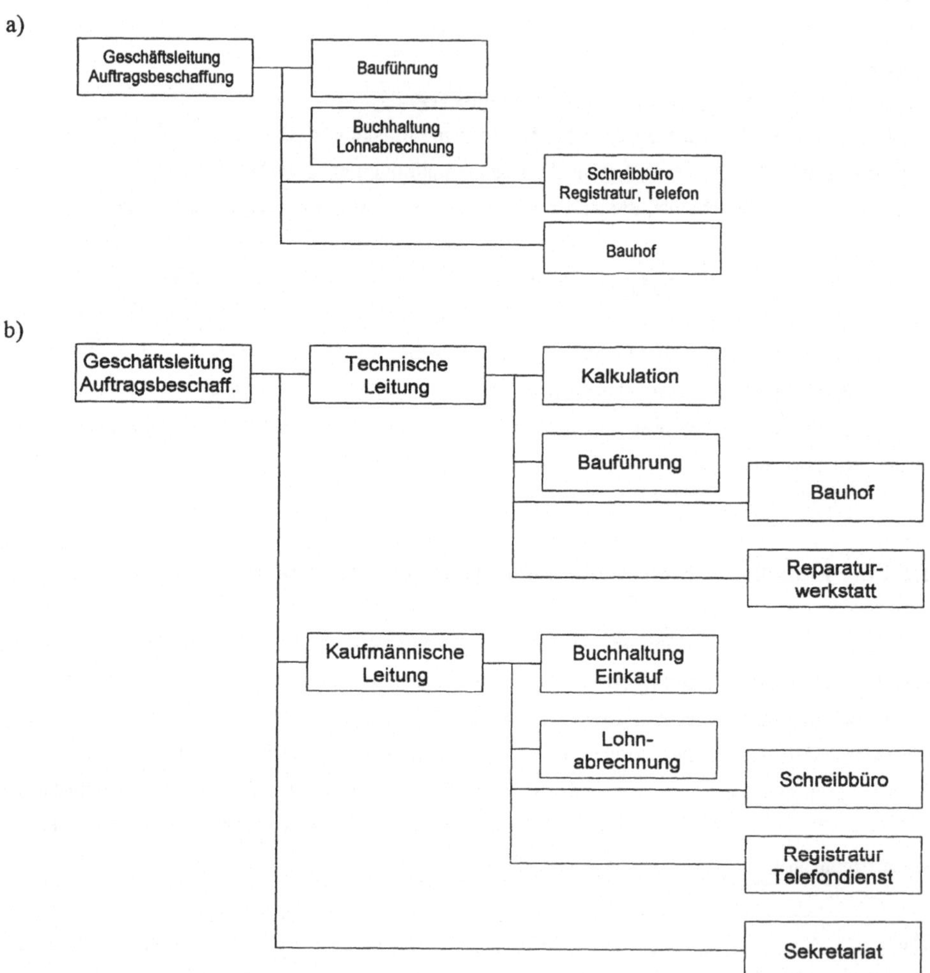

Bild 4.11   Organigramme für zwei Bauunternehmungen mit unterschiedlicher Größe:
             a) ca. 50 und b) 300 - 500 Beschäftigte.

4.2.2.4 Die zukünftige Entwicklung der Aufbaustruktur

Die weitere Entwicklung wird maßgeblich vom Computer und seinen Möglichkeiten mitbestimmt. Wegen der Vorhaltung und Wartung wird das Rechenzentrum der Bauunternehmung stets am zentralen Firmensitz sein müssen. In der Konstruktionsplanung werden infolge leistungsfähiger CAD-Programme weniger Mitarbeiter tätig sein als heute. Die Improvisation auf den Baustellen wird durch bessere Baustellensteuerung zurückgedrängt werden (controlling). Die Bereitschaft der Bauunternehmung muß gestärkt bzw. die Versorgung der Baustellen gesichert werden. Dies erfordert in einer schlagkräftigen Unternehmung ebenfalls den Einsatz der Datenverarbeitung (Logistik).

Auf der Seite des Personals wird man sich bemühen müssen, trotz oder wegen des verstärkten Zentralismus den Mitarbeitern einen angemessenen Freiraum bei den Entscheidungen und dem Projektmanagement zu gewähren. Dies führt in Richtung auf eine Matrixstruktur, die etwa folgende Ausgestaltung erfahren könnte:

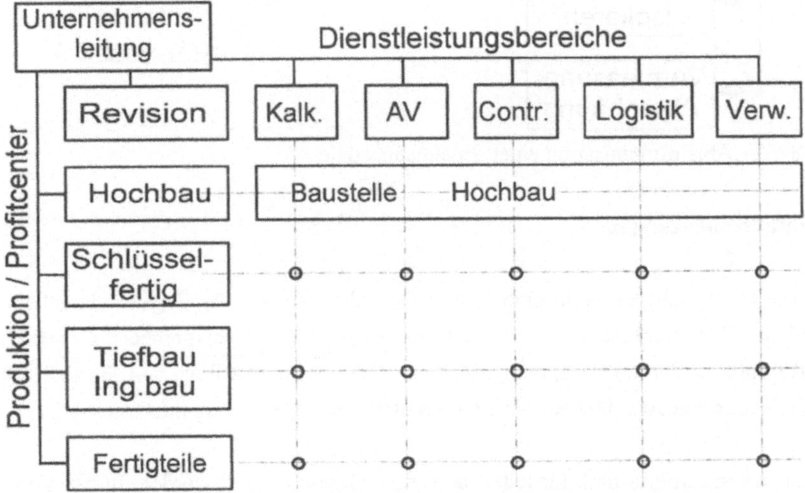

Bild 4.12   Matrixstruktur für die Aufbauorganisation einer mittelgroßen
               Bauunternehmung im Jahr 2000 (Beispiel).

4.2.3 Die Ablauforganisation der Bauunternehmung

Auf der Baustelle ist häufig zur Sicherstellung des Bauablaufes eine temporäre Ablauforganisation zu installieren, die nach den gleichen Prinzipien gestaltet werden sollte wie die Organisation des Stammhauses (z. B. als Liniensystem, Funktionensystem oder Matrixstruktur). Organisationsprobleme treten überwiegend auf den Großbaustellen auf, die häufig als Arbeitsgemeinschaften mehrerer Baufirmen abgewickelt werden.

Dann dienen diese Organigramme nicht nur zur Abgrenzung der Kompetenzen und Verantwortlichkeiten, sondern auch zur Information und Personalbereitstellung der ARGE-Partner und zur Unterrichtung des Auftraggebers.

Beispielhaft sei die Ablauforganisation für eine Pipelinebaustelle hier vorgestellt.

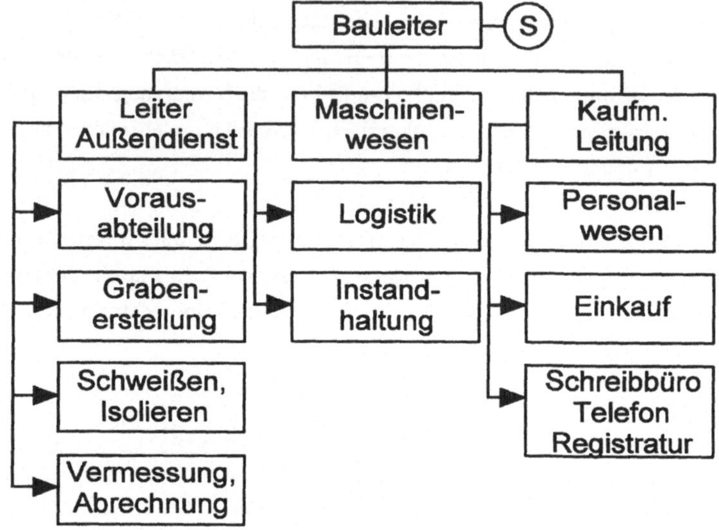

Bild 4.13   Ablauforganisation einer Pipelinebaustelle.

4.2.4 Schlußbemerkungen

Nach Frese [4.21] gibt es kaum eine andere Disziplin, die wie die Organisationstheorie von verschiedenen Standpunkten aus untersucht worden ist und dementsprechend zu verschiedenartigen Rezepten und Patentrezepten geführt hat. Deshalb ist eine Fülle von Spezialliteratur zu diesem Gebiet vorhanden, die aber für die Bauunternehmungen wenig informativ ist.

Die Organisationsstruktur muß für jede Baufirma maßgeschneidert werden. In der Vergangenheit sind beispielsweise mittelständische Handwerksbetriebe daran gescheitert, daß sie nach einer längeren Expansionsphase versäumt haben, die Struktur der neuen Firmengröße anzupassen. Die Folge war, daß zu wenig Führungspersonal vorhanden war, das sich an den aus der Vergangenheit gewohnten Routineaufgaben aufgerieben hat. In dieser Situation kann sehr leicht ein Kollaps der Unternehmung eintreten.

Richtig bemessen ist eine Organisationsstruktur dann, wenn die Unternehmung effizient arbeitet. Für die Beurteilung der Effizienz kommt es vor allem auf die geeigneten Maßstäbe an. Diese bestehen in Kennzahlen, die durch Betriebsvergleiche überprüft werden müssen.

Ganz allgemein ist aber eine Organisationsstruktur nur dann als effizient anzusehen, wenn sie an den Arbeitsplätzen ein Höchstmaß an Motivation und Zufriedenheit bei den Mitarbeitern erzeugt. Auch eine perfekte Organisation ist stets auf die Initiative der Mitarbeiter angewiesen. Ein "Dienst nach Vorschrift" infolge Desinteresse oder Frustration würde jede Organisationsform uneffizient machen.

4.3 Informations- und Controllingsysteme

4.3.1 Informationsbedarf zur Betriebsführung

Die Ingenieurarbeit ist, wie jede geistige Arbeit von Experten, eine planmäßige Informationsverarbeitung: Der Ingenieur empfängt Informationen (schriftlich, mündlich usw.), formt sie aus seinem Fachwissen heraus und gemäß seinem Arbeitsauftrag um und leitet die so entstandenen neuen Informationen weiter. EDV-Anlagen mit ihrer Fähigkeit, Informationen zu speichern, umzuformen und auszugeben, sind dabei Arbeitsmittel des Ingenieurs. Der Austausch neuer Informationen, die Weiterentwicklung der Arbeitstechniken und Hilfsmittel sowie die geeigneten Informationsmethoden bestimmen hierbei maßgeblich den Fortschritt in der Bautechnik.

Die Bedeutung der Information für den Betriebsalltag, das Betriebsklima wie für den wirtschaftlichen Erfolg des Betriebes ist erst in den letzten Jahren von der BWL erkannt worden und ist seither immer stärker in den Vordergrund gerückt. Dabei haben sich aber auch die Randbedingungen entscheidend verändert:

Einst Mangel an Informationen,
heute Überfluß an Informationen.

Begriffe wie Informationsflut, Informationslawine, Informationsexplosion usw. kennzeichnen die gegenwärtige Situation zutreffend. Heute können durch das Überangebot an Informationen Informationskrisen entstehen, die Pannen oder Fehlverhalten zur Folge haben.

Die Auswirkungen der Informationen bei der Personalführung und der Motivation der Mitarbeiter stellte Volk [4.41] in der nachfolgenden Tabelle mit zwei Beispielen anschaulich dar (Tab. 4.14).

Information wird von manchen Betriebswirtschaftlern neben Arbeit, Maschinen und Kapital als weiterer grundsätzlicher Produktionsfaktor verstanden. Gezielte Informationslenkung ist daher ein Gebot der Zeit und ein Anliegen der Unternehmensführung.

Tab. 4.14 Die Bedeutung der Information für die Personalführung (nach Volk [4.41]).

Der autoritäre Vorgesetzte		
bestimmt nach eigenem Gut-dünken wer, wann, worüber informiert wird.	informiert willkürlich, wen er will und enthält anderen Mit-arbeitern Informationen vor.	betrachtet Informationen an Mitarbeiter als Auszeichnung.
Der führt bei den Mitarbeitern zu		
Unsicherheit und damit zu Gerüchtebildung.	Mißtrauen gegenüber dem Vorgesetzten.	Ausweichen auf informelle In-formationsquellen (Flüsterpropaganda).
Daraus entsteht Fehlverhalten der Mitarbeiter		
Die Mitarbeiter informieren ihren Vorgesetzten unsachlich, unvollständig und falsch. Sie behalten wichtige Informationen für sich, um sie gegen Kollegen ausspielen zu können, um sich beim "Chef" beliebt zu machen. Auch sie verhalten sich egoistisch.	Sind Mitarbeiter ihrerseits Vorgesetzte, so verhalten sie sich ihren Mitarbeitern gegenüber ebensowenig informativ.	Ausweichen auf informelle In-formationsquellen (Flüster-propaganda).
Ergebnis: Schlechtes Betriebsklima und niedrige Leistungen.		
Der kooperative Vorgesetzte		
verzichtet darauf, daß sämtliche Informationen über seinen Schreibtisch laufen. Er legt fest, wer, wann, worüber informiert wird.	gibt gezielte Informationen weiter, die seine Mitarbeiter für ihre Arbeit brauchen.	nimmt Informationen und An-regungen der Mitarbeiter ent-gegen.
Das führt bei den Mitarbeitern zu		
Sicherheit und Vermeiden von Gerüchten.	Selbständigkeit und Verant-wortungsfreude.	Vertrauen, Offenheit, Ver-meidung von Angst. Informa-tion des Vorgesetzten.
Daraus folgt sinnvolles Verhalten der Mitarbeiter		
Mitarbeiter informieren ihren Vorgesetzten sachlich, richtig und umfassend. Sie sind bereit, von sich aus Vorschläge zu machen.	Sind Mitarbeiter ihrerseits Vorgesetzte, geben sie bereit-willig an ihre Mitarbeiter In-formationen weiter.	Inoffizielle Informationsquellen verlieren an Bedeutung und Einfluß.
Ergebnis: Gutes Betriebsklima und gute Leistungen.		

Jede Unternehmung ist frei, das Informationswesen nach ihren Erfordernissen und Möglich-keiten zu gestalten. Von einem Informationssystem spricht man, wenn die Informationen sy-stematisch gesammelt, regelmäßig aufbereitet, planmäßig aktualisiert und zum Stichtag bereit-gestellt werden. Universelle Informationssysteme sind teuer, schwerfällig und nicht sicher vor Mißbrauch; dagegen sind Teilinformationssysteme flexibler und rascher in der Praxis einzufüh-ren bzw. zu ändern.

Die Anforderungen an solche Informationssysteme sind

- größtmögliche Flexibilität hinsichtlich Eingabe, Ausgabe, Implementation und Nutzung,
- größtmöglicher Nutzerkomfort durch geeignete Oberflächen (Menüsteuerung, Fenster-
- technik, Expertensysteme, Fehlererkennungen, Hilfstexte u.a.m.),
- keine Mehrkosten gegenüber den bisherigen Daten- und Informationssystemen (außer
- einmaligen Investitionen).

4.3.2 Informationssysteme für Baubetriebe

Nach Wissmann [4.42] ist ein Informationssystem mit einem Rohrsystem mit einem Fluß von Informationen vergleichbar, das man an verschiedenen Stellen anzapfen kann, um daraus aufbereitete Informationen zu beziehen oder einzuspeisen. An dieses Rohrsystem und seine Ergiebigkeit sind folgende Anforderungen und Wünsche zu stellen:

- Eingabe von Informationen,
- Klassifizieren und Codieren von Informationen,
- Transport von Informationen,
- Ausgabe von Informationen,
- Sortieren und Selektieren nach verschiedenen Kriterien,
- Verdichten von Informationen,
- Fortschreiben von Reihen, Durchschnittswerten usw.,
- Verhindern von Duplizitäten,
- Verwaltung unterschiedlicher Informationen (Texte, harte Daten,
  Methoden, Problemlösungen usw.),
- Vernichten überflüssigen oder veralteten Materials.

Ende der 60er und Anfang der 70er Jahre, parallel zur voranschreitenden Verbreitung leistungsfähiger Rechner, gab es eine Euphorie und einen Entwicklungsschub für umfassendere Informationssysteme, die aber allesamt für die stationäre Industrie entwickelt wurden. Nur das IMIS (= Integriertes Management-Informations-System) aus dem IfA-Institut Leonberg war für die Belange der Bauwirtschaft konzipiert [4.43].

Unter dem Begriff IMIS ist ein automatisiertes Informationssystem zu verstehen, das den Informationsbedarf der gesamten Bauunternehmung befriedigen kann, wobei jede Information nur einmal an der Quelle erfaßt, nach den Erfordernissen (ggf. unterschiedlichen) ausgewertet und für die betrieblichen Aufgaben gezielt zur Verfügung gestellt werden soll. Der Informationsfluß wird dabei nach dem Schema des Regelkreises vorgenommen:

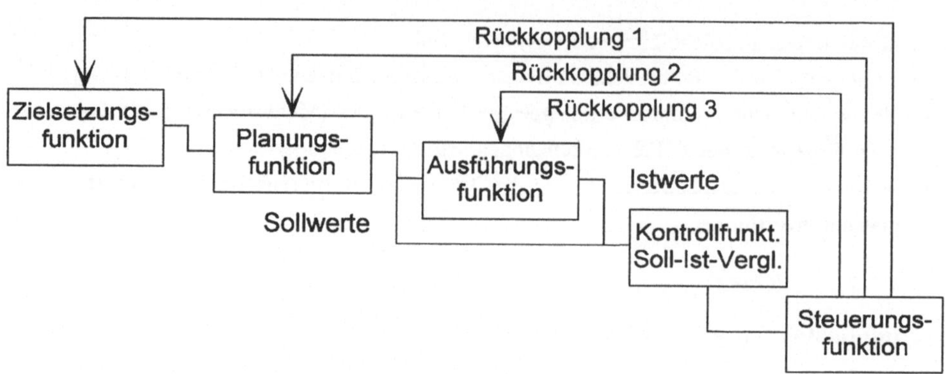

Bild 4.15   Informationsfluß nach Dressel [4.43].

Dressel empfiehlt, zur Einführung des IMIS eine genaue Analyse der Aufbauorganisation und des gesamten Informationsbedarfes, um mit Hilfe des hierfür konzipierten INPUT-OUTPUT-MODELLS die passende Architektur für den jeweiligen Bedarfsfall liefern zu können. Beispielhaft werden die Teilgebiete "Betriebsabrechnung" und "Angebotsbearbeitung" beschrieben sowie Varianten diskutiert. Der Datenfluß ist mit Hilfe von Flußdiagrammen schematisiert und nach den Gesichtspunkten des Baubetriebes geordnet.

Dieser Art der Informationsverarbeitung war kein dauerhafter praktischer Erfolg beschieden, trotz der theoretisch fundierten Datenverarbeitung und -bereitstellung. Dies lag wohl vor allem an den hohen Erfordernissen, die an den Organisationsgrad der Bauunternehmung zu stellen sind, sowie an den sehr hohen Zusatzkosten, die zumindest bei der Einführung eines MIS über Jahre hinweg aufzubringen gewesen wären. Die Zeit war damals nicht reif für solche Systeme, und die Erwartungen waren zu hoch gesteckt.

In der Bauunternehmung kann ein allumfassendes Management-Informationssystem (MIS) z.B. dadurch entwickelt werden, daß ein solches Informationssystem vom Projekt, also von der Basis der Bauunternehmung her stufenweise aufgebaut wird. Ein solches Projekt-Informationssystem soll alle projektspezifischen Daten liefern und durch Verdichtung der Projektdaten imstande sein, brauchbare Informationen für die Unternehmensleitung zur Verfügung zu stellen. Man kann das Projekt-Informationssystem zunächst zur Steuerung der Baustellen unmittelbar verwenden und die Datenverdichtung für die Geschäftsleitung zu gegebener Zeit nachrüsten.

Andere Bereiche, für die Teilinformationssysteme entwickelt werden können, sind:
- Personalwesen,
- Einkauf und Lagerhaltung,
- Maschinenverwaltung einschl. Instandsetzung,

– Stücklisten u. Teilesysteme,
– Fuhrpark usw.

Mit Aufbau und Einführung derartiger Teilinformationssysteme wird zunächst der Informationsbedarf in den Abteilungen abgedeckt und regelmäßig erfüllt. Durch Datenverdichtung und/oder Datenauswahl kann darüber hinaus das Firmenmanagement entsprechende Führungsinformationen erhalten.

Alle diese Bestrebungen der Informationssystematisierung und -verarbeitung sind derzeit auf die Entwicklung von weiterausgreifenden EDV-Systemen für die Bauwirtschaft ausgerichtet, die unter dem Sammelbegriff "Controlling" bekannt geworden sind.

4.3.3 Begriff "Controlling"

Controlling ist ein Hilfssystem der Betriebsführung, das die zum <u>Planen</u>, <u>Kontrollieren</u> und <u>Korrigieren</u> (d.h. Steuern) erforderlichen Informationen bereitstellen und verarbeiten soll. Controllingsysteme sind aber prinzipiell mehr als nur reine Informationssysteme: Man unterscheidet in Anlehnung an die operative und strategische Unternehmensplanung ein "operatives" bzw. "strategisches" Controlling (Bild 4.16).

4.3.3.1 Operatives Controlling

Die grundsätzlich neue Aufgabenstellung des operativen Controlling ist, in den Betriebsablauf <u>steuernd einzugreifen</u>, wenn Abweichungen von den Zeit-, Kosten-, Umsatz- oder Gewinnvorgaben der Plankostenrechnung drohen. Der Gewinn (oder Deckungsbeitrag) gilt dabei als besonders wichtige Steuergröße, dem eine Vielzahl quantifizierbarer Größen und Kennzahlen zugeordnet sind, die Prognosen über Aufwendungen bzw. Kosten und Erträge zulassen.

Das operative Controlling muß geeignete Planungsrechnungen entwickeln, operative Kontrollen zur Abweichungsanalyse sowie ein operativ orientiertes internes Berichtswesen. Das operative Controlling beginnt zeitlich gesehen mit der gegenwärtigen Situation und erstreckt sich auf die überschaubare Zukunft (Monat, Quartal, Projektdauer usw.). Das operative Controlling ist also im exekutiven Bereich angesiedelt. Es beschäftigt sich mit den aktuellen Soll-Ist-Abweichungen und wirkt als Serviceeinrichtung mit bei den kurz- bis mittelfristigen Sollvorgaben, Zielsetzungen bzw. Maßnahmen. Die Verantwortung der Linienstellen darf durch Controlling keinesfalls eingeschränkt werden.

Die Aufgaben des operativen Controlling lassen sich nach Ebert / Koinecke / Peemöller [4.45] in den folgenden sieben Punkten zusammenfassen:

1. Mitwirken bei den Planungen, insbesondere bei der Begründung von operativen Gesamt- und Teilzielen.

2. Rechnerische Prognosen, um Ziele und Maßnahmen sowie deren Alternativen quantitativ zu untersuchen.

3. Kontinuierliche Soll-/Ist-Vergleiche (quantitativ).

4. Monatliche Ergebnisdarstellungen (action reports) für Teilbereiche und das Gesamtunternehmen, samt Kommentierung, speziellen Abweichungsanalysen, Maßnahmen, Vorschlägen oder ggf. Zielrevisionen, Untersuchung der Auswirkungen auf andere Unternehmensbereiche wie Kosten, Erlöse, Betriebsmittelauslastung, Personaleinsatz usw.

5. Organisierte Informationsbeschaffung mittels eines maßgeschneiderten Systems zur Unternehmensplanung.

6. Service für die Geschäftsleitung durch Informationsbeschaffung sowie Planungs- und Entscheidungshilfe (jedoch kein Ersatz für die Entscheidungsverantwortung).

7. Durchführung von Sondermaßnahmen zur Kostensenkung, Erlösverbesserung, Effizienzsteigerung oder Investitionshilfe.

4.3.3.2 Strategisches Controlling

Die dauerhafte Existenzsicherung des Unternehmens ist Gegenstand des strategischen Controlling. Die Steuerungsgrößen sind immaterielle Größen (sog. potentiale oder qualitative Faktoren), die die <u>zukünftigen</u> Gewinne positiv beeinflussen sollen. Hierzu zählen Kreativität, Innovationskraft, know how u.a.m. Dabei geht es um die Konzentration auf die eigenen Stärken und die Ausnutzung der Schwächen der Konkurrenz.

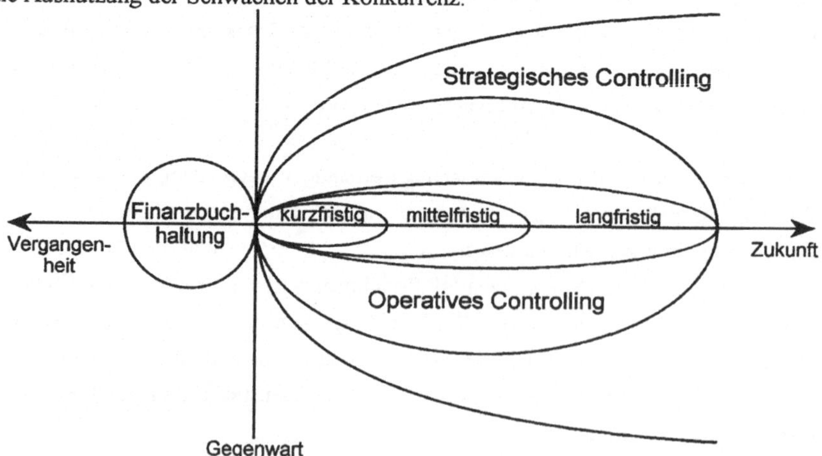

Bild 4.16   Zeitorientierung des klassischen Rechnungswesens bzw. des Controlling [4.45].

Strategisches Controlling erfordert strategische Planung, strategische Kontrolle, strategische Information, Dinge, die in der heutigen Betriebsführung noch unterentwickelt sind. Der Zeithorizont beginnt ebenso wie beim operativen Controlling in der Gegenwart; im Gegensatz dazu endet er aber nicht nach einer definierten Periode. Das strategische, primär umweltbezogene Controlling umfaßt das operative, primär betriebsspezifische Controlling. Beide müssen sinnvoll verknüpft werden; denn gegenwärtige Gewinne dienen ebenso der Existenzsicherung wie zukünftige Potentiale. Bild 4.16 beschreibt den Zusammenhang von Finanzbuchhaltung, Erfolgsplanung, operativem und strategischem Controlling.

4.3.3.3 Gesamt-Controlling und Bereichs-Controlling

Ziel der EDV-gestützten operativen Controllingsysteme sind also die verbesserte Steuerung der jeweiligen Teilbereiche sowie die zuverlässige Information des Managements. Für die Einrichtung eines Bereichs-Controlling eignen sich viele Unternehmensbereiche (Bild 4.17), die teilweise miteinander verbunden sein können oder nicht.

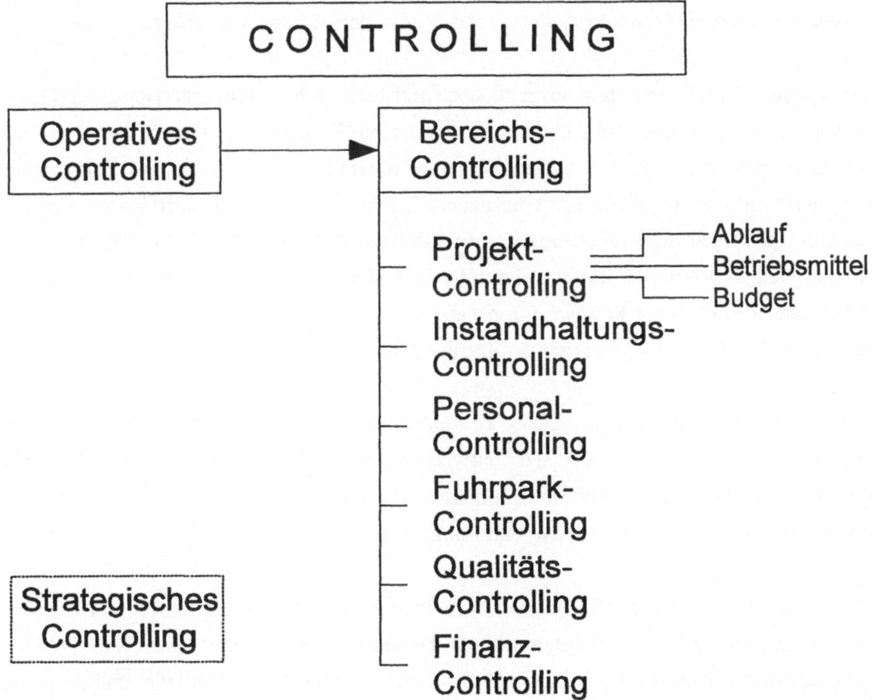

Bild 4.17   Durch Zusammenfassung von Teilsystemen des Bereichs-Controlling entsteht operatives Gesamt-Controlling.

Die gegenwärtigen Bemühungen der Bauwirtschaft beziehen sich darauf, ein leistungsfähiges operatives Controlling mit EDV-Unterstützung aufzubauen und zu erproben, insbesondere für die Projektsteuerung.

4.3.4 Baustellen-Controlling (Projekt-Controlling)

Da die Bauunternehmung als Summe ihrer ständig wechselnden Produktionsstätten (Baustellen) betrachtet werden kann, kommt es auf die Planung, Steuerung und Kontrolle dieser Baustellen maßgeblich an. Es ist ein Anliegen der bauausführenden Wirtschaft,

> möglichst frühzeitige und hinreichend
> genaue Führungsinformationen

über die Entwicklung der Baustellen und ihrer Ergebnisse zu erhalten. Dies tangiert nicht die spätere, überwiegend kaufmännische Aufarbeitung der Baustellendaten. Wenn die Oberbauleitung jedoch ausschließlich auf diese kaufmännische Datenauswertung angewiesen ist, kann es zu spät sein, um noch wirksame Gegenmaßnahmen einzuleiten bzw. Verluste zu vermeiden.

Die konsequente Projektsteuerung in zeitlicher (und technischer) Hinsicht ist schon Gegenstand vieler Untersuchungen und Publikationen gewesen. Es gibt auch eine Vielzahl von Lösungsansätzen und etliche gute Programmsysteme, deren Einsatz eine sichere Zeitprognose und bei konsequenter Anwendung auch die sichere Erfüllung von Vertragsterminen ermöglicht. Die Fachliteratur hierzu muß nicht erneut aufgelistet werden (vgl. [4.51], [4.52]). Zwar sind durch immer weitere Verbesserung der Methoden und Hilfsmittel immer sensiblere Instrumente entstanden, aber die Projekte können durch die Erfüllung von Zeitzielen allein noch nicht zu optimalen wirtschaftlichen Ergebnissen geführt werden.

Daneben gibt es völlig selbständige EDV-Programmsysteme für Kalkulation und Kostenüberwachung, die für sich betrachtet sehr weit entwickelt und in großer Zahl eingesetzt sind; aber auch sie erfüllen nicht die Aufgaben der optimalen Projektvorplanung und -steuerung: Sie sind nicht im Verbund mit der Ablaufplanung und führen ein Eigenleben.

Es gibt also eine Reihe von Insellösungen, die definierte Schnittstellen erhalten und zu einem Gesamtsystem zusammengefügt werden müßten. Dieses Obersystem mit seinen Verbindungen wäre das Baustellen-Controlling-System. Dafür gibt es bereits Denkmodelle und programmierte Lösungsversuche.

4.3.4.1 Baustellenkontrolle nach Gehri/Lessmann

M. Gehri von der ETH Zürich und H. Lessmann von der Universität Innsbruck haben 1987 einen Bericht über eine gemeinsame Untersuchung einer Münchener U-Bahnbaustelle verfaßt [4.49]. Sie wenden dabei das verfügbare Instrumentarium, insbesondere das der Ablaufplanung und -kontrolle mit Netzplantechnik konsequent an. Sie ergänzen eine Zuordnungsdatei, die jedem Vorgang (job) bestimmte Mengen beliebiger LV-Positionen zuordnet.

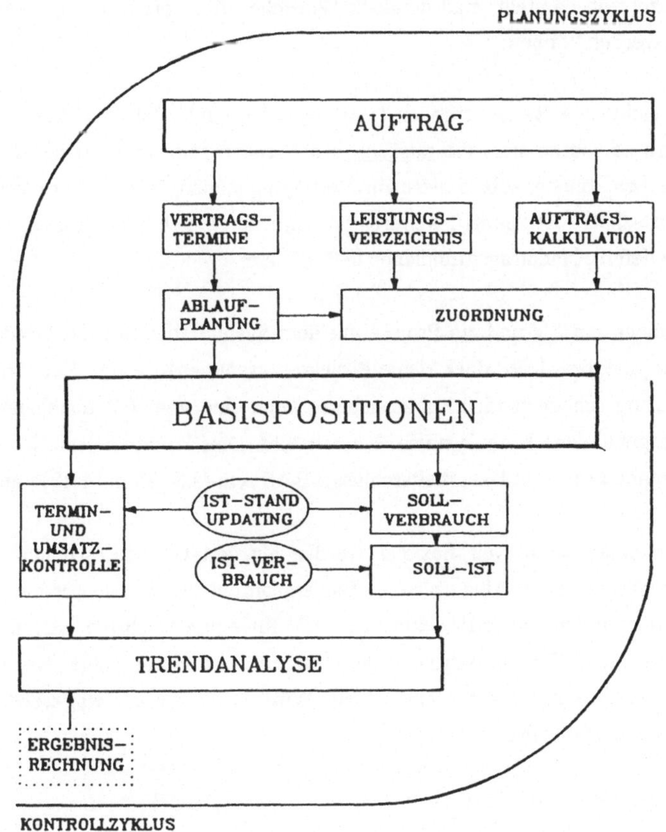

Bild 4.18   Flußdiagramm der Daten- und Informationsverarbeitung nach Gehri/Lessmann [4.49].

Mit der Tabelle der LV-Zuordnung ist jeder Vorgang inhaltlich sauber abgegrenzt; außerdem können aus der Auftragskalkulation die Kalkulationsansätze und Preise herausgeholt werden, so daß alle wichtigen Basisdaten für wirksame Planung und Kontrolle bereitstehen. Dem Sachkundigen werden die Prinzipien von Gehri/Lessmann sicherlich am deutlichsten mit Bild 4.18 vermittelt.

Auch mit der Art der Datenauswertung (z.B. der Unterscheidung von 7 Kostenarten im gesamten Konzept) und der Datenverdichtung zu Trends (Zeitreihen) sind wichtige neue Elemente der Baustellenkontrolle hinzugekommen.

4.3.4.2 Thesen zur Modellverbesserung von Gehri/Lessmann

Obwohl die von Gehri und Lessmann erprobte Anwendung der PC-Baustellenkontrolle die bisher beste Konzeption darstellt, sind dennoch Wünsche offen, die durch Erweiterungen im System realisiert werden können:

1.   Es genügt nicht, den Basispositionen (Vorgängen) irgendwelche LV-Mengen zuzuordnen, sondern es sollten stets die <u>tatsächlichen</u> Mengen sein, die von den LV-Ansätzen stark abweichen können, sobald diese zur Verfügung stehen. Nennen wir diesen Baustein "Mengenwirtschaft." Er kann zu weiteren wesentlichen Ergebnissen führen, wie Abrechnungsdaten liefern, Nachtragsgrundlagen liefern u.a.m.

2.   Es genügt nicht, <u>ein</u> LV und <u>ein</u> Projekt mit dem System abzuarbeiten, sondern es muß möglich sein, mehrere Lose oder kleine Projekte zusammenzufassen. Eine übergreifende Betriebsführung scheint jedoch nur gesichert, wenn eine vom LV unabhängige und an den Betrieb gebundene Datensystematik bereitsteht. Dies könnte beispielsweise der von Gehri/Lessmann kritisierte Bauarbeitsschlüssel BAS sein (s.S. 23 in [4.49] unten).

3.   Das System sollte noch weit flexibler werden als von G.ehri/Lessmann. vorgestellt: Jemand möchte nur einen Ablaufplan als Balkenplan haben, ein anderer möchte nur die Mengenabweichungen seines Projektes vom LV für einen Nachtrag wissen, ein dritter will Termin- oder Kostenkontrollen durchführen, ein vierter eine Nachkalkulation aufstellen. Allen könnte das System dienen. Wird es als ganzes eingesetzt, ist es ein Projekt-Controlling-System.

4.3.4.3 Projekt-Controlling nach dem Aachener Modell

Mit der Methodik nach Abschnitt 4.3.4.1 und den Forderungen nach 4.3.4.2 läßt sich das Konzept für ein größeres Modell rasch darstellen:

A.

Die "Mengenwirtschaft" sollte integraler Bestandteil des Controlling und der Arbeitsvorbereitung werden. Heute ist nicht auszuschließen, daß im Baubetrieb die Mengen bis zu fünfmal ermittelt werden (für Kalkulation, AV, Einkauf, Bauleitung, Abrechnung). Stattdessen sollte nur eine Stelle die Mengen rechnen, ob in der Zentrale oder dezentral ist dabei egal. Es würden Kostenersparnisse eintreten, und die Genauigkeit würde ansteigen; die Ergebnisse wären stets aktuell und so früh wie überhaupt möglich verfügbar. Dabei müßten die Werkpläne ausgewertet werden (z.B. mit CAD-Programmen) und die Aufmaße abgerechnet werden.

Der Ausdruck Mengenwirtschaft trifft dabei eher zu als Mengenermittlung, weil es oft nicht bei einer einmaligen Mengenberechnung bleiben kann, sondern diese muß sooft wiederholt werden, bis die Endwerte für die Schlußrechnung vorliegen. Dabei muß stets rekonstruierbar sein

– nach welchem Stand,
– aus welchen Unterlagen,
– mit welcher Methode (Formel)

die Werte gefunden wurden. Hochrechnungen aller oder Auswahlen einiger Mengenansätze werden häufig gebraucht. Eine geordnete Mengenverwaltung muß stattfinden im Sinne eines geordneten Informationssystems. Es gibt zwar viele Detailprogramme, also Insellösungen, für die aber der allumfassende Überbau sowie die Anbindungen an andere Programmsysteme wie Projektsteuerung, kaufmännische Auswertung usw. fehlen.

B.

Es besteht kein Dissens zu Gehri/Lessmann, daß die LV-Ordnung für die Projektsteuerung lebensnotwendig ist. Folglich ist die LV-Ordnung unverzichtbar.
Jedoch sehen die Verfasser sehr deutlich, daß das LV je nach Bauherr anders aufgebaut sein kann [4.49, S. 19]. Will die Unternehmung jedoch LV- und projektunabhängig sein, muß sie ihr eigenes Ordnungssystem dem LV überstülpen, d.h. alles zusammenfassen, was aus der Sicht des Betriebes gleichartig ist, und alles aufschlüsseln, was unterschiedlich ist.

Natürlich sind zum Aufbau der BAS-Ordnung weitere Eingaben erforderlich, die sich z.B. an die LV-Ordnung anlehnen bzw. diese ergänzen können. Während die LV-Ordnung vollständig ausgeführt werden muß, weil auch jede Bagatellposition auszuführen ist (außer den Wahl- und Alternativpositionen, die nicht zur Ausführung gelangen), kann sich die BAS-Gliederung und BAS-Erfassung auf die wesentlichen Positionen beschränken. Alle Lieferungen und Leistungen Dritter sind nach ihrer Vergabe an Nachunternehmer nur sehr wenig beeinflußbar und daher für die eigene Projektsteuerung uninteressant.

Es sollte aber sichergestellt sein, daß das System auch ganz ohne BAS-Ordnung einsetzbar ist,
wenn es beispielsweise einmalig für die ARGE eines Großprojektes benötigt wird.

C.

Die Frage der Flexibilität ist eine Angelegenheit des Datenhandling und der Schnittstellen. Dies
erfordert eine gute Grundkonzeption und später einen gewissen Reifegrad der Software sowie
der Anwendungsverfahren und des Erfahrungsaustausches.

D.

Die Philosophie des Projekt-Controlling-Systems, das eine wirksame Baustellenkontrolle gemäß Abschnitt 4.3.4.1 ermöglicht und darüberhinaus die weitergehenden Forderungen nach A
bis C erfüllt, müßte die folgende Struktur erhalten (Bild 4.19):

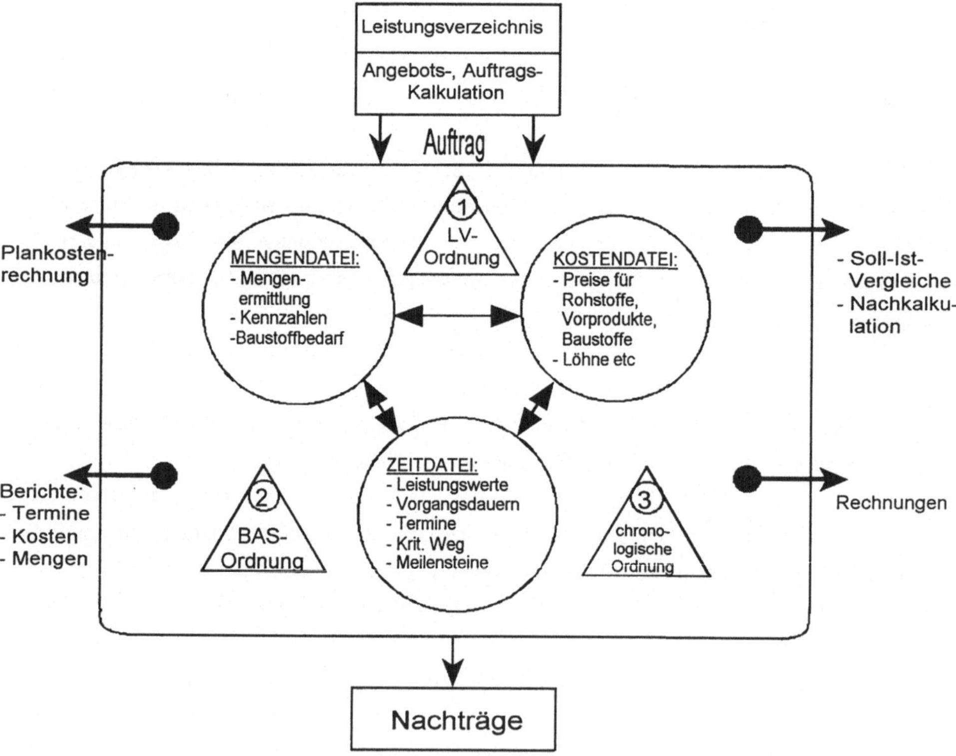

Bild 4.19   Input / Output-Dateien und Schnittstellen nach dem "Aachener Modell".

4.3.5 Unternehmens-Controlling

Da eine Bauunternehmung in erster Linie aus einer Anzahl Betriebsstellen, den Baustellen, besteht, läßt sich aus dem Projekt-Controlling durch Addition aller Daten rasch ein Unternehmenscontrolling entwickeln. Heitkamp und Termühlen haben bereits 1982 gezeigt, daß mit einer Ergebnisrechnung und einer Finanzrechnung alle wesentlichen Führungsdaten gewonnen werden können [4.48].

Projekt-Controlling und das darauf aufbauende Unternehmens-Controlling sollten ohne zusätzlichen Personalaufwand auskommen, indem alle bereits verfügbaren Daten benutzt und verdichtet und nur die unbedingt notwendigen Aufgliederungen und Abgrenzungen vorgenommen werden. Die Einführung eines Unternehmens-Controlling ist natürlich die letzte und höchste Stufe, wenn das Projekt-Controlling erfolgreich eingesetzt und der Betrieb optimal organisiert ist.

1.Phase: EDV - gestütztes Rechnungswesen
Integrierte EDV - Bearbeitung der Unternehmensrechnung und Kosten- und Leistungsrechnungs im Hause

↓

2.Phase: Controllingorientiertes Rechnungswesen
Ausrichtung und Erweiterung für die Zwecke des Controlling: Deckungsbeitragsrechnung, Mengen- und Zeitinformation, Zukunftsorientierung

↓

3.Phase: Teilcontrollingsysteme
Einsatz von auf lokale Effizienz ausgerichteten Teilcontrollingsystemen ("Vertikalvernetzung")

↓

4.Phase: Controllingsystem
Integriertes Controllingsystem zur Unterstützung aller Aufgabenbereiche der Unternehmensführung

Bild 4.20   Vom Baustellen-Controlling in vier Stufen zum Unternehmens-Controlling [4.50].

4.4 Qualitätsmanagement in der Bauunternehmung

4.4.1 Zum Stand der Qualitätssicherung im Bauwesen

Qualitätssicherung ist ein uraltes Problem der Bauwirtschaft: Die Bauausführung erfolgt dezentral und mit wenigen qualifizierten Aufsichtskräften. Alle Bauarbeiter, die nicht Zeichnungen lesen können, arbeiten auf mündliche Anweisung, d.h. Mißverständnisse oder sogar eigenwillige Abweichungen sind an der Tagesordnung. Wenn also nicht die Firmenleitung und die zuständigen Aufsichtsstellen auf Erfüllung der in den Normen und Bauverträgen geforderten Qualitätsvorgaben drängen, dann werden diese auch schwerlich erreicht.

Qualität ist nach DIN 55 350 die <u>Erfüllung gegebener Forderungen</u>. Dies ist jedoch ein weites Tummelfeld. Es betrifft die Baustoffe (Bindemittel, Güteklassen, Konsistenzen, Festigkeiten, Wärmedämmwerte, Oberflächenbeschaffenheit, Dichtigkeit, Rutschfestigkeit, Frostbeständigkeit u.a.m.), es betrifft aber im gleichen Maße die Bauweisen und die Herstellverfahren mit weiteren physikalisch meßbaren Größen wie Verdichtung, Maßtoleranzen, Zuverlässigkeit und Dauerhaftigkeit. Dabei sieht der Nutzer eines Bauwerkes die Qualität mit anderen Augen als der Hersteller. Der Betonbauer wird andere Maßstäbe an die Qualität seiner Produkte anlegen müssen als der Straßen- oder Kanalbauer und derjenige, der Erdstoffe verarbeitet (Verdichtung!) oder Felsarbeiten verrichtet. Qualität ist einerseits ständig neu zu definieren, andererseits stellt Qualität und die Qualitätserfüllung eine übergreifende zentrale Aufgabe der Unternehmensführung dar.

Was nützt es, wenn für ein Wohnhaus tüchtige Maurer eingesetzt werden, die lot- und maßgerechte Wände von hervorragender Qualität erzeugen, wenn die Fundamente schlecht gegründet oder minderwertig waren? Es werden Risse entstehen! Wird beim Estrich gepfuscht, entstehen Kältebrücken, sind die Fenster nicht gut eingedichtet, zieht die Wärme ab usw. Das schwächste Glied in einer Kette von miteinander verknüpften und verflochteten Vorgängen bestimmt die Qualität des Endproduktes. Manches ist zwar reparabel (wenn das Dach undicht ist, kann man es flicken); aber Minderqualitäten können häufig nur notdürftig nachgebessert werden, Undichtigkeiten können nicht mehr beseitigt und Setzungen möglicherweise nicht mehr zum Stillstand gebracht werden, wie z.B. beim schiefen Turm von Pisa.

4.4.2 Forderungen an die Qualitätssicherung

Natürlich haben viele Einzelteile oder Teilsysteme eines größeren Bauwerkes für sich betrachtet (Mindest-) Qualitätsanforderungen zu erfüllen. Dies sind aber nur <u>Versuche,</u>

die Qualität des Endproduktes insgesamt durch die Qualität der Komponenten des Systems in den Griff zu bekommen. Automatisch führt das aber nicht zum Ziel.

Die Maßnahmen von Bauwerken sind zu minimieren. Im Maschinenbau sind wegen der stationären Bearbeitung und der eingesetzten Präzisionswerkzeuge wesentlich kleinere Toleranzen üblich als im Bauwesen. Immer dort, wo der Bau und der Maschinenbau in Verbindung kommen, werden kleine Toleranzmaße von den Bauleuten verlangt, z.B. bei Aufzügen, Rolltreppen, Fassadenelementen oder im Stahlwasserbau. Diese können mit modernen Präzisionsmeßgeräten und durch Präzisionsmeßarbeiten erfüllt werden (Laser, optische Lotung, Präzisionsnivellements usw.), erfordern aber gleichzeitig sorgfältigeres Arbeiten, häufigeres Messen bzw. zusätzliche Kontrollen.

Im Wohnungsbau sind aber auch heute noch nicht alle Wände im Lot, alle Decken horizontal und alle Bauteile rechtwinklig, die rechtwinklig geplant waren. Kleine Unregelmäßigkeiten werden mit Spachtelmasse oder Putz ausgeglichen. Ein geflügeltes Wort lautet: "Kitt und Leim macht dem Tischler die Arbeit fein." Nicht wenige Bauleute leben mit ähnlichen Grundsätzen. Ich glaube nicht, daß unbedingt Nachlässigkeit die Ursache für diese Erscheinung sein muß, sondern eher zu geringe Ausbildung. Dadurch geht hier und da etwas schief, was man eben mit den besagten Hilfsmitteln korrigieren muß.

Höhere Qualität erfordert grundsätzlich auch einen höheren Preis; hier sind aber alle jene Fälle angesprochen, wo durch nochmaliges Abloten oder Nachmessen oder Selbstkontrollen der Fehler rechtzeitig aus der Welt geschafft werden könnte, ohne daß sofort eine höherrangige Bautechnik eingesetzt werden muß.

Insgesamt ist aber der Qualitätsstandard der Baubetriebe heute weit höher als zur Zeit unserer Väter, da Vorfertigung und Montagesysteme sowie anspruchsvollere Techniken (wie etwa der Spannbeton) dies verlangen.

Überwiegend ist die Materialherstellung und der Materialeinbau nicht in einer Hand, so daß die Qualität des gelieferten Materials genau definiert sein und über die gesamte Bauzeit gleich bleiben muß (Transportbeton, bituminöses Mischgut, Betonstahl, Bauholz, Mörtel, Steine). Es gibt rund 40 Hauptbau- oder Bauhilfsstoffe, von denen jeder eine Vielzahl von Gütekriterien und Versagensmöglichkeiten besitzt. Gleichbleibende Materialgüten sind sicherzustellen.

Zum Schutz des Anwenders und des Auftraggebers wurden Güterichtlinien, Zulassungen oder Typenprüfungen (für Baumaschinen) eingeführt, die ständig fortentwickelt und angepaßt werden. Dahinter stehen Materialprüfungen und Prüfsysteme, die auf Eigen- und/oder

Fremdüberwachungen aufbauen, viel Geld kosten und nationale wie internationale Unterschiede aufweisen. Im Prinzip sind dies moderne Ausformungen der Grundsätze von Handwerk und Zünften, mit praktikablen Regeln für das Industrielle Bauen unserer Tage mit vielen ungelernten Arbeitskräften.

Aus alledem wird sichtbar, daß die Bauwirtschaft sich von jeher um hohe Qualität der Stoffe und Vorprodukte bemüht hat und solche Prüfsysteme zur eigenen Sicherheit auch weiterhin benötigt. Wenn neue Baustoffe oder neue Ideen auftauchen z.B. Recyclingmaterial aufzubereiten und wiederzuverwenden, dann sind die Baustofflaboratorien und die Baustoffwissenschaftler aufgerufen, deren Güte und Qualität sicherzustellen, hierfür Prüfverfahren und Richtlinien zu entwickeln und eine Einordnung in das bereits bestehende System der Baustoffe zu ermöglichen. Solche Spielregeln sind wichtige Voraussetzungen für die spätere Bauausführung im Betrieb oder auf der Baustelle.

4.4.3 Zur Entstehung der Fehler und Mängel

Nur Fehlerquellen und Schwachstellen, die bekannt sind, lassen sich ausschalten. Eine Fehlerquelle ist die Beteiligung verschiedener Stellen und Experten an einem Projekt. Sie haben jeweils unterschiedlichen Informationsstand und geben einen gewissen Teil davon als Gutachten, Berechnung, Plan oder Liste an andere weiter. Koordination und Kommunikation sind oft zu stark von Zufällen und von Personen beeinflußt. Hier liegen bei jedem Bauvorhaben Chancen für eine bessere, d.h. frühere und vollständige Abstimmung mit dem Ziel der Qualitätsverbesserung.

Wer hat eigentlich noch nicht erlebt, daß Schalplan und Bewehrungsplan nicht übereinstimmen? Dann laufen die Telefone heiß, wenn die Differenzen auf der Baustelle kurz vor der Ausführung entdeckt werden. Ähnlich ergeht es mit den Aussparungen: Entweder sie sind zu klein oder sie sind zu groß (das verteuert das Schließen der Öffnungen) oder sie liegen nicht in der Flucht bzw. Trasse. Die Kunst des Bauleiters besteht mitunter darin, die Stemmstunden so zu verstecken, daß weder der Planer, noch der Statiker, der Prüfingenieur oder ein weiterer Fachingenieur dem Auftraggeber als besonders oberflächlich auffällt. Jeder deckt jeden, weil ihm möglicherweise auch einmal etwas mißlingt, was nicht an die große Glocke gehängt werden soll.

Man soll aber nicht gegen den Corpsgeist der Bauleute zu Felde ziehen, sondern über ein besseres Zusammenwirken von Planung und Ausführung nachdenken. Eine Untersuchung, die nicht aus der Bauwelt stammt, kann hier nützlich sein (Bild 4.21): Danach entsteht die

Großzahl der Fehler während der Planung bzw. Konstruktion, nur ein kleinerer Teil bei der Ausführung.

Die Fehlerbehebung beginnt zwar sehr früh in der Planungsphase und setzt sich bei der Ausführung fort, hat aber ihren Schwerpunkt erst bei der Schlußprüfung und während des Gebrauches.

Natürlich hat nicht jeder Fehler gleiches Gewicht. Selbst wenn sich im Bauwesen die Verhältnisse ein wenig anders darstellen sollten und möglicherweise mehr Fehler bei der Ausführung entstehen und weniger bei der Vorplanung, so ist dennoch eine bessere Planung und ein größerer Planvorlauf für eine Qualitätssteigerung besonders wichtig. Die Bauausführung alleine kann nur einen gewissen Teil der Fehler erkennen und beheben. Ein wesentlich größerer bleibt unentdeckt. Für alle anspruchsvollen Bauvorhaben sollte daher eine Prüfplanung vorgeschaltet werden, bevor die Ausführung beginnt. Bessere Planungsmethoden und systematische Kontrollen wären der richtige Weg, um die Übereinstimmung aller Maße und Pläne und deren Endgültigkeit sicherzustellen. EDV und CAD können hierfür geeignete Hilfsmittel sein. Dies ist neben vielen anderen ein aussichtsreicher Denkansatz für Fehlervermeidung und Qualitätssteigerung.

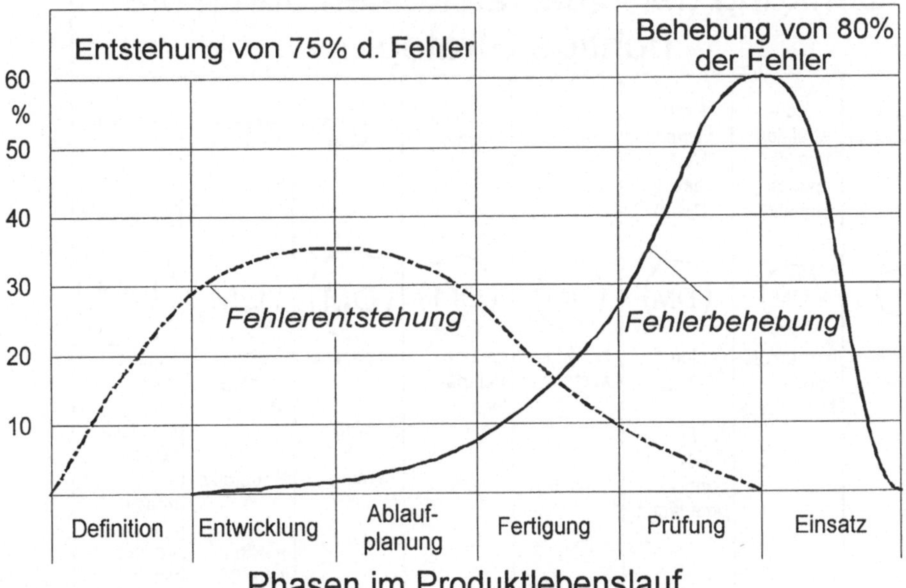

Bild 4.21   Fehlerentstehung und Fehlerbehebung in der stationären Industrie (nach Jahn und Morawietz).

4.4.4 Qualitätssicherung und Qualitätssicherungssysteme

Auch wenn "das Bauen" ein vielseitiger und heterogener Vorgang mit vielen Detailregeln ist, lassen sich dennoch allgemeine Forderungen für eine Qualitätssicherung bei der Bauausführung formulieren:

1. Objektive Qualitätsmaßstäbe sind erforderlich.
2. Bei Qualitätseinbußen ist Ursachenermittlung notwendig, ggf. auch rückwirkend.
3. Schnelle Information zur Qualitätsbeeinflussung ist wichtig.
4. Direkte Einwirkung am Entstehungspunkt der Qualität ist betrieblich zu gewährleisten.
5. Jeder Eingriff muß unter wirtschaftlichen Gesichtspunkten erfolgen.

Alle Experten sind sich darin einig, daß Qualitätssicherung nur funktioniert, wenn sie gemäß der Forderung drei frühzeitig stattfindet. Wildemann hat diese Aussage in eine grafische Form gekleidet (Bild 4.22). Stets am teuersten ist eine Qualitätsnachbesserung, wenn erst der Kunde den Mangel feststellt und reklamiert.

Senkung der Qualitätskosten durch die richtige Strategie

F + E Aktivitäten	Kon-struktion und Ver-suchs-muster	Proto-typen (Vorbe-reitung Serie)	1. Arbeits-gang	2. Arbeits-gang	Montage-ende	Ausgangs-Kontrolle	Kunden
(DM)	(DM)	(DM)	(DM)	(DM)	(DM)	(DM)	(DM)
Entwurfs-änderung	Konstruk-tions-änderung	Änderung Prototyp Änderung Ferti-gungs-unterlagen	Material-kosten	geringe Verspä-tung	Reparatur Auftrags-neuein-planung	Liefer-verzöge-rung Reparatur zusätz-liche QS	Verzugs-kosten Vertriebs-kosten Image Verlust von Markt-anteilen

Bild 4.22　Je später ein Fehler erkannt wird, desto höher sind die Kosten der Qualitätssicherung (nach Wildemann).

Qualitätssicherung bedeutet aber nicht nur, die geforderten Maße und Eigenschaften des Produktes selbst sicherzustellen, sondern die Kundenerwartungen voll zu erfüllen. Insbesondere Danzer [4.61] wird nicht müde, diesen Zusammenhang zu betonen: Kundenzufriedenheit verbessere das Image, hohes Image sei Markterfolg und Markterfolg bringt Unternehmenserfolg. Zur Qualitätssicherung gehört also auch die Bauabwicklung in der vereinbarten Weise. Verspätungen sind demnach Qualitätsminderungen, über die logische Kette Imageverlust, Markteinbußen und Ergebnisverschlechterungen.

Die Arbeitsvorbereitung (AV) ist in der Bauwirtschaft zwar hoch angesehen, wird aber nur wenig bzw. oberflächlich praktiziert. Liegt das daran, daß zuallererst die Kosten der AV gesehen werden, der Erfolg aber nur schwer meßbar ist? Es ist jedoch schlechterdings nicht vorstellbar, daß ein Betrieb sich mit Qualitätssicherung beschäftigt, ohne zunächst systematische AV für alle Baustellen zu betreiben. Denn Improvisation kann nur durch Planen und geplantes Handeln zurückgedrängt werden. Gleichbleibende Qualität kann aber keinesfalls durch Improvisation bewirkt werden.

Wird aber die Qualitätssicherung (QS) zielstrebig, regelmäßig und systematisch betrieben, dann kann man mit Recht von einem <u>QS-System</u> sprechen. Ein solches System funktioniert jedoch nur, wenn es richtig konzipiert wird und wenn das geeignete Fachpersonal zur Verfügung steht.

Das Personal kann aber nicht von außen gewonnen, sondern nur durch geeignete Qualifikation aus dem Betrieb heraus aufgebaut werden. Durch diese Qualifikation soll nicht nur Wissen, Verständnis für Zusammenhänge und/oder mehr technische Fertigkeit erworben werden, sondern vor allem die Motivation für mehr Qualität bis hin zu einem Markenbewußtsein. Denn Qualitätssicherung muß nicht in jedem Fall heißen, mehr Überwachung, mehr Kontrolle und zusätzliche Kosten; wenn der Wille zu mehr Qualität vorhanden ist, kann mehr Aufmerksamkeit und Sorgfalt schon die erste Stufe der Qualitätssicherung bedeuten.

Sogenannte QS-Systeme sind durchgängige Konzepte eines Betriebes anstelle der heute zur QS vorhandenen Insellösungen. Durch die ISO-Normen 9000-9004 ist die stationäre Industrie schon heute gezwungen, Systeme zur Qualitätssicherung zu entwickeln und sich hierüber Zertifikate (sog. Audits) geben zu lassen. Die Bauwirtschaft wird diesem Weg ebenfalls folgen müssen.

Betrieblich läßt sich dies wohl am besten umsetzen, indem alle Linienstellen selbst Qualitätskontrollen durchführen und indem eine QS-Revision zur Überwachung des Ganzen eingerichtet wird. Damit wird man der Forderung nach frühzeitiger Korrektur bei Fehlern und

Abweichungen gerecht, da jeder an der Fehlerentstehung selbst für die Abhilfe verantwortlich wird. Natürlich wird das alles nicht erfolgreich sein ohne Verbesserungen von Information und Kommunikation auf allen Ebenen.

4.4.5 Qualitätszirkel

Allseits wird die Einrichtung von Qualitätszirkeln zur Hebung des Qualitätsstandards empfohlen. Dies ist ein Trainingsinstrument auf der operativen Ebene des Betriebes: Ein ausgewählter Kreis von Mitarbeitern kommt regelmäßig zusammen und diskutiert unter sachkundiger Anleitung ("Moderation") spezielle Qualitätsprobleme. Die Analysen werden mit einem sog. "Fischgrätdiagramm" (Bild 4.23) vorgenommen, das ein gewisses Ordnungsschema liefert. Die Haupteinflußfaktoren auf Qualität sind

- Mensch,

- Material,

- Maschine,

- Methode und

- Umgebung.

Der letzte Punkt hat zwar bei jeder Art von Bautätigkeit große Bedeutung, ist aber kaum beeinflußbar.

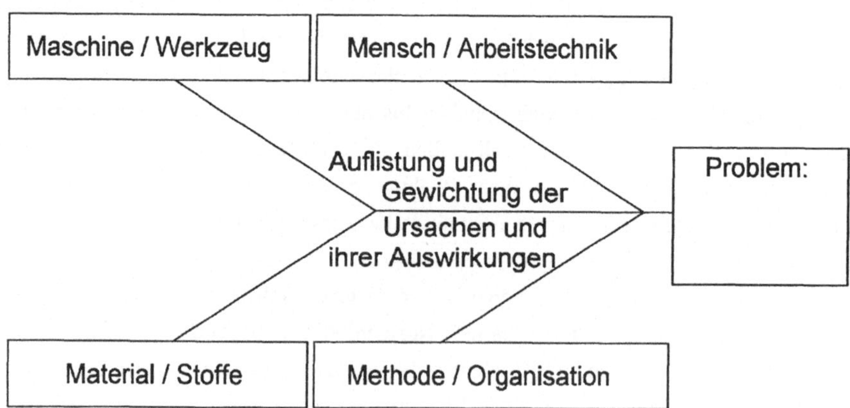

Bild 4.23   Fischgrätdiagramm als Ordnungsschema für die Fehlerursachen.

Die Arbeitsweise dieser Qualitätszirkel ist den klassischen Wertanalysen sehr ähnlich: Alle möglichen Handlungsalternativen werden gesammelt, gewichtet und begutachtet, um schließlich die geeignetste im Betrieb umzusetzen. Ganz analog werden hier alle Fehler- und Versagensquellen gesucht und registriert, um daraus Arbeitsanweisungen, Checklisten oder sonstige konkrete Maßnahmen zu entwickeln.

Für den Erfolg eines Qualitätszirkels kommt es maßgeblich auf die sachkundige Leitung an. Zunächst mag ein fachfremder externer Seminarleiter diese Aufgabe erfolgreich beginnen. Auf längere Sicht müssen aber kompetente Persönlichkeiten mit guten Detailkenntnissen der Arbeitsprozesse diese Aufgabe übernehmen.

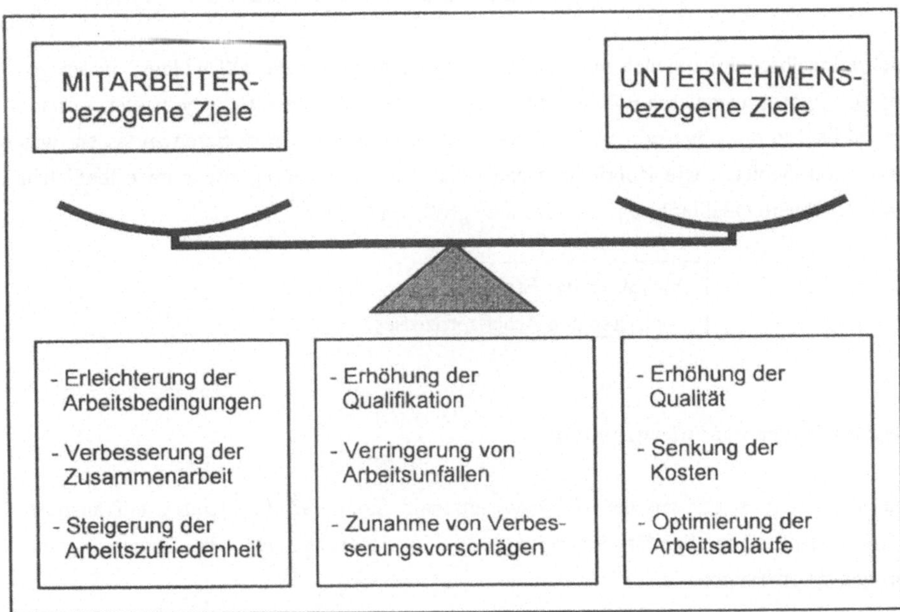

Bild 4.24   Ziele der Qualitätszirkel (nach Bornemann).

Der Qualitätszirkel ist aber mehr als nur ein Weg zu mehr Qualitätsbewußtsein unter den Mitarbeitern: Es ist ein zeitgemäßes Instrument der Personalführung und Personalentwicklung (Bild 4.24), natürlich nicht das einzige.

4.4.6 Qualitätssicherung als Ziel der Unternehmensführung

Ein Betrieb (ob groß oder klein), der gleichbleibende Qualität und Präzision erzielen will, muß einen hohen Organisationsstandard und eine gefestigte Marktposition haben. Der optimale

Einsatz der Produktionsfaktoren Kapital und Arbeit darf für solche Betriebe kein Thema mehr sein sowie auch die folgenden Punkte:

–   das Rechnungswesen wird allen Ansprüchen gerecht, einschließlich Finanzplanung und Liquiditätskontrolle,

–   Aufbau- und Ablauforganisation arbeiten ohne Reibungsverluste,- die Personalführung ist auf dem Stand der Zeit,

–   es wird rationell und zukunftsorientiert investiert,

–   EDV und ein straffes Informationswesen sind erfolgreich erprobt,

–   die Logistikprobleme (einschl. AV) sind bewältigt,

–   die Geschäftsführung ist fachlich gut besetzt und hat keinen akuten Auftragsmangel.

Ein solcher Idealbetrieb kann sich mit ganzer Kraft den Aufgaben der QS widmen, in ein geeignetes QS-System investieren und sein Informationswesen für diese Belange weiter ausbauen. Es wird bald in der Lage sein, sich höhere Qualität vom Markt honorieren zu lassen, was bei bestimmten Gebieten wie Rohrleitungsbau oder Deponiesanierung sogar im öffentlichen Interesse ist. Höhere Qualität bringt dem Kunden größeren Nutzen.

> Qualität ist das Ergebnis eines voll
> beherrschten Arbeitsprozesses

4.5 Logistik in der Bauunternehmung

Logistik ist ein alter Begriff aus der Militärwissenschaft. Sie umfaßt Probleme wie Transport, Nachschub, Verpflegung, Sanitätsversorgung, Munitionslagerung sowie die Bewegung und Unterbringung von Truppen.

Später hat der Ausdruck Logistik in die amerikanische Managementlehre Eingang gefunden und wird heute auf alle Arten betrieblicher Distributionssysteme angewandt. Es besteht weitgehend Konsens in der BWL, daß die Logistik kein selbständiges System im Betrieb ist, sondern eingebettet in fast alle übrigen Teilbereiche zu betrachten ist: So kann beispielsweise die Gestaltung eines Produktes die Art der Verpackung, des Transports und der Lagerung maßgeblich bestimmen und umgekehrt können Forderungen der Logistik sich bis hin zur Produktgestaltung auswirken.

Andererseits ist die Logistik längst eine eigenständige wissenschaftliche Disziplin geworden, die eben weit mehr umfaßt als nur Transportieren - Lagern - Montieren usw.

Die Bauwirtschaft ist bei der Entwicklung neuer Logistikprinzipien nie sehr eifrig gewesen. Abgesehen von Berichten über die Versorgung großer Auslandsbaustellen (vgl. [4.81] und [4.86]) ist nichts bekannt geworden. Der Maschinenbau war demgegenüber viel fleißiger und hat heute geschlossene Theorien anzubieten.

> CAM - Computer Aided Manufacturing
> CIM - Computer Integrated Manufacturing
> JUST-IN-TIME - Prinzipien
> KANBAN u.a.m.

Sicher werden nur kleine Teile dieser anspruchsvollen Thesen und Gedanken letztlich in die Praxis umgesetzt; aber schon die bloße Diskussion darüber bringt neue Entwicklungen ingang, die möglicherweise noch effizienter sind als die genannten Theorien und Modelle.

Die Bauwirtschaft muß ihre eigenen Logistikansätze finden, die der bauwirtschaftlichen Produktion dienen sollen und diese verbessern helfen. Die Diskussion wird wesentlich erleichtert, wenn man die vier folgenden Logistik-Teilbereiche unterscheidet

- Beschaffungslogistik,
- Betriebslogistik,
- Produktionslogistik und
- Vertriebslogistik.

Da mit der Bauwerkerstellung der Werkvertrag durch Bauunternehmer und Bauhandwerker erfüllt ist, entfällt der ansonsten sehr bedeutsame Zweig des Vertriebes und der Vertriebslogistik vollständig. Die drei übrigen Bereiche sind miteinander verflochten, wie in Bild 4.25 speziell gezeigt. Diese Logistikbereiche bedürfen der genauen inhaltlichen Bestimmung. Sie waren von jeher zentrale betriebswirtschaftliche Anliegen der Baufirmen, wenn auch oft unsystematisch und eher pragmatisch als geordnet und zentral durchdacht. Sicher ist das Vordringen des Computers in allen Betriebsbereichen ein Anlaß, dies zu ändern.

Da die Bauwirtschaft die Hauptquelle für Bauabfälle sowie Baurestmassen ist und da die Gesellschaft wie auch die Gesetzgebung ständig empfindlicher gegen Abfälle und deren Ablagerung geworden ist, muß dieser Bereich heute von den Baufirmen gründlich durchdacht und organisiert werden. Da manche der Stoffe der Wiederverwertung zugeführt werden können (Recycling), haben die Baufirmen hier auch erheblichen unternehmerischen und logistischen Spielraum. Dieses Feld wird hier als "Entsorgungslogistik" berücksichtigt.

Bild 4.25   Die klassischen Logistikbereiche in der Bauunternehmung (nach [4.89]).

4.5.1 Die Beschaffungslogistik

Die Beschaffungslogistik beschäftigt sich mit allen Produktionsmitteln und Komponenten, die außerhalb des Betriebes beschafft werden müssen, also von den Beschaffungsmärkten herangeholt werden (vgl. Abschnitt 1.2):

1.   Das Personalwesen hat im Rahmen der Logistik die Aufgabe, das Personal gemäß der Anforderung der Arbeitsvorbereitung kostengünstig und mit der richtigen Qualifikation heranzuschaffen.

2.   Markterkundung ist die ständige Suche nach neuen (besseren) Baustoffen, Vorprodukten und Bautechniken sowie nach akzeptablen Lieferbedingungen und kostengünstigen Transportmitteln.

3. Einkauf ist der rechtliche und faktische Vollzug der Beschaffungsentscheidungen. Mit Erfahrung und einem guten innerbetrieblichen Informationssystem lassen sich fast immer Rabatte oder Rückvergütungen durchsetzen.

4. Die Qualitätsprüfung der Vorprodukte ist in vielen Fällen mit der Beschaffung von Zulassungen und Güteprüfungen identisch, wird aber in zunehmendem Maße in betriebseigenen Labors nachvollzogen.

4.5.2 Die Betriebslogistik

Die Betriebslogistik ist gleichbedeutend mit der "Infrastruktur" des Betriebes, die die Betriebsbereitschaft sichert. Gesunde Betriebe haben eine entsprechend leistungsfähige Basis zur Versorgung der Baustellen (Betriebsstätten). Gemeint ist die Bereitstellung von geeigneten Baumaschinen, Anlagen und Hilfsgeräten (Gerüsten, Schalungen etc.). Dabei können Dienste mit angeboten werden wie beispielsweise Auf- und Abbau von Kränen, Fuhrleistungen, Schalarbeiten, Stahl biegen und verlegen, Maschineninspektionen u.a.m.

Ein leistungsfähiges <u>Magazin</u> (Zentralmagazin) dient der ausreichenden Bevorratung von Verbrauchsmaterial (Nägel, Schrauben, Kleinwerkzeugen) sowie von Ersatzteilen (Dichtungen, Schläuchen, Austauschaggregaten) und dient als Puffer für rabattorientierte Großeinkäufe. Wetterschutzkleidung, Gummistiefel, Helme und Arbeitshandschuhe sollten nicht in Kleinmengen, sondern möglichst für die ganze Saison bestellt werden und sind ebenfalls einzulagern.

Die <u>Werkstätten</u> (Zentralwerkstätten) sind heute kleiner als früher, da im Inland der Kundendienst der Maschinenhersteller gut entwickelt ist. Der Nutzen von eigenen Werkstätten liegt aber in der relativen Unabhängigkeit des Betriebes von Dritten. Wenn aber Werkstätten gebaut und betrieben werden, müssen sie modern und äußerst leistungsfähig ausgestattet sein. Die Ziele für die Führung einer eigenen Werkstatt sollten in der Reihenfolge

– größtmögliche Verfügbarkeit aller Großgeräte,
– qualitativ absolute Zuverlässigkeit und
– kostengünstiger als Fremdreparaturen

verfolgt werden. Die Werkstätten sollten so gut ausgestattet sein, daß sie der Nachwuchsausbildung dienen können.

Die <u>Lagerplätze</u> nehmen nicht benötigte Maschinen und Hilfseinrichtungen auf, seltener überschüssiges Baumaterial (nur wenn dieses knapp oder besonders teuer ist). Der Standort der Lagerplätze ist das erste wichtige Optimierungsproblem (gute Verkehrsanbindung!). Kranausstattung ist zur Senkung der Be- und Entladekosten unbedingt erforderlich. Arbeitsplätze zum Reinigen von Schalung, Holz oder Walzstahlprofilen sowie zum Sortieren nach Längen bzw. Dimensionen sind erforderlich. Auch der ganze Troß der Baustellen wie Baracken, Container, Bauwagen, Kompressoren muß geeignet gelagert werden. Man rechnet etwa 75 m² Fläche je 1 Mio. DM Umsatz.

Magazin, Werkstätten und Lagerplatz werden gern kombiniert, mit den entsprechenden Sozialeinrichtungen versehen und eingezäunt. Es handelt sich dabei um eine größere Zahl von Dauerarbeitsplätzen. Beispielsweise hat die Bauunternehmung PORR AG in Wien 1990 einen neuen Zentrallagerplatz mit 10 ha Nutzfläche in Betrieb genommen (Bild 4.26).

Da die benötigten Grundstücke schnell sehr große Flächen erreichen, wird es nur in wenigen Fällen gelingen, <u>Nebenbetriebe</u> wie Schlosserei, Schreinerei, Stahlbiegerei oder Schalungsvorfertigung dort mit unterzubringen. Auch werden gerne <u>Wohnunterkünfte</u> im Gelände der Lagerplätze oder in nicht zu großer Entfernung angelegt, damit bei Terminengpässen im Schichtbetrieb oder mit Überstunden gearbeitet werden kann.

Die Frage ob ein Zentralplatz vorteilhafter ist oder mehrere kleine dezentrale Anlagen, wird wohl kaum unter rein wirtschaftlichen Aspekten zu beantworten sein. Meist ist aus der Tradition heraus eine Lösung vorhanden, die allenfalls durch kommunale Gewerbeauslagerungen bereinigt werden kann. Oberster Gesichtspunkt wird stets die Frage der Personalführung und der Aufsicht sein, weil kleine abseitige Lagerplätze sehr rasch hohe Kosten bewirken können. Wenn nicht alle Aktivitäten an einer Stelle zusammengefaßt werden können, dann sollte entweder fachlich/technisch sauber getrennt werden (durch Spezialisierungen) oder alle lohnintensiven Bereiche sollten unter einem Dach konzentriert werden, so daß die anderen Plätze als Außenstellen fungieren.

Die eigene <u>Rohstoffbasis</u> und Baustoffversorgung ist ebenfalls im Rahmen der Betriebslogistik ein sinnvolles Unternehmensziel, das leider nur in den seltensten Fällen erreicht wird. Kiesgruben, Steinbrüche, Sägewerke sind meist in festen Händen. Die Beton- oder Asphaltmischwerke haben sich zu Gemeinschaften zusammengeschlossen. Die großen westdeutschen Baukonzerne haben aus ihren Versäumnissen gelernt und als erstes Baustofferzeuger aus dem Nachlaß der DDR erworben. Die mittelständischen Betriebe haben oft ein Standbein in der Rohstofferzeugung, dieses ist dann aber zumeist weniger für die eigene Baufirma bestimmt, sondern stellt vielmehr einer selbständigen Geschäftszweig bzw. ein Profitcenter dar.

Ein neuer Weg der Rohstoffversorgung ist die Wiederaufarbeitung von Bauschutt und Straßenbaustoffen in Recyclinganlagen. Auch hierbei haben meist die regionalen Betriebe die Nase vorn.

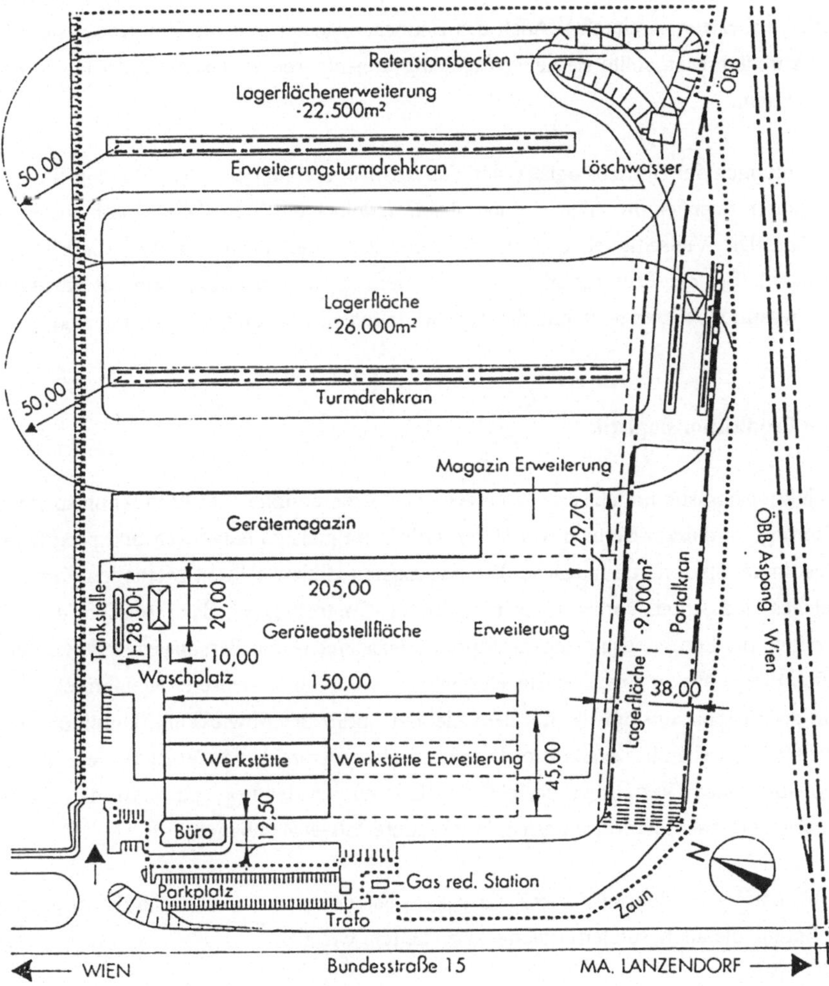

Bild 4.26   Zentraler Lagerplatz der PORR AG Wien an der B 15 mit Gleisanschluß (1. und 2. Ausbaustufe).

Die Automatisierung und der Robotereinsatz schreiten auch im Bauwesen allmählich voran. Sie sind eher der Betriebs- als der Produktionslogistik zuzurechnen und heben deren Bedeutung weiter an (Verbesserung der Infrastruktur). Andererseits wird die Verzahnung dieser Teilbereiche deutlich (Pfeilverbindung in Bild 4.25).

Jeder Teil der Betriebslogistik und jede beschriebene Einrichtung muß individuell dimensioniert und entwickelt werden, ebenso die von Zeit zu Zeit notwendigen Modernisierungen oder Vergrößerungen. Diese Dinge sind außerhalb der operativen Tagesgeschäfte zu erledigen und sollten stets unter Einschaltung von Spezialisten erfolgen (Steuerberater oder Wirtschaftsprüfer, Unternehmensberater, Architekt). Auch das Bauordnungsamt und die Gewerbeaufsicht haben dabei mitzureden. Man sollte sie lieber frühzeitig konsultieren als später Änderungen vornehmen zu müssen.

Die Einrichtungen der Betriebslogistik sind das Aushängeschild der Unternehmung. In sie muß in guten Jahren reichlich investiert werden, damit man in schlechteren Zeiten von der Substanz zehren kann. Die Vielseitigkeit der Einrichtungen ist schier unbegrenzt (Fuhrpark, Vorfertigungen usw.). Bei der Entwicklung und Verbesserung ist stets große Sorgfalt anzuwenden, weil die Investitionskosten hoch und die Auswirkungen von Natur aus langfristig sind.

4.5.3 Die Produktionslogistik

Die Produktionslogistik umfaßt die Planungen und Vorbereitungen der Produktion sowie deren Durchführung. In diesem Bereich wurde vermutlich am meisten entwickelt und programmiert, zumindest in der stationären Industrie. Die wichtigsten Hilfsmittel und Methoden dieses Logistikbereiches sind Arbeitsvorbereitung und Projekt-Controlling (s. dazu Abschn. 4.3). Hierdurch werden die Fertigungsabläufe strukturiert, Maschinen- und Personaleinsätze vorbereitet, Baustoffabrufe getätigt u.a.m. Das Einzelprojekt oder ein Paket mehrerer Kleinprojekte ist Gegenstand der Produktionslogistik, mit dem Ziel der optimalen Abwicklung (Durchführung) aller Projekte; Nachteilen bei einem Projekt müssen also entsprechende Vorteile bei einem anderen gegenüberstehen. Vermutlich besteht der Hauptnutzen der Logistik darin, den Egoismus jeder einzelnen Betriebsstätte zugunsten des Gesamterfolges abzubauen.

Natürlich steht der Produktionslogistik ein Paket geeigneter betriebswirtschaftlicher Methoden zur Verfügung, die auch Sonderprobleme lösen helfen, wie z.B.

- Netzplantechnik,
- Transportplanung,
- Mischungs- und Verschnittoptimierung,
- Tourenplanung,
- Planung von Produktionsprogrammen und -reihenfolgen

und viele andere mehr, auf die hier nicht eingegangen wird, weil die Einzelheiten den Rahmen sprengen würden. Die Spezialliteratur liefert hierzu hinreichende Informationen.

Eindeutig gehört jedoch jede Art der strategischen Planung (Marktüberlegungen, Investitionsplanungen usw.) nicht zur Produktionslogistik.

4.5.4 Die Entsorgungslogistik

Spätestens seit bekannt geworden ist, daß brisante Abfälle quer durch Europa transportiert werden (von Nord nach Süd und von West nach Ost), muß die Bauwelt aufgeschreckt sein. Sie ist mit 108,9 Mio. t der größte Abfallerzeuger aller Branchen der deutschen Volkswirtschaft (Bild 4.27). Natürlich ist der überwiegende Teil dieser Abfälle Bauschutt und als solcher nach einer entsprechenden Sonderbehandlung wieder verwendbar.

Sorgen bereiten bereits heute

- der zu knappe Deponieraum,
- die ständig steigenden Kosten,
- der wachsende Bürokratismus nach dem Abfallgesetz v. 27.06.1986 und
- die schleppenden Genehmigungsverfahren für Recycling-Anlagen.

Da unser Siedlungsraum seit altersher dicht bevölkert und bebaut war, sind die Deponieflächen weitgehend erschöpft. Die Bevölkerung duldet heute keine Deponien vor der Haustüre mehr, weil die Lärm-, Geruchs-, Verkehrs- und weiteren Belästigungen unerwünscht sind.

Bauschutt umfaßt je nach Herkunft die folgenden Stoffgruppen: Erdreich, Beton, Betonstahl, Ziegel, Fliesen, Kalksandstein, Mörtel, Gipsplatten, Blähton, Holz, Leichtbauplatten, Sand, Kunststoffe, Bitumen, Teer, Pappe, Papier, Farben und Klebstoffe. Die mineralischen Bestandteile überwiegen dabei meistens die organischen.

Bauschutt ist zu unterscheiden von Baustellenabfällen wie sie bei Haus- und Wohnungssanierungen anfallen können. Neben den gleichen Stoffgruppen können diese weitere organische Reste und Sperrmüll aller Art enthalten, so daß eine Behandlung des Abfalls nach § 4 Abfallgesetz nur in einer Abfallentsorgungsanlage vorgenommen werden darf.

Wenn die Bauindustrie nicht gänzlich von der Entwicklung der Entsorgungskosten abhängig werden und keine Nachteile im Bauwettbewerb erleiden will, muß sie selbst Lösungen der

Baureststoffe finden. Baustoff-Recycling-Anlagen fordern zu einer gleichmäßigen Auslastung geradezu die Kooperation mehrerer Baufirmen heraus. 1991 sind mehr als 25 Mio. t Abbruchmaterialien und Altbaustoffe durch Recycling gereinigt und wieder verwendet worden. Bei Straßenaufbruch liegt die Verwertungsrate heute bereits bei 55 % (d.h. 11,2 Mio. t in den alten BL). Die Tendenz ist steigend. Wer hier nicht mithalten kann, verschlechtert seine Wettbewerbsposition.

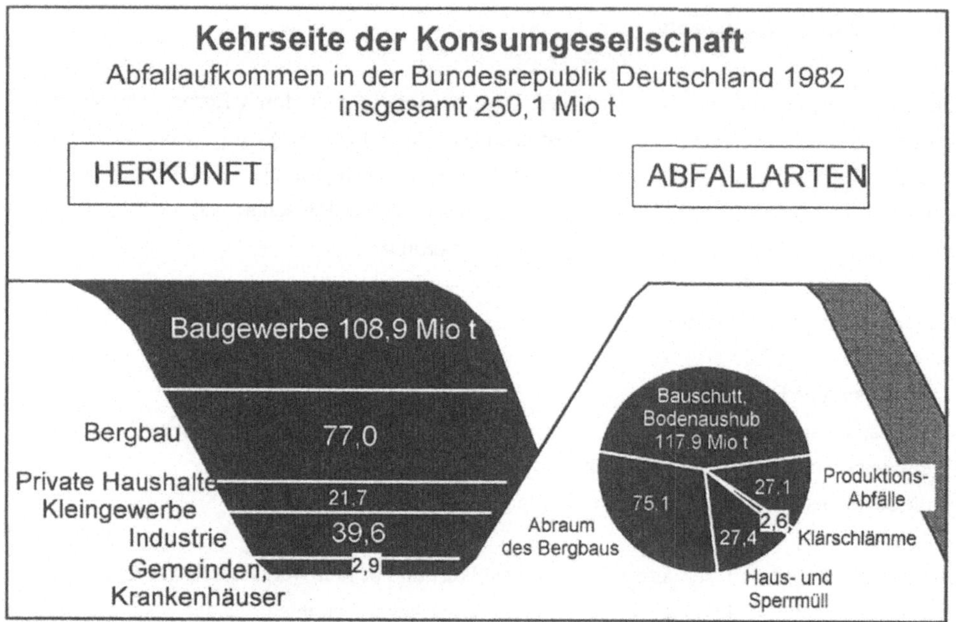

Bild 4.27   Abfallaufkommen in der BRD 1982.

Um mit den immer höheren Hürden des Gesetzgebers und den rasch steigenden Kosten fertig zu werden, ist ein Entsorgungsmanagement nach logistischen Grundsätzen zu betreiben. Wenn man einmal unterstellt, daß die Abfallminderung und Abfallvermeidung im Rahmen konkreter Bauaufträge nicht mehr zur Debatte stehen, dann sind folgende Entsorgungsaufgaben betrieblich zu lösen:

– Entsorgungsmengen und Zusammensetzung der Abfallstoffe nach Stoffgruppen,
– Sammelsysteme,
– Transport und Umschlag,

– Abfallzwischenlager,
– Behandlung und Recycling, ggf. in eigenen Anlagen,
– Entsorgung der Reststoffe und Deponien,
– Verwertung der Recyclingprodukte (einschließlich Qualitätssicherung),
– Planung, Steuerung und Überwachung, einschließlich Rechnereinsatz
  Logistik im engeren Sinne).

Die Fachliteratur dieses Gebietes ist noch recht mager [4.92]. Die betrieblichen Erfahrungen sind nicht sehr umfangreich; aber die Zukunft hängt in hohem Maße von diesen Dingen ab.

Dabei ist es keineswegs so, daß die Mitbürger oder die Kommunalverwaltungen freundlich reagieren, wenn die Baufirmen Recycling-Anlagen einrichten wollen. Die Genehmigungsverfahren werden oftmals unangemessen in die Länge gezogen. Für die Bauschuttaufbereitung ist nicht das Abfallgesetz, sondern das vereinfachte Genehmigungsverfahren nach dem Bundesimmissionsschutzgesetz anzuwenden, da es nicht um die Behandlung von Abfall, sondern um die Aufbereitung eines Wirtschaftsgutes geht.

4.5.5 Ist Logistik mehr als ein Schlagwort?

Manche Dinge, die als Teile der Logistik angesprochen worden sind, existieren bereits als feste Bestandteile des Betriebsgeschehens. Was bisher jedoch fehlte, ist der verbindende Überbau und die Philosophie, die alle diese guten Ansätze koordiniert. Logistik darf keinesfalls kostentreibend wirken, sondern soll Ordnung in der betrieblichen Begriffswelt schaffen und alle Schritte und Maßnahmen in die gleiche Richtung lenken, nämlich zu einer Steigerung der Effizienz und des Betriebsergebnisses.

4.6 Finanz- und Investitionsplanung

4.6.1 Die monatliche Finanzplanung

Die monatliche kurzfristige Finanzplanung bezieht sich nur auf die in Ausführung befindlichen Aufträge. Wegen der Einmaligkeit des einzelnen Auftrages ist zumindest für die größeren Baustellen die Aufstellung eigener Zahlungs- und Finanzierungspläne unumgänglich. Diese objektbezogenen Prognosen sollten hinsichtlich der Ausgaben nach wesentlichen Ausgabearten gegliedert sein. Für die praktische Aufstellung des projektübergreifenden Gesamtfinanzplanes bietet sich eine Aufschlüsselung in drei Teilpläne an, die voneinander abhängig sind und sich ergänzen. Dies sind:

- Der <u>Finanzgrundplan</u> beinhaltet alle im Rahmen der laufenden Betriebstätigkeit anfallenden Ausgaben und Einnahmen. Korrigiert man diese um die Bestandsveränderungen von Debitoren und Kreditoren, erhält man die Ein- und Auszahlungen als die für die Liquidität maßgeblichen Größen. Als außerordentliche Zahlungen sind hier auch die mit den Investitionen und die mit der entsprechenden langfristigen Außenfinanzierung verbundenen Zahlungen aufzunehmen.

- Der <u>Kreditplan</u> bestimmt im voraus die Einnahmen und Ausgaben aus der Aufnahme und Tilgung von Krediten. Nach Kreditarten gegliedert, ermöglicht er eine übersichtliche Steuerung der finanzplanerischen Anpassungsmöglichkeiten zum Ausgleich der im Grundplan aufgetretenen Defizite oder Überschüsse. Für die saisonale Lenkung und die Disposition in den schon im Zuge der Jahresplanung vorausbestimmten typischen Finanzlagen ist eine solche gesonderte Aufstellung wertvoll.

- Der <u>Zahlungsmittelplan</u> faßt die vorgenannten Teilpläne zusammen. Er enthält alle Zahlungsmittelbestände und -bewegungen. In seinem Endergebnis weist er das für den Monat frei disponierbare Zahlungsvolumen aus.

Die Finanzübersicht schließt mit der generellen Überlegung, ob bzw. wieviel Bar- oder Kreditreserve für Eventualfälle vorgehalten wird.

Das entscheidende baubetriebliche Liquiditätsrisiko liegt in den Zahlungen der Auftraggeber. Sowohl in quantitativer wie in zeitlicher Hinsicht lassen sich über den Zahlungseingang nur subjektive Erwartungswerte festlegen. Die Risikobeurteilung erfolgt anhand der Auftragskartei durch Bewertung der Zahlungsmoral der einzelnen Bauherren.

Ein weiterer Gesichtspunkt für die Bemessung von Reservemitteln ergibt sich aus der ständig notwendigen Fertigungsbereitschaft einer Bauunternehmung; denn um bei etwaigen Auftragszuschlägen die Finanzierung dieser neu anlaufenden Baustellen sicherzustellen, muß ein entsprechendes, mit dem produktionsbedingten Ausgabenspielraum abgestimmtes Vorfinanzierungsvolumen vorgehalten werden.

Tab. 4.28   Monatlicher Finanzplan.

| Text | | Monat: Mai 1994 | | |
	Soll	Ist	
Vorläufige Zahlungseingänge:			
Baustellen (nach Sparten)			
101	550.000,--		
102	380.000,--		
103	---		
Argen			
201	537.000,--		
202	---		
Nebenbetriebe			
301	661.600,--		
302	300.000,--		
SWG	26.800,--		
Sozialkasse	20.000,--		
Vorsteuer	80.000,--		
Zentralverwaltung	---		
Niederlassungen	---		
Summe der Einzahlungen	2.555.400,--		
Vorläufige Zahlungsausgänge:			
Lieferanten gesamt	1.609.000,--		
davon fällig Nachunternehmer			
Argen			
Löhne + Gehälter	492.700,--		
Lohnsteuer und Sozialkosten	280.000,--		
Umsatzsteuer			
sonstige Steuern	277.500,--		
Zentralverwaltung			
außerordentliche Ausgaben	75.000,--		
Summe Auszahlungen	2.734.200,--		
Über-/Unter-Deckung	./. 178.800,--		

Fortsetzung Tab. 4.28

Bankkredite	Sparkasse	D. Bank	Sonstige
Zusage		920.000,--	
bisher in Anspruch genommen		635.000,--	
Veränderungen Mai 94		115.000,--	
Kredite insges.		750.000,--	
verfügbare Zahlungsmittelbestände		75.100,--	
Zu- / Abgänge		63.800,--	
Endbestand		11.300,--	
Liquiditätsreserven:			
nicht in Anspruch gen. Kredit		170.000,--	
Zahlungsmittel		11.300,--	
insgesamt Soll / Ist Soll:	181.300,-- Ist:		

4.6.2 Die jährliche Finanzplanung

Anders als bei der monatlichen muß die jährliche Finanzplanung nicht nur die schon erteilten, sondern auch die im Laufe des Jahres neu hinzukommenden Aufträge mit erfassen. Sie beruht also teils auf gesicherten Annahmen und teils auf Schätzungen, die aus den Werten des Vorjahres und der allgemeinen Lage des Betriebes abgeleitet werden.

4.6.2.1 Planung der voraussichtlichen Einnahmen

Ausgangspunkt sind die Umsatzschätzungen aus dem Auftragsbestand, wobei die Zahlungsgewohnheiten einzelner Kunden oder Kundengruppen zu berücksichtigen sind.

Die Einnahmen aus dem baubetrieblichen Umsatz bilden den Hauptteil der Gesamteinnahmen. Sie können ohne weiteres aus der in monatliche Beträge aufgeschlüsselten Gesamtumsatzentwicklung abgeleitet werden, da der generelle Zeitzusammenhang zwischen Leistungserbringung und Zahlungseingang bekannt ist. Dieser sei durch die Analyse eines einzelnen Projektes verdeutlicht:

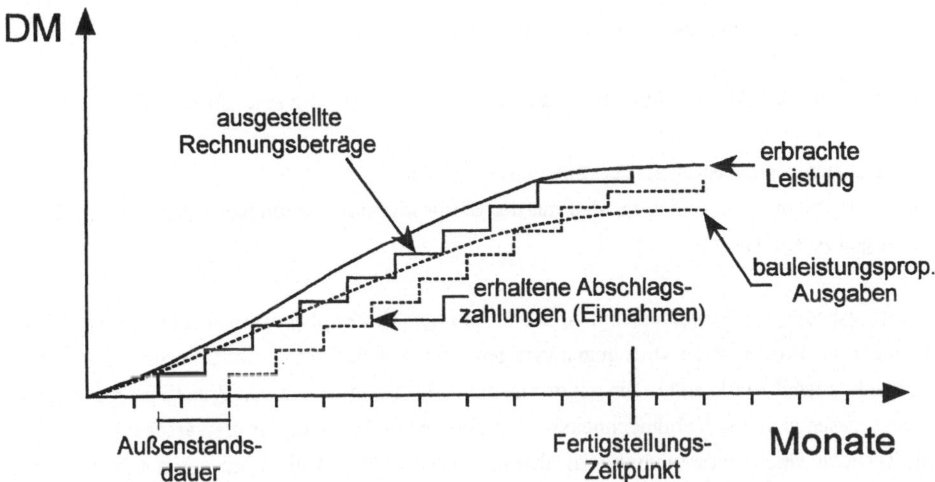

Bild 4.29   Zahlungsströme eines ausgewählten Bauprojektes.

Hierin kennzeichnet die Außenstandszeit die zeitliche Spanne, die zwischen Rechnungsausgang und Zahlungseingang liegt. Außerdem werden möglicherweise die einzelnen Abschlagszahlungen, wie auch in diesem Beispiel dargestellt, um einen vertraglich festgelegten Prozentsatz der Rechnungssumme gekürzt. Dieser Einbehalt wird erst mit der Schlußzahlung nach Abnahme der Arbeiten beglichen.

Werden die Zahlungsströme aller Baustellen zusammengefaßt und mit den sonstigen Einnahmen saldiert, so erhält man die Gesamtbeträge pro Monat. Tendenziell ist im allgemeinen im Spätherbst ein Einnahmenüberhang zu erwarten.

Die nicht umsatzbezogenen, sonstigen Betriebseinnahmen sind unabhängig von der Umsatzprognose herleitbar. Zwecks vollständiger Erfassung aller möglichen Einnahmequellen ist ein entsprechender Katalog einmalig als Vorlage zu erarbeiten.

Im Gesamteinnahmeplan werden die Monatssummen der verschiedenen Teilpläne zusammengefaßt, wobei ein zu Beginn der Planungsperiode vorhandener Überbestand als erster Posten aufgenommen wird.

4.6.2.2 Planung der voraussichtlichen Ausgaben

Für die Bestimmung der zukünftigen Ausgaben erfolgt zweckmäßig eine Unterteilung nach:

- auftragsbedingten, leistungsproportionalen Ausgaben,
- kurzfristig nicht beeinflußbaren, aber mit der Bauproduktion verbundenen Ausgaben und
- sonstigen Ausgaben.

Die <u>auftragsbedingten</u> Ausgaben sind zu den Leistungen direkt proportional. Sie können daher vereinfacht als Prozentsätze vom gegenwärtigen bzw. zukünftigen Umsatz bestimmt werden. Die jeweils ausgabewirksamen Einzelkostenanteile für Lohn, Material, Fremdleistungen und ähnliches lassen sich aus Vergangenheitswerten ableiten und können für die verschiedenen Leistungsbereiche einer Unternehmung zu charakteristischen Kennzahlen zusammengefaßt werden. Bei der Bildung und Anwendung derartiger komplexer Schlüsselwerte ist zu bedenken, daß aus Gründen der Genauigkeit stets auch eine hierauf abgestimmte Aufschlüsselung des Auftragsbestandes und des Auftragseinganges möglich sein muß. Für detaillierte Betrachtungen gelten die in den einzelnen Planungsbereichen aufgestellten Ausgabenpläne z.B. für Personalplanung, Materialeinkaufsplanung usw.

Die verbleibenden <u>mit der Bauproduktion verbundenen</u> Ausgabenarten liegen meist längerfristig fest und können direkt dem betrieblichen Rechnungswesen entnommen werden.

Eine Sonderstellung nehmen die laufenden Investitionen ein. Soweit sie auftragsbedingt, d.h. als unaufschiebbar eingestuft sind, müssen sie unabhängig von der Finanzlage getätigt werden. Ihre Finanzwirksamkeit sollte daher im regulären Finanzplan erfaßt werden. Es ist ratsam, eine gewisse Reserve wegen unvorhersehbarer Investitionsnotwendigkeiten einzuplanen.

Soweit Investitionsvorhaben auf autonomen Entscheidungen der Unternehmensführung beruhen, sollte die Abstimmung mit den finanziellen Möglichkeiten in einem außerordentlichen Plan vorgenommen werden.

Wichtig ist, daß bei der ordentlichen Finanzplanung alle Ausgaben erfaßt werden, damit die Geschlossenheit der Planung gewährleistet bleibt. In die sonstigen Ausgaben sind daher auch diejenigen einzubeziehen, die nicht aus vorgelagerten Umsatz-, Kosten- oder Beschaffungsplänen ableitbar sind. Hierunter fallen z.B. Kapitalrückzahlungen, Privatentnahmen und die ergebnisabhängigen Ausgaben.
Die Monatssummen der Teilpläne werden analog zur Einnahmeplanung formal zu einem Gesamtausgabenplan zusammengefaßt.

Als erstes wird der Barmittelbestand am Beginn der Planungsperiode aufgenommen (Tabelle 4.30).

Tab. 4.30 Jahresfinanzplan (Soll) in TDM.

Monat	Mai	Juni	Juli	Aug.	Sept.	Okt.	Nov.	Dez.	Jan.	Feb.	März	Apr.
Überbestand an flüssigen Mitteln	30	-	-	-	-	-	-	-	-	-	-	20
Einnahmen aus Bauleistungen												
- Abschlagszahlungen	670	880	300	970	1130	1270	430	-	-	450	350	450
- Schlußzahlungen	-	-	650	-	-	-	900	1400	580	-	-	-
(lt. bes. Plan)												
Sonstige Einnahmen (lt.bes. Plan)	-	-	-	-	-	-	-	-	-	-	-	-
Einnahmen insgesamt	700	880	950	970	1130	1270	1330	1400	580	450	350	470
Fehlbestand an flüssigen Mitteln	-	-	-	-	-	-	-	-	-	-	-	-
auftragsbedingte Ausgaben												
(lt. bes. Plan)	715	935	785	820	1190	1300	335	340	185	135	685	650
kapazitätsabhängige Ausgaben	200	200	200	200	200	200	150	150	150	150	150	150
- notwendige Investitionen	-	-	-	-	-	-	-	-	-	-	-	-
(lt. bes. Plan												
sonstige Ausnahmen (lt. bes.Plan)	15	15	15	-	10	-	15	10	15	15	15	-
Ausgaben insgesamt	930	1150	1000	1020	1400	1500	500	500	350	300	850	800
Überschüsse (+)							830	900	230	150		
Defizite (-)	230	270	50	50	270	230					500	330
kumulativ Ausgangslage: 0	-230	-500	-550	-600	-870	-1100	-270	+630	+860	+1010	+510	+180

4.6.2.3 Aufstellung des Jahresfinanzplanes

Der Finanzplan ergibt sich aus der Saldierung von Gesamteinnahmen und -ausgaben. Die so festgestellten, monatlich wechselnden Finanzüberschüsse und -defizite sind jedoch nur ein Zeichen für Veränderungen in der Finanzlage. Aussagefähiger sind die auf die Ausgangssituation bezogenen kumulierten Überschüsse bzw. Defizite; denn erst diese geben an, ob eine Unternehmung ihren Zahlungsverpflichtungen während der gesamten Planungsperiode nachkommen kann und ob, wann und wielange ein Überhang an Geldmitteln besteht.

Insbesondere die grafische Darstellung eines Finanzplanes veranschaulicht die monatlichen Schwankungen von Ausgaben, Einnahmen und Kapitalbedarf und zeigt ihre Spitzen auf. Letztere sind vor allem vom jeweiligen Organisationsgrad, von der Betriebsauslastung, von der Zusammensetzung des Umsatzes und von den Auftragsgrößen einer Unternehmung stark beeinflußt.

Aufgrund der besonderen baubetrieblichen Fertigungssituation kann, wie auch in der grafischen Darstellung ersichtlich, grundsätzlich zwischen zwei branchentypischen Finanzlagen unterschieden werden, die jeweils im Hinblick auf eine optimale Finanzwirtschaft besondere Planungsüberlegungen und -maßnahmen erfordern (Bild 4.31).

Der Finanzplan zeigt, daß in der Hochbeschäftigungszeit eine ausgeprägte finanzielle Maximalanspannung vorliegen wird. Zur Überwindung der in der Planung ausgewiesenen Defizite bieten sich neben der Inanspruchnahme der gesicherten Finanzmittel folgende Dispositionsmöglichkeiten an:

- Erhöhung der Einnahmen durch Beschaffung zusätzlicher Mittel entweder durch die Erhöhung der Kreditlinien in Absprache mit den Geschäftsbanken oder durch die Steigerung der Umschlaggeschwindigkeit des investierten Kapitals z.B. durch schnellere Rechnungsstellung oder durch ein verbessertes Mahnwesen.
- Vorwegnahme von Einnahmen späterer Teilperioden durch Vorauszahlungsvereinbarungen mit Auftraggebern oder durch Bewertungsvorgriffe auf noch nicht vollbrachte Leistungen im Rahmen der Abrechnung laufender Baustellen.
- Verminderung der Ausgaben durch Verzicht auf nicht betriebsnotwendige Investitionen oder durch ein abgestimmtes Investitionsbudget im Rahmen der außerordentlichen Finanzplanung.
- Verschieben von Ausgaben in spätere Perioden durch Zurückstellen von Reparaturen und Instandsetzungen in beschäftigungsschwache Zeiten, Verlagern von Ersatzinvesti-tionen in zukünftige Perioden, Beantragen von Steuerstundungen, Begrenzung der Privatentnahmen, Verzicht auf Skontierungen und Inanspruchnahme von Lieferantenkrediten.

Bei Defiziten müssen die der Finanzplanung zugrunde liegenden Teilpläne entsprechend den ausgewählten Anpassungsmaßnahmen revidiert werden.

Ist das finanzielle Gleichgewicht nicht nur kurzfristig zur Höchstbeschäftigungszeit gestört, so sind langfristig wirksame Vorkehrungen zu treffen. Im Mittelpunkt stehen dann Finanzdispositionen bezüglich der Eigen- und Fremdfinanzierung, strategische Marktüberlegungen sowie auch gezielte Aktionen zu Einsparungen und zum Abbau von Personal- und Betriebsmitteln.

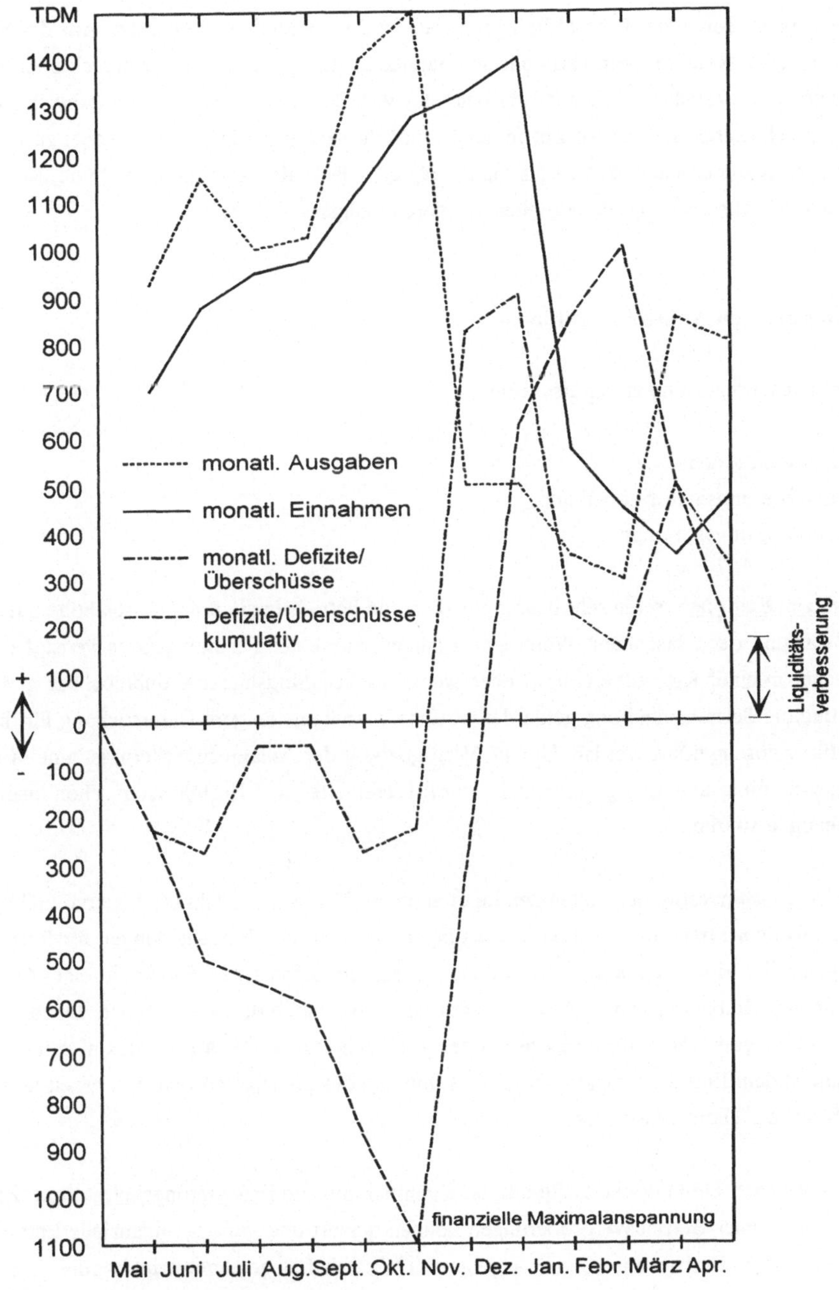

Bild 4.31   Grafischer Jahresfinanzplan.

Andererseits werden in der beschäftigungsschwachen Zeit Geldmittel freigesetzt. Aus der Sicht einer maximalen Rendite, dem betrieblichen Hauptziel, sind günstige, fristengerechte Anlagemöglichkeiten zu erwägen, wie z.B. die Nutzung von Skontovergünstigungen (soweit die in der umsatzschwachen Zeit überhaupt möglich sind) die Anlage in Depositen, wobei zu unterscheiden ist zwischen einer Anlage als täglich fälliges Geld, als Kündigungsgeld und als Festgeld sowie die Rückzahlung von Krediten vor deren Fälligkeit.

4.6.3 Planung von Anlageinvestitionen

Bei den Investitionen sind zu unterscheiden

- Ersatzinvestitionen,
- Rationalisierungsinvestitionen und
- Erweiterungsinvestitionen.

Die <u>Ersatzinvestitionen</u> treten sehr häufig plötzlich und betriebsbedingt auf, durch hohe oder zu hohe Belastung der Maschinen. Wenn eine Baumaschine einer Fertigungskette versagt (z.B. ein Brecher in einer Kiesaufbereitung) oder wenn das Schalungsmaterial unbrauchbar geworden ist und die Termineinhaltung gefährdet wird, so kann keine längere Untersuchung für diese Beschaffung durchgeführt werden. Um die Verfügbarkeit der Anlage zu sichern, ist eine rasche Wiederbeschaffung unumgänglich, zumal sich oft Lieferzeiten und Bestellfristen schon unangenehm genug auswirken.

<u>Rationalisierungsinvestitionen</u> sollen den Input an menschlicher Arbeitskraft, Material und/oder Energie verringern bzw. die Produktionsleistungen erhöhen. Die Entscheidungen für Rationalisierungen reifen eigentlich langsam heran und tragen dem technischen Fortschritt eines Gebietes Rechnung. Umbauten von Anlagen sind normalerweise auch damit verbunden. Doch wenn der Anstoß für eine Rationalisierung durch den Ausfall eines älteren Aggregates plötzlich eintritt, dann ist dem Entscheidungsträger die Bestimmung des günstigsten Investitionszeitpunktes ebenfalls aus der Hand genommen.

Echt planbar nach Umfang und Zeitpunkt ist eigentlich nur die <u>Erweiterungsinvestitition</u>. Ziele und Risiken solcher Betriebsvergrößerungen können geklärt und günstige finanzielle Entwicklungen im eigenen Betrieb wie von der allgemeinen Wirtschaftslage abgewartet werden.

4.6.3.1 Investitionsplanung

Die Investitionsplanung umfaßt Überlegungen betrieblicher, technischer und rechtlicher Art sowie Kalkulationen für die beabsichtigte Anschaffung eines mittel- oder langfristig nutzbaren Betriebsmittels. Die mit Hilfe der Investitionsrechnung ermittelte Wirtschaftlichkeit des Investitionsverhaltens ist den Finanzmöglichkeiten des Betriebes gegenüberzustellen. Die den verwendeten Daten anhaftenden Unsicherheiten und Ungenauigkeiten sollten durch Zu- oder Abschläge erfaßt und möglichst ausgeglichen werden. Die endgültige Festlegung eines ein- oder mehrstufigen Investitionsvorhabens ergibt den entsprechenden Investitionsplan hierfür.

4.6.3.2 Investitionsrechnung

Die Investitionsrechnung soll rationale Beurteilungs- und Vergleichsmaßstäbe schaffen. Die BWL stellt eine Reihe älterer und neuerer Methoden für die Auswahl des rechnerisch optimalen Investititonsprogramms bereit (Bild 4.32).

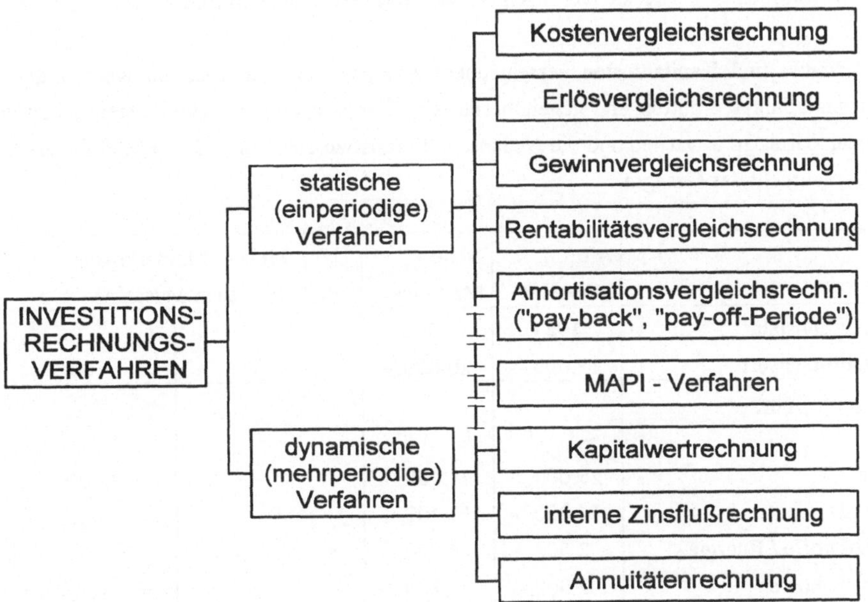

Bild 4.32 Die gängigen Rechnungsmethoden für die Investitionen in Einzelobjekte nach Gabler.

Dabei sind wegen der verschiedenen Ansätze auch sehr unterschiedliche Ergebnisse zu erwarten. Nicht alles, was für oder gegen eine Investition spricht, ist eindeutig bewertbar. Die wichtigsten Fragestellungen der Investitionsrechnung lauten:

– Dient ein Investitionsvorhaben der Gewinnmaximierung unter gleichzeitiger Minimierung des damit verbundenen Risikos (Beurteilung der Vorteile)?

– Welches Investitionsvorhaben soll bei knappen Finanzmitteln und bei mehreren Alternativen ausgewählt werden (Auswahlproblem)?

– Wann soll der Betrieb eine ältere Anlage durch eine neue meist kostengünstiger produzierende Anlage ersetzen (Ersatzproblem)?

Es ist aber nicht sinnvoll, komplizierte Berechnungen anzustellen, wenn das notwendige Datenmaterial entweder nicht beschafft werden kann oder wenn es wegen der weit in die Zukunft reichenden Planungen zu ungenau ist. Die berechnete Verzinsung für das investierte Kapital ist nicht das alleinige Kriterium für oder gegen eine Investition, sondern auch die beabsichtigte Marktbeeinflussung, die gesteigerte Flexibilität, die Qualitätssteigerung oder die Umweltentlastung können weitere gewichtige Entscheidungsfaktoren sein.

Eine gängige Methode zur Beurteilung der Wirtschaftlichkeit von Ersatz- oder Rationalisierungsinvestitionen ist der Kostenvergleich (1. Methode rechts oben in Bild 4.32):

Die Betriebs- und Kapitalkosten verschiedener Anlagen bzw. Alternativen werden für die Dauer eines Jahres ermittelt und gegenübergestellt. Überwiegen die Minderkosten, so ist eine Kostenersparnis zu erwarten, und die Neuanschaffung ist zu empfehlen. Das nachfolgende Beispiel verdeutlicht das Gesagte:

	Alte Maschine	Neue Maschine	Mehr- / Minderkosten der neuen Maschine	
			(+)	(-)
Anschaffungsjahr	1987	1992		
Anschaffungswert	15.000,--	20.000,--		
Kosten pro Jahr:				
Löhne	25.000,--	21.000,--		- 4.000,--
Material	14.000,--	13.400,--		- 600,--
Betriebsstoffe / Energie	2.500,--	3.000,--	+ 500,--	
Reparaturkosten	2.000,--	1.200,--		+ 800,--
Abschreibung (10 % linear)	1.500,--	2.000,--	+ 500,--	
Zinsen (8 % v. halben Wert)	1.200,--	1.600,--	+ 400,--	
Summe der Kosten			+ 1.400,--	- 5.400,--
Kostenersparnis			DM 4.000,-- / Jahr	

Die ausgewiesene Kostenersparnis darf nicht darüber hinwegtäuschen, daß die Rechnung nur als grober Überschlag gelten kann, bei dem weder ein spezieller Beschäftigungsgrad noch der jeweilige Restwert noch der Erlös aus der Produktion berücksichtigt wird. Streng genommen gilt die gefundene Aussage nur, wenn diese drei Einflüsse in beiden Fällen konstant bleiben.

Wenn die Kosten für beide Alternativen in fixe und variable Kosten getrennt werden können, so läßt sich rechnerisch und grafisch ein <u>Grenzkostenvergleich</u> durchführen (vgl. Bild 2.19)

Werden die voraussichtlichen Kosten mit dem voraussichtlichen Umsatz verglichen, ergibt sich daraus der realisierbare Gewinn. Dieser erlaubt mit Hilfe des für die neue Maschine einzusetzenden Kapitals eine Aussage über die Kapitalrendite.

Eine recht einfache Kennzahl liefert die Amortisationsrechnung (pay-back-Rechnung). Wenn ein Lkw zu 150 TDM zusätzlich einen jährlichen Ertrag von 30 TDM einbringt, beträgt die Rückflußdauer

$$R = \frac{150.000}{30.000} = 5 \text{ Jahre}$$

Dabei wird der Kapitaleinsatz zur jährlichen Kapitalwiedergewinnung in Beziehung gesetzt. Je kürzer die Amortisationszeit desto vorteilhafter. Zweifellos ist aber die kürzeste Rückflußdauer nur eines der maßgeblichen Kriterien und bedarf ergänzender Wirtschaftlichkeitsbetrachtungen: Eine Anlage mit etwas längerer pay-back-Zeit könnte eine wesentlich höhere Wirtschaftlichkeit erzielen und verdient möglicherweise den Vorzug.

Bei der traditionellen <u>Kapitalwertmethode</u> werden alle Zahlungen durch Diskontieren auf den gegenwärtigen Zeitpunkt bezogen. Denn je weiter eine Aus- oder Einzahlung in der Zukunft liegt, desto geringer ist ihre Bedeutung jetzt. Die Abzinsung erfolgt nach der Zinseszinsformel

$$\text{Bar wert } B = \sum_n \frac{\text{Einnahme}}{(1+i)^n}$$

Beispiel:

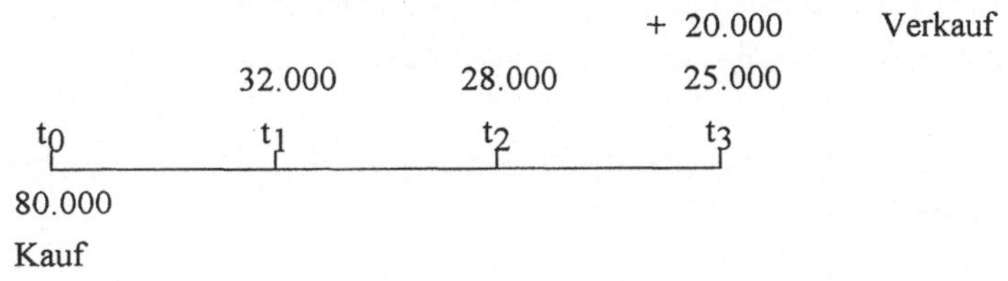

		+ 20.000	Verkauf
	32.000	28.000	25.000
t_0	t_1	t_2	t_3

80.000
Kauf

Der Kauf einer Baumaschine erfordert insgesamt 80.000,-- DM. An den drei folgenden Jahres-
enden werden Überschüsse aus Einnahmen und Ausgaben von 32.000 / 28.000 / 25.000 DM
erwartet. Nach 3 Jahren soll die Baumaschine zum Restwert von 20.000 DM verkauft werden.
Der Zinssatz beträgt einheitlich 8 %.

Daraus ergibt sich ein Barwert von 89.358 DM, so daß die Investition lohnend ist, weil für den
Kauf nur 80.000 DM aufgewendet werden müssen.

Abweichend von den üblichen Investitionsrechnungen hat TERBORGH am Machinery and
Allied Products Institute (MAPI) in Washington eine auf die zukünftige Entwicklung gerichtete Vergleichsrechnung entwickelt, die sog. MAPI-Methode. Sie ist theoretisch fundiert und
erfaßt exakt alle wesentlichen, vorhersehbaren, die Wirtschaftlichkeit beeinflussenden Faktoren. Die alte Arbeitstechnik oder Anlage wird mit der neuen Technik oder Anlage verglichen,
d.h. ohne und mit der beabsichtigten Investition oder mehreren Alternativen. Dabei spielt der
Zeitpunkt der Investition eine wichtige Rolle: Ergibt die Gegenüberstellung zum gegenwärtigen Zeitpunkt einen hohen Rentabilitätszuwachs, so soll die Investition sofort vorgenommen
werden; ist dieser jedoch gering, so wird sie zurückgestellt und die Vergleichsrechnung, für das
darauffolgende Jahr erneut durchgeführt. Die Vergleichsrechnung wird solange fortgeführt, bis
ein Ersatz vorteilhaft ist.
Nach der sog. MAPI-Formel wird die relative Rentabilität des Folgejahres berechnet

$$\text{Rentabilität} \ = \ \frac{B+C-D}{A} \times 100 \ [\%]$$

Darin haben die vier Bestimmungsgrößen folgende Werte:

A   Kapitaleinsatz (d.h. Anschaffungskosten abzügl. dem durch Liquidation freigesetzten und
durch ersparte Reparaturen nicht benötigten Kapital).

B   Rohgewinnveränderungen durch die Investition im nächsten Jahr (d.h. Ertragssteigerung
plus Kostensenkung gegenüber dem Zustand ohne Investition).

C   Vermiedener Kapitalverzehr des Folgejahres (d.h. Differenz zwischen Liquidationserlös
am Beginn und Ende des Jahres).

D   Eintretender Kapitalverzehr im Folgejahr durch die Investition, das ist die Wertminde-
rung kann aus MAPI-Diagrammen entnommen werden).

Eine weitere MAPI-Formel kann angewandt werden, wenn steigende Ertragssteuern mit berücksichtigt werden sollen. Auf diese Formel wird hier aus Gründen der Vereinfachung verzichtet.

Ein <u>Rechenbeispiel</u> möge die Anwendung des MAPI-Verfahrens veranschaulichen:

Eine ältere Betonmischanlage soll durch eine vollautomatische neue Anlage ersetzt werden.

150.000 DM Anschaffungskosten

15 Jahre Nutzungsdauer

10 % Liquidationserlös nach 15 Jahren

Verkauf der alten Anlage: 16.000 DM

Überholung der Altanlage: 20.000 DM (sofort)

Generalüberholung Neuanlage: 25.000 DM (nach 10 J.)

Die Überholung der Altanlage könnte durch den Kauf der neuen Mischanlage eingespart werden. Durch die neue Anlage können weiterhin folgende Kosten erspart werden:

12.860 DM für eine zweite Arbeitskraft bei der Altanlage (Teilzeitkraft)

2.700 DM Gemeinkosten (Löhne + Gehälter)

5.000 DM Instandhaltungskosten

1.000 DM Hilfs- und Betriebsstoffe

4.000 DM Stillstandskosten

<u>2.440 DM</u> Energiekosten

<u>28.000 DM</u> .

Die Neuanlage erbringt einen Mehrerlös von 4.000 DM. Würde die alte Anlage ein Jahr später verkauft, so verliert sie weitere 4.000 DM an Wert.

Auswertung und Zusammenfassung:

Die Generalüberholung der Neuanlage wird anteilig mit 2.500 DM auf 10 Jahre verteilt und mit durchschnittlich 8 % Verzinsung auf den gegenwärtigen Zeitpunkt diskontiert:

$$2.500 \text{ DM} \times \frac{1}{(1+0,08)^{10}} = 1.160 \text{ DM}$$

Anschaffungskosten neue Anlage	150.000 DM
./. Liquidationserlös alte Anlage	16.000 DM
./. Ersparte Überholung	20.000 DM
Erforderliches Kapital	114.000 DM
Produktionserhöhung	4.000 DM
Kosteneinsparungen insges.	28.000 DM
Vermiedener Kapitalverzehr	4.000 DM
Gesamtgewinn im nächsten Jahr	36.000 DM
Nach 50 % Ertragssteuer	18.000 DM
abzügl. Reparaturrückstellung	1.160 DM
abzügl. Kapitalverzehr nach	
MAPI-Diagramm 2, 2,6 % v. 150.000 =	3.900 DM
Verfügbar für die Verzinsung:	12.940 DM

$$\text{d.h.} \quad \frac{12.940}{114.000} \times 100 = 11.35 \ \%$$

Beurteilungsmaßstab ist also die Rentabilität des folgenden Jahres. Da hier die Verzinsung über dem oben angesetzten Wert von 8 % liegt, ist die Investition vorteilhaft. Werden mehrere Projekte alternativ betrachtet, so ist das mit der höchsten Rendite des einzusetzenden Kapitals nach der MAPI-Rechnung das vorteilhafteste Projekt. Von den drei MAPI-Diagrammen ist hier das für den geringeren Kapitalverzehr angewandt worden (Bild 4.33)

Die MAPI-Rechnung nimmt eine Stellung zwischen den statischen Rechenmethoden für eine Periode und den dynamischen Beurteilungen ein, weil das Ergebnis zunächst nur für das Folgejahr gilt. Durch Wiederholung der Ansätze können aber Aussagen für mehrere Jahre getroffen werden. Diese werden jedoch mit zunehmender Unsicherheit der zukünftigen Daten immer ungenauer.

Zunehmende Mechanisierung des Baubetriebes und wachsende Kapitalintensität der Bauunternehmungen erfordern immer sorgfältigere Investitionsplanungen. Alle Investitionsentscheidungen legen die Betriebsstruktur auf lange Sicht fest, so daß der Wunsch nach rationalen Entscheidungshilfen wächst. Infolge der großen Ungewißheit über die zukünftige Markt- und Preisentwicklung sowie wegen der Veränderungen von Auftrag zu Auftrag ist es außerordentlich schwer, zuverlässige Prognosedaten zu bekommen, die das Gerüst jeder zahlenmäßigen Untersuchung darstellen. Deshalb genügen die vier dargestellten Rechenmethoden und ihre Ergebnisse, die Anforderungen der Praxis in der Bauwirtschaft voll abzudecken.

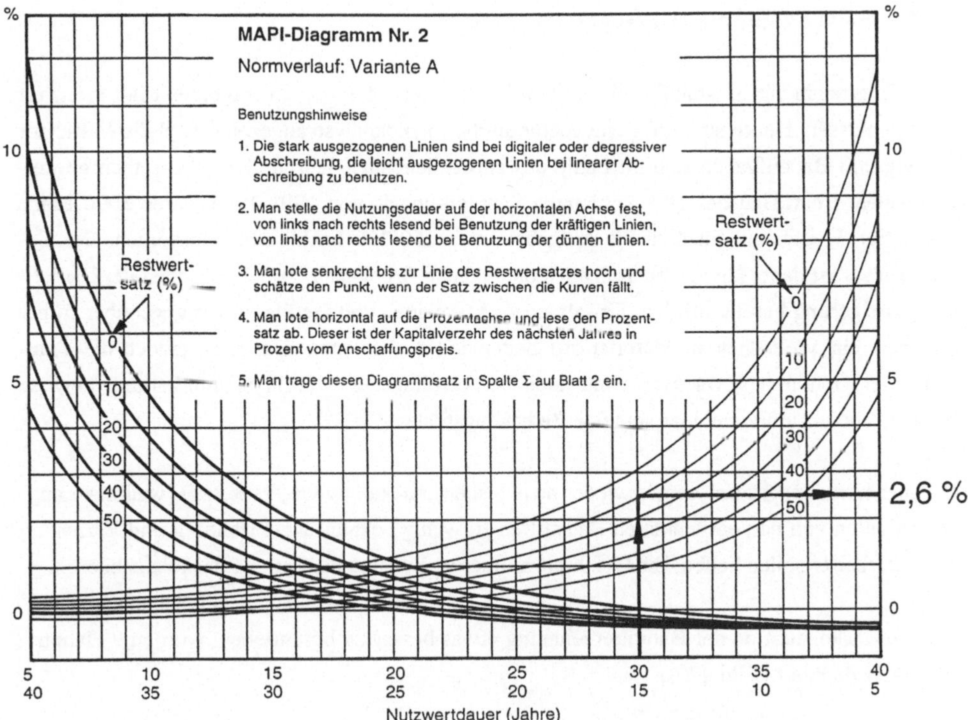

Bild 4.33   MAPI-Diagramm für geringen Kapitalverzehr im nächsten Jahr in % des Anschaffungspreises (linke Kurvenschar degressive, rechte lineare Abschreibung).

4.6.3.3 Risiken bei Investitionen

Risiko ist die Gefahr einer falschen Entscheidung. Weichen die tatsächlichen Zahlungsströme einer Investition von den prognostizierten erheblich ab, so kann das Kapital ganz oder teilweise verloren gehen (absoluter Verlust) oder sich nur ungenügend verzinsen (relativer Verlust). In beiden Fällen war die Investitionsentscheidung rückblickend falsch. Im Entscheidungszeitpunkt ist Risiko die Gefahr, fehlerhaft zu entscheiden.

Das Risiko kann mit Hilfe von Risikomaßstäben bewertet und bei den Investitionsentscheidungen mit einbezogen werden. Allerdings gibt es keine objektivierbaren Risikostandards, sondern nur subjektive Bewertungen des Investors der erkannten Gefahren: So kann eine Investition zwar rentabel, aber trotzdem nachteilig sein, wenn sie auf einen schrumpfenden Markt trifft (dieses Risiko sollte in der strategischen Planung aufgedeckt werden). Andere Risiken ergeben sich durch die Auswirkung von Einzelinvestitionen auf die Liquidität der Unternehmung (dieses Risiko sollte durch eine entsprechende Finanzplanung ausgeschaltet werden).

4.7 Risikopolitik und Versicherungsmanagement

Jede Unternehmung ist ständig mit Risiken konfrontiert, die auf ein tragbares Maß reduziert werden müssen. Heute ist hierfür eine methodische Risikoanalyse angezeigt, weil die Mittel zur Lösung von Bauaufgaben sich im Laufe des zurückliegenden Jahrhunderts wesentlich gewandelt haben: Beim Bau des 19,8 km langen Simplontunnels von 1898-1906 waren 3000 Mann beschäftigt. Heute sind für ähnliche Aufgaben etwa 150-300 Fachkräfte erforderlich. Die Gesamtbauzeit ist dabei kürzer, obwohl auch die tägliche Arbeitszeit zurückgegangen ist. Die Leistungssteigerung beruht auf dem Einsatz neuer Maschinen und Geräte, die es gegenüber früher erlauben, ein Vielfaches an Material pro Zeiteinheit zu bewegen. Damit ist jedoch die Tragweite der Gefahren gewachsen, weil auch bei vorbildlicher Maschinenunterhaltung gewisse Ausfälle ebenso unvermeidbar sind wie Bedienungsfehler.

Darüber hinaus entstehen immer wieder neue bisher unbekannte Gefahren, z.B. weil das Langzeitverhalten von neu entwickelten Baustoffen zu wenig bekannt ist. Erfahrung und Erziehung der Mitarbeiter sollen helfen, die Gefahren zu überwinden und die Qualität sicherzustellen.

Um die Risikosituation der Bauunternehmung etwas besser zu beschreiben, wurden 9 Hauptrisikofelder definiert (Bild 4.34).

4.7.1 Die Risikotheorie für definierte Systeme

Eine Bauunternehmung ist ein System, das bestimmte Funktionen zu erfüllen hat: Gesamtwirtschaftlich ist dies die Sicherstellung des Ideen- und Preiswettbewerbes, privatwirtschaftlich ist auf längere Sicht die Sicherstellung einer ausreichenden Rendite immer ein Muß-Ziel. Denn nur so kann die Unternehmung am Leben bleiben und das Wunsch-Ziel, Arbeitsplätze zu erhalten, erreichen. Eine vernünftige Risikopolitik soll dazu ihre Beiträge leisten.

Ein System kann durch seine Ziele und einzelnen Komponenten beschrieben werden. Eine klare und richtige Zielsetzung entscheidet über Erfolg oder Mißerfolg (vgl. Abschn. 4.1).

Die Hauptkomponenten des Systems Bauunternehmung bestehen aus den bekannten Produktionsfaktoren Mensch, Maschine, Kapital, Informationen sowie aus dem Firmenmanagement. Sie können jedoch auch anders gegliedert und stärker aufgefächert werden, wie dies z.B. in Tabelle 4.35 nachfolgend geschieht.

Jede Systemkomponente ist zugleich eine Risikoquelle. Auch die einschlägigen Gesetze und Normen sind als Bestandteile des Systems anzusehen und können zu Risikoquellen werden, wie z.B. die Sozialgesetzgebung.

Unter Risiko versteht man die nach Tragweite und Wahrscheinlichkeit des Eintretens bewertete Gefahr.

Bild 4.34   Die 9 Hauptrisikofelder der Bauunternehmung.

Demnach sind alle Gefahren aufzusuchen, die das Funktionieren des Systems beeinträchtigen oder unmöglich machen können. Das Aufsuchen und Erkennen der Gefahr in einem Tätigkeitsbereich ist also die Basis für das Abschätzen der Risiken und deren Abbau. Sind die Gefahren erkannt, werden sie von rational handelnden Menschen automatisch durch Maßnahmen verringert bzw. ausgeschaltet. Bleiben die Gefahren jedoch unerkannt, weil sie gar nicht gesucht werden, dann werden sie mit der jeweiligen Tragweite und Wahrscheinlichkeit eintreten und zu konkreten Verlusten führen.

Tab. 4.35 Die Hauptkomponenten des "Systems Bauunternehmung" unter dem Gesichtspunkt des Risikos.

	SYSTEMKOMPONENTEN		
	vorwiegend menschlich	vorwiegend sachlich	vorwiegend rechtlich
Hauptkomponenten der Organisation wer? was? wie? wo? wann? warum?	- leitendes Personal - ausführendes Personal - Organigramm - Beziehungen zu Dritten (z.B. Auftraggeber, Behörden etc.) - Alle zum System gehörenden Aktivitäten, Anweisungen, auch Änderungen und Tätigkeiten (besonders bei Routinevorgängen) - Kommunikation - Verhalten - Nahtstellen	- Anlagen + Gebäude - Infrastruktur - Maschinen + Geräte - Rohstoffe + Halbfabrikate - Energie - Transporteinrichtungen - Umgebung + Umwelt - Kapital	- Gesetze - Technische Normen - Arbeitsverträge - verbindliche Werkverträge - Kauf- und Mietverträge

Bei der Festlegung des akzeptablen Risikos bzw. der Kriterien für die noch hinnehmbaren Risiken kommt es weitgehend auf die Berufserfahrung sowie die Einschätzung der eigenen und fremden Möglichkeiten sowie auf das Vertrauen in sich und andere an. Mehrere Personen in der gleichen Lage werden die Risikogrenze in der Regel unterschiedlich festlegen.

Derjenige, der schließlich die Entscheidung über die Annahme der Risiken, deren Ablehnung sowie den Versuch ihrer Minderung zu treffen hat, sollte über eine fundierte Ausbildung, lange Erfahrung und Bewährung verfügen. Insbesondere bei Entscheidungen mit großer Tragweite sollte eine Risikoanalyse nach den Schritten 1 bis 5 von Bild 4.36 vorliegen.

Drei Ergebnisse bzw. Entscheidungen sind denkbar:

– Die Risiken sind zu hoch, d.h. es wird auf die Ausführung verzichtet.

– Die Risiken sind so gering, daß sie ohne weiteres zusammen mit den Restrisiken (z.B. Unvorhersehbares) übernommen werden können.

– Die Analyse zeigt, daß ein weiterer Risikoabbau möglich und sinnvoll ist, z.B. durch reales Vermindern ohne Hilfe Dritter, durch Überwälzen auf Vertragspartner oder durch Versichern.

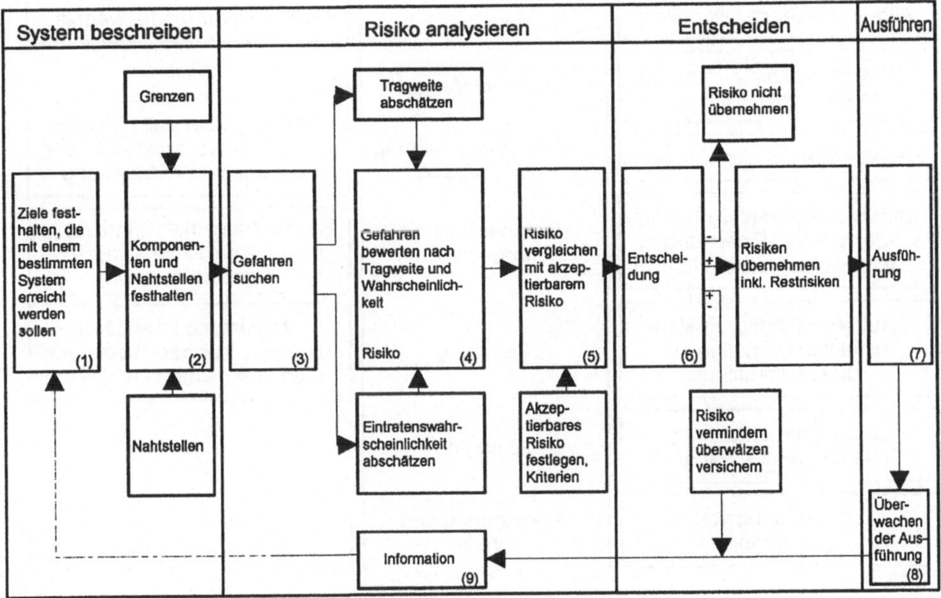

Bild 4.36   Konzept für ein planmäßiges Risikomanagement.

Die Ausführung schließlich bedarf der Überwachung. Abweichungen des Ist vom Soll sowie neue Informationen können eine erneute Risikobeurteilung auslösen. Dies kann im Extremfall so wichtig sein, daß auch das ursprüngliche Zielsystem geändert werden muß.

4.7.2 Hauptrisiken bei der Abwicklung von Werkverträgen

Bei der Vertragsabwicklung gehen beide Parteien mannigfache Risiken ein. Diese können nach dem Stadium der Bauausführung am besten dargestellt und den Vertragsparteien zugeordnet werden (Bild 4.37).

Selbstverständlich haben die verschiedenen Problemkreise unterschiedliches materielles Gewicht.

Auftraggeber	Stadium der Durchführung	Auftragnehmer
Allgem. Bauherrenwagnisse		Allgem. Unternehmerwagnisse
Voruntersuchung, Planung Art der Ausschreibung	Ausschreibung	
Rechtzeitige Baugenehmigung	Angebotsbearbeitung und -abgabe	Kapazitätsbereitst., Investitionen, Zwischenfinanzierung, technische Vorbereitung
Unternehmerwahl, Prüf. von Sondervorschl., Finanzierung., technische Vorbereitung	Submission und Auftragserteilung	Bearbeitungsfrist, Sonderentwürfe, Kalkulationswagnis, Kapazitätsbindung
Bauüberwachung, Fristeneinhaltung, Erfüllung u. Qualitätserfüllung	Fertigung	Vorleistungen anderer Organis., Koordin., Witterung, Gefahrtr., Haftung, Erfüllung
Leistungsanerkennung Gefahrenübergang	Abnahme	
Überzahlung von Leistungen	Abrechnung und Zahlung	Forderungswagnis

Bild 4.37   Systematisierung der Vertragsrisiken [4.121].

4.7.3 Andere bedeutsame Risiken und ihre Abwehr

Das Instrumentarium zur Risikominimierung im Bauunternehmen läßt sich wie folgt beschreiben:

– Risikobegrenzung durch unternehmerische Entscheidungen der Geschäftsleitung (haftungsbeschränkende Rechtsform, gesunde Kapitalstruktur, geeigneter Standort, zentrale oder dezentrale Betriebsstrukturen...),

– Kompensation des Investitionsrisikos durch eine vernünftige Mischung aus Universal- und Spezialmaschinen und Anlagen (Spezialgeräte sind zwar sehr leistungsfähig, erhöhen aber das Beschäftigungsrisiko gegenüber den weniger leistungsfähigen Universalgeräten),

– Risikoverteilung durch eine breite Produktpalette und durch Streuung der Auftraggeber (private, gewerbliche, kommunale, staatliche),

– Risikoverteilung durch Kooperation, wenn die Aufgaben die eigenen Kräfte übersteigen (Arbeitsgemeinschaften usw.),

– Risikominderung durch geeignete Geschäftsbedingungen, durch die Vereinbarung von Gleitklauseln sowie durch Vorbehalte aller Art in Angebotsbegleit- oder Auftragsannahmeschreiben,

– anteilige Weitergabe von Risiken an Nachunternehmer und Lieferanten,

– Risikoübertragung durch Versicherungsverträge,

– Bildung von Reserven (Rücklagen, Rückstellungen) zur Kompensation eintretender Verluste.

Die beiden letzten Punkte sind durch ein geeignetes technisch-juristisch fundiertes Vertragsmanagement zu erreichen.

4.7.4 Risikoabbau durch Versichern

Versichern ist ein gängiges, aber auch kostspieliges Mittel der Risikopolitik. Es ist von Fall zu Fall zu prüfen, ob das Risiko selbst getragen oder durch Fremdversicherung abgedeckt werden soll. Die jeweilige Lösung des Problems ist unter ökonomischen Gesichtspunkten festzulegen. Niedrige Versicherungsprämien erleichtern stets den Entschluß für einen Versicherungsvertrag.

Die Entscheidung wird außer der Risikobereitschaft bzw. der Risikoscheu des Entscheidungsträgers auch mitbestimmt von

– der wirtschaftlichen Situation des Betriebes,
– der Häufigkeit der im eigenen Betrieb anfallenden gleichartigen Risiken,
– dem Wunsch, bei Schadensfällen außer dem Versicherungsschutz auch die Dienstleistung des Versicherers für die Schadenabwicklung in Anspruch zu nehmen,

– steuerliche Überlegungen und

– der Prämienhöhe.

Für die verschiedenen Risikobereiche innerhalb der Bauunternehmung gibt es unterschiedliche Versicherungszweige mit sehr differenzierten rechtlichen Bestimmungen und z.T. komplizierten Einzelvorschriften.

4.7.4.1 Die Bauleistungsversicherung (Bauwesenversicherung)

Gegenstand der Bauleistungsversicherung ist die vom Unternehmer zu erbringende Bauleistung, für welche er nach dem Werkvertragsrecht vor der Abnahme die volle Gefahr, auch für den zufälligen Untergang, trägt. Nach § 7 VOB/B besteht eine Einschränkung, daß der Auftragnehmer für die Beschädigung oder Zerstörung der ganz oder teilweise ausgeführten Leistung vor der Abnahme durch höhere Gewalt, Krieg, Aufruhr oder andere unabwendbare, vom Auftragnehmer (AN) nicht zu vertretende Umstände, nicht zu haften hat. Die im § 7 VOB/B beschriebenen Risiken betreffen also den Auftraggeber (AG).

Man unterscheidet daher bei den Bauleistungsversicherungen zwischen den allgemeinen Bedingungen für die Bauwesenversicherung von Unternehmerleistungen und den allgemeinen Bedingungen für die Bauwesenversicherung durch Auftraggeber. Die letzteren decken auch das Bauherrenrisiko ab, jedoch nicht Schäden an den Hilfsbauten und den Bauhilfsstoffen; bei den ersteren verhält es sich umgekehrt.

Darüber hinaus müssen für besondere Risiken auch gesonderte Vereinbarungen getroffen werden, falls diese mit zu versichern sind. Es handelt sich hierbei um Beschädigungen der Bauleistung durch Brand, Blitzschlag und Explosion sowie durch Hochwasser und dadurch ansteigendes Grundwasser. Im Rahmen der Bauleistungsversicherung sind außerdem grundsätzlich nicht versicherbar Diebstahl und Abhandenkommen, Leistungsmängel, Oberflächenschäden durch Arbeiten an Glas, Metall, Kunststoff usw., Verstöße gegen anerkannte Regeln der Technik, Schäden durch Krieg, Bürgerkrieg, innere Unruhen, Streik, Aussperrung, Beschlagnahme und sonstige hoheitliche Eingriffe sowie Kernenergie.

Es kann in der Regel jede einzelne Bauleistung gesondert im Rahmen der Bauleistungsversicherung versichert werden. Für die Unternehmer empfiehlt es sich aber, sogenannte Jahresversicherungen abzuschließen, da hierbei ein erheblicher Verwaltungsaufwand entfällt und auch die Prämiengestaltung günstiger ist, wobei entsprechend dem Schadenverlauf von den meisten Versicherungsgesellschaften zum Jahresende Rückvergütungen auf die bezahlte Prämie gewährt werden. Die Jahresversicherung kann auf der Basis der Lohnsumme oder des Umsatzes abgeschlossen werden.

Ein Fallbeispiel: Der Turmdrehkran des Unternehmers stürzt wegen plötzlicher Senkung des Gleisunterbaues um und beschädigt den vom Bauherrn noch nicht abgenommenen Rohbau schwer. Für den Schaden am Rohbau tritt die Bauleistungsversicherung ein, nicht für den Schaden am Kran.

Tab. 4.38 Bauleistungsversicherung im Überblick.

| | Versicherungsabschluß mit dem | |
Gefahrengruppe	Auftragnehmer (AN)	Auftraggeber (AG)
1. generell versicherte Gefahren	a) unvorhergesehene Schadenereignisse (Bauunfälle) b) ungewöhnliche Witterungs- verhältnisse	a) wie AN b) wie AN c) höhere Gewalt
2. nur nach besonderer Vereinbarung mitver- sichert	a) höhere Gewalt (Auftraggeberrisiko) b) Brand, Blitzschlag, Explosion c) Hochwasser und dadurch anstei- gendes Grundwasser	a) Diebstahl fest eingebauter Bestand- teile b) wie AN c) wie AN
3. grundsätzlich nicht versichert	a) Diebstahl und Abhandenkommen generell b) Leistungsmängel c) Oberflächenschäden durch Arbeiten an Glas, Metall, Kunststoff, Fassa- denplatten d) Verstöße gegen anerkannte Regeln der Technik bei Frost, Gründungen, Wasserhaltung, Bauunterbrechung e) Krieg, Bürgerkrieg, innere Unruhen, Streik, Aussperrung, Beschlagnahme, sonstige hoheitliche Eingriffe f) Kernenergieunfälle	a) Diebstahl und Abhandenkommen von nicht fest eingebauten Teilen b) wie AN c) wie AN d) wie AN e) wie AN f) wie AN

Eine Voraussetzung für das Eintreten der Versicherungsgesellschaft im Schadenfall ist aber stets, daß der Versicherte seinen Verpflichtungen aus dem Versicherungsvertrag nachgekom-

men ist. Hierzu gehört, daß der Versicherungsnehmer den Schaden nach Möglichkeit abzu-
wenden oder zu mindern versucht, das Schadenbild nicht verändert bzw. es durch Fotos fest-
hält, keine Eingriffe vor Besichtigung durch den Beauftragten der Versicherungsgesellschaft
vornimmt - es sei denn zur Schadenminderung - und alle erforderlichen Auskünfte hinsichtlich
des Schadenherganges erteilt. Werden diese Voraussetzungen nicht erfüllt, hat die Versicherungsgesellschaft die grundsätzliche Möglichkeit, die Schadenersatzleistung abzulehnen.

Wird vom AG verlangt, daß der AN der Versicherung des Bauherrn beitreten soll, so ist dies
auch trotz einer Jahresversicherung des AN möglich. Er muß dann nur der Versicherungsgesellschaft mitteilen, daß bei der Prämienrechnung das entsprechende Bauvorhaben auszuklam-
mern ist. Andererseits könnte der AN den AG darauf aufmerksam machen, daß bereits eine
Jahresversicherung besteht und daß es zweckmäßig wäre, wenn der AG bei der gleichen Versicherungsgesellschaft diejenigen Risiken abdecken würde, welche auf ihn entfallen. Auf diese
Weise wäre am ehesten gewährleistet, daß keine Deckungslücken und im Falle eines Schadens
keine Streitigkeiten zwischen verschiedenen Versicherungsgesellschaften zu Lasten des AN
entstehen.

4.7.4.2 Die Betriebshaftpflichtversicherung

"Der Versicherer gewährt dem Versicherungsnehmer Versicherungsschutz für den Fall, daß er
wegen eines während der Wirksamkeit der Versicherung eingetretenen Ereignisses, das den
Tod, die Verletzung oder Gesundheitsschädigung von Menschen (Personenschaden) oder die
Beschädigung oder Vernichtung von Sachen (Sachschaden) zur Folge hatte, für diese Folgen
aufgrund gesetzlicher Haftpflichtbestimmungen privatrechtlichen Inhaltes von einem Dritten
auf Schadenersatz in Anspruch genommen wird."

Von Bedeutung auch in sozialer Hinsicht ist die Tatsache, daß Versicherungsnehmer im Sinne
des § 1 der AHB nicht nur der Unternehmer selbst ist, sondern auch seine Erfüllungsgehilfen,
d.h. seine Mitarbeiter. Schäden, die sie in Ausübung ihrer dienstlichen Verrichtung einem Dritten schuldhaft zufügen, werden durch die Betriebshaftpflichtversicherung abgedeckt.

Andererseits wäre es falsch anzunehmen, jeder Schaden würde durch einen Haftpflichtvertrag
ohne weiteres reguliert. Es gibt Beschränkungen nach der Höhe der Schadenersatzleistung
(Versicherungssumme), und es gibt Ausschlüsse, die man zum Teil durch zusätzliche Vereinbarungen mit in den Vertrag einbeziehen kann. Zu den letzteren gehören z.B. Vermögensschäden, Bearbeitungsschäden, Haftpflichtrisiken bei selbstfahrenden Arbeitsmaschinen, Erdlei-
tungsschäden und noch einige mehr.

Weiterhin müssen folgende Punkte beachtet werden, die die Baurisiken im allgemeinen abdecken:

– Schäden durch allmähliches Eindringen von Feuchtigkeit, durch Abwässer, durch Schweiß-, Schneid-, Löt- und Brennarbeiten,

– Schäden an Gewässern und Grundwasser (WSG-Risiko) und zwar auch für Anlagen-, Einleitungs- und Regreßrisiko,

– Be- und Entladeschäden an Land- und Wasserfahrzeugen durch Arbeitsmaschinen oder

– Schäden durch Laser- und Maserstrahlen (Meßgeräte),

– Schäden aus der Übernahme der Bauleitungstätigkeit nach der jeweiligen Landesbauordnung,

– Schäden an Sachen, die sich Betriebsangehörige aus Anlaß ihrer betrieblichen Tätigkeit untereinander zufügen,

– Schäden aus der Haltung von Tieren, soweit diese dem Betrieb oder dem eigenen Gebrauch dienen,

– Haftpflichtansprüche, die gegen den VN als Haus- und Grundbesitzer, Mieter oder Pächter erhoben werden.

Alle diese Fälle sollten stets Gegenstand eines Vertrages sein, einschließlich aller Haftpflichtansprüche, die sich gegen den VN als Privatperson richten.

Für das Bauhauptgewerbe sollten grundsätzlich Haftpflichtansprüche wegen Schäden durch Unterfangen oder Unterfahren von Gebäuden an diesen selbst, durch Rammarbeiten auf dem Grundstück, durch Senkung von Grundstücken (Gebäuden und Anlagen) sowie Erdrutsch, auch soweit es sich um das Baugrundstück selbst handelt, durch unsachgemäße Veränderungen der Grundwasserverhältnisse, durch Überschwemmungen, durch Stollen-, Tunnel- und Untergrundbahnbau, durch Spreng- und Abbrucharbeiten, in Höhe der vollen Sachschadendeckungssumme abgesichert sein. Man sollte weiterhin beachten, daß Schäden an Erdleitungen einschließlich Frei- und Oberleitung sowie deren Folgeschäden ausreichend versichert sind.

Andererseits können nicht in die Betriebshaftpflichtversicherung einbezogen werden Schadenersatzansprüche des VN selbst oder seines gesetzlichen Vertreters, Erfüllungsansprüche, Kfz-Risiken, und selbstverständlich wird die Versicherung nicht für einen vorsätzlich herbeigeführten Schaden haften.

Die Höhe der Versicherungsleistung richtet sich nach der Versicherungssumme und eventuell vereinbarten Selbstbehalten des VN. Empfehlenswert ist in jedem Fall beim Abschluß der Versicherung, die Versicherungssumme nicht zu niedrig anzusetzen, sondern zumindest für Personenschäden eine ausreichende Deckung zu beantragen. Derzeit können folgende Mindestdeckungssummen als ausreichend angesehen werden:

Personenschäden	2.000.000,-- DM
Sachschäden	500.000,-- DM
Leitungs- und Leitungsfolgeschäden	500.000,-- DM
Tätigkeitsschäden	25.000,-- DM

Je nach Bedarf der Unternehmung können ggf. höhere Deckungssummen für Personenschäden, Sachschäden und Vermögensschäden gewählt werden.

Bestehende Verträge sollten hinsichtlich einer eventuell notwendigen Erhöhung in gewissen Zeitabständen überprüft werden. Der Versicherer hat aber auch die Pflicht, nicht nur Schadenersatz für den Versicherten zu leisten, sondern vorher auch die Ansprüche der Geschädigten dahingehend zu prüfen, ob sie berechtigt sind, unberechtigte Schadenersatzansprüche zurückzuweisen. Insofern ist sie zum Rechtsschutz des Versicherten verpflichtet, der wiederum keine Berechtigung besitzt, von sich aus einen Haftpflichtanspruch eines Dritten anzuerkennen. Tut der Versicherungsnehmer dies, kann sich die Versicherungsgesellschaft aus ihrer Verpflichtung zur Leistung befreien. Also niemals Schadenersatzansprüche ohne Genehmigung der Gesellschaft anerkennen. Dies gilt auch für andere Haftpflichtversicherungen, z.B. die Kfz-Haftpflicht. Weitere Pflichten des VN zur reibungslosen Schadenabwicklung sind z.B. die unverzügliche Schadenmeldung, das Abwenden gefahrdrohender Umstände, alle Maßnahmen zur Schadenminderung und die Auskunftspflicht gegenüber dem Versicherer.

Die Verträge für die Betriebshaftpflichtversicherung werden in aller Regel für einen längeren Zeitraum, d.h. auf 5 oder 10 Jahre, abgeschlossen und verlängern sich dann automatisch, wenn eine Kündigung vor Ablauf nicht erfolgt. Die Kündigung kann auch vorgenommen werden im Zusammenhang mit einem Schadenereignis, aber erst nach dessen Abwicklung. Die Versicherungsprämie wird entweder nach der Lohn- und Gehaltssumme sowie den Arbeitsgeräten bestimmt oder nach dem Jahresumsatz.

4.7.4.3 Die Baugeräteversicherung (Maschinenbruchversicherung)

Bei einem Anlagevermögen eines Bauunternehmens von 30 bis 40% der Bilanzsumme machen die Baugeräte und Maschinen einen erheblichen Teil des Anlagevermögens aus. Da das Eigenkapital der Unternehmen meistens das Anlagevermögen nicht abdeckt, was eigentlich betriebswirtschaftlich erforderlich wäre, ergibt sich daraus zwangsläufig, daß erhebliche Teile des Anlagevermögens fremdfinanziert sind. Sehr bedenklich ist es, wenn diese Geräte oder Maschinen sogar nur kurzfristig finanziert sind.

Dies sind die eigentlichen Prämissen, unter denen man die Baugeräteversicherung betrachten sollte. Allein die Überlegung anzustellen, wie hoch die Prämie ist, die bezahlt werden muß und was man im Schadensfalle bei der Versicherung wieder herausholen könnte, ist kurzsichtig. Sollten nämlich Anlagegegenstände durch Teil- oder Totalschäden plötzlich ausfallen, ohne daß ein Ersatz über einen entsprechenden Versicherungsschutz erreichbar ist, so kann dies zur Gefährdung gerade von kleineren oder mittleren Unternehmen führen.

Diese grundsätzlichen Gedanken sollten ausschlaggebend sein für den zu wählenden Versicherungsschutz, aber auch für den vorzusehenden Versicherungsumfang. Es wird sicher nicht erforderlich sein, den gesamten Maschinenpark einschließlich des 100-l-Mischers oder der Kreissäge zu versichern. Es ist aber in jedem Falle zu empfehlen, den Hochbau-Kran und den Bagger in eine Baugeräteversicherung aufzunehmen.

Bei der Maschinenversicherung ist zwischen zwei Arten zu unterscheiden: Die eine ergibt sich aus den "Allgemeinen Bedingungen für die Kasko-Versicherung von Baugeräten" (ABG) und die andere aus den "Allgemeinen Bedingungen für die Maschinen- und Kasko-Versicherung von fahrbaren Geräten" (ABMG). Der wesentliche Unterschied liegt darin, daß die ABG nur Baugeräte und nur Bauunfallschäden (Kasko-Schäden) decken, während nach den ABMG alle fahrbaren und transportablen Sachen nicht nur gegen Kasko-Schäden, sondern auch gegen innere Betriebsschäden versichert werden können.

Als Beispiel für einen Bauunfall sei angeführt, daß ein Bagger bei Aushubarbeiten in eine Baugrube stürzt und dabei beschädigt wird. Ein innerer Betriebsschaden im Sinne der ABMG wäre gegeben, wenn z.B. bei einsetzendem Frost der Motorblock reißt, weil kein Frostschutzmittel eingefüllt wurde. Zu den inneren Betriebsschäden gehören auch solche Schäden, die eine Folge von Materialermüdung, Verschleiß, Konstruktions-, Material- oder Ausführungsfehlern sind.

Nach den ABG wäre es möglich, einen Vertrag für eine bestimmte Zeit, z.B. für einen bestimmten Baustelleneinsatz, abzuschließen, während nach dem ABMG grundsätzlich ein Jahresvertrag abgeschlossen werden muß, der sich automatisch verlängert, wenn nicht einen Monat vor Ablauf des jeweiligen Versicherungsjahres gekündigt wird.

Wenn eine Unterversicherung vermieden werden und bei steigenden Listenpreisen im Reparaturfall der gesamte Schaden ersetzt werden soll, wird jetzt in Jahresverträgen eine automatische Anpassung der Versicherungssumme an die Neupreise der Geräte angeboten. Dies ist aber gleichbedeutend mit einer jährlichen Prämienerhöhung.

Bei der Entschädigung muß - gleichgültig ob nach ABG oder ABMG versichert ist, - zwischen dem sog. Teilschaden und dem Totalschaden unterschieden werden. Sofern ein Teilschaden eingetreten ist, es muß z.B. ein Motor oder ein Getriebe ersetzt werden, werden alle Kosten erstattet, die erforderlich sind, um den ursprünglichen Zustand des Gerätes wieder herzustellen. Liegt ein Totalschaden vor, d.h. daß die Wiederherstellungskosten einschließlich des Restwertes des beschädigten Gerätes den Zeitwert übersteigen, so wird nur die Differenz erstattet.

Beispiel:

Wiederherstellungskosten	65.000,-- DM
Restwert	10.000,-- DM
Zeitwert	70.000,-- DM

Die Wiederherstellungskosten und der Restwert übersteigen mit zusammen 75.000,-- DM den Zeitwert des Gerätes. Es liegt also ein Totalschaden vor. Die Versicherung erstattet dann die Differenz zwischen Zeitwert in Höhe von 70.000,-- DM und Restwert von 10.000,-- DM, also insgesamt 60.000,-- DM.

Zu den Wiederherstellungskosten gehören im wesentlichen die Bergungs- und Aufräumungskosten, Kosten für Ersatzteile und Reparaturstoffe, Löhne und Lohnnebenkosten, Transport-, Demontage- und Montagekosten usw. Hieraus ergibt sich ohne weiteres, wie umfangreich ein solcher Versicherungsschutz ist.

4.7.4.4 Sonstige Versicherungen für den Baubetrieb

1.   Die Kfz-Haftpflichtversicherung

Bekanntlich ist für jedes Kraftfahrzeug, das zum öffentlichen Verkehr zugelassen wird, eine Haftpflichtversicherung erforderlich. Seitens der Versicherung werden die unterschiedlichsten Deckungssummen angeboten. Es empfiehlt sich grundsätzlich, im Rahmen der Haftpflichtversicherung die unbegrenzte Deckungssumme zu wählen, da gerade im Bereich der Bauunternehmen oft auch gefährliche Stoffe, wie z.B. Treibstoff für die Baustellen befördert werden. Im Schadensfall kann es bei ungenügender Versicherungssumme zu erheblichen Aufwendungen von seiten der Unternehmen kommen. Zur Abdeckung des Risikos eines Totalschadens empfiehlt es sich weiterhin eine Fahrzeugteilversicherung abzuschließen, möglicherweise auch eine Fahrzeugvollversicherung mit einer hohen Selbstbeteiligung. Auch hier gelten die Rabattstaffeln, wie für die Haftpflichtversicherung.

2.   Die Bürgschafts- oder Kautionsversicherung

Immer wieder steht der Bauunternehmer vor der Frage, auf welchem Wege er die vom Auftraggeber einbehaltenen Sicherheitsbeiträge flüssig machen kann. §13 VOB/B in Verbindung mit §17 gibt den Auftraggebern das Recht, Barsicherheiten einzubehalten. Anstelle dieser Sicherheiten können Bürgschaften treten, zu denen auch eine Kautionsversicherung gehört. Im Rahmen der Kautionsversicherung ist die Übernahme von Bietungs-, Anzahlungs-, Ausführungs- und Gewährleistungsbürgschaften durch den Kautionsversicherer möglich.

3.   Die Kredit-Versicherung für Auslandsaufträge

Die Ausführung von Auslandsaufträgen hängt maßgeblich von der Möglichkeit ab, staatlichen Schutz für die mit einem Exportgeschäft verbundenen Risiken zu erhalten. Über die Hermes-Kreditversicherungs-AG übernimmt die Bundesregierung Ausfuhrgarantien und -bürgschaften sowie die Abdeckung anderer mit dem Export verbundener Risiken. Zu den Exportversicherungen, die die Hermes-Kreditversicherung in Hamburg im Auftrag der Bundesregierung anbietet, gehört auch eine Wechselkursversicherung, mit der sich ein Exportunternehmen gegen Verluste auf Grund von Schwankungen der Wechselkurse absichern kann (Bild 4.39).

Bei Verhinderung des Transfers übernimmt Hermes die Forderung gegen den jeweiligen Staat, indem Hermes den VN abfindet. Die Prämie beträgt 0,5 - 1 % der Bauleistung mit Beteiligung der Unternehmung in Höhe von 10-30 %.

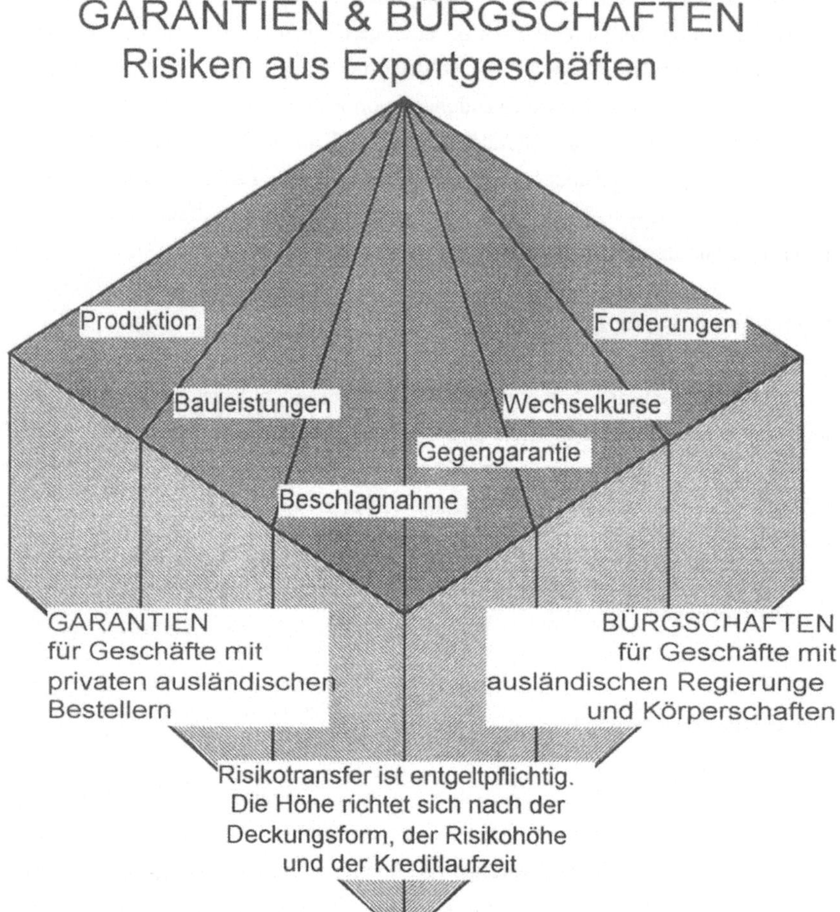

Bild 4.39   Überblick über die Tätigkeit der Hermes AG Hamburg.

4.7.4.5 Allgemeines zum Abschluß von Versicherungen

Die Versicherungssumme wird in allen Versicherungszweigen vom Versicherungsnehmer frei gewählt. Deckt sie den Wert der vollständigen Wiederherstellung einer Sache nicht ab, so spricht man von Unterversicherung, die sich im Schadensfall nachteilig auswirkt. Die Entschädigung wird nach der Formel:

$$\text{Entschädigung} = \frac{\text{Schaden} \cdot \text{Versicherungssumme lt. V - Schein}}{\text{Versicherungswert (tatsächlich)}}$$

berechnet, so daß beispielsweise die Betriebseinrichtungen bei Unterversicherung nicht voll, sondern nur teilweise versichert sind. Daher werden in vielen Versicherungsverträgen Gleitklauseln eingebaut, die kontinuierlich für die Anpassung der Versicherungssumme an die Geldwertveränderungen sorgen. Bei manchen Versicherungsarten sind Selbstbeteiligungen üblich oder wegen der niedrigeren Prämie ökonomisch interessant.

Günstigere Prämiensätze ausländischer Versicherungsfirmen lassen die Frage aufkommen, warum nicht im Ausland Versicherungsschutz gesucht werden soll. Meist liegen jedoch im Ausland andere Versicherungsbedingungen vor, deren Leistungsbestimmung von den inländischen erheblich abweichen können. Die Unterschiede liegen oft in Details: Z.B. ist bei ausländischen Feuerversicherungen der Feuerschaden aus Erdbeben oder herabfallenden Flugzeugteilen nicht automatisch eingeschlossen und nur durch Zusatzprämien mitversicherbar. Nicht immer schließt eine ausländische Haftpflicht die kostenlose Schadensabwehr mit ein. In der Personenversicherung ist nicht jeder Unfall ein Unfall im Sinne der Police.

Wenn man nicht die <u>Rechtsordnung des anderen Landes</u> genau kennt, kann man unangenehme Überraschungen erleben. Manche Lloyds-Police enthielt Auflagen für den Versicherungsnehmer, die dieser überhaupt nicht erfüllen konnte, so daß kein Versicherungsschutz gegeben und die Prämie verloren war. Dem ausländischen Versicherungsnehmer bleibt dann nur der Ausweg, sich Recht auf dem Klageweg zu verschaffen, um den Versicherer zu einer Leistung zu zwingen. Auch dies verspricht nur Erfolg bei bester Kenntnis der ausländischen Rechtsordnung.

Zu bedenken ist auch, daß jede ausländische Versicherung den Transfer von Prämien und Leistungen erfordert. Dies ist zwar gegenwärtig bei uns nicht eingeschränkt, Beschränkungen können aber jederzeit von der einen oder anderen Seite eingeführt werden. Außerdem können Vorsorgeaufwendungen und Aufwendungen für die Zukunftssicherung bei der Einkommensteuer nur geltend gemacht werden, wenn die Versicherung bei einer inländischen Gesellschaft abgeschlossen wird. Es muß also besondere Gründe geben, wenn mit einem ausländischen Versicherer ein Vertrag abgeschlossen werden soll.

4.8 Generationswechsel in der Familienunternehmung

4.8.1 Führungskampf bis in die Pleite?

Manchmal blocken die Väter den eigenen Nachwuchs ab. Nicht selten ist die Nachfolge eines Jung-Unternehmers ein gefährlicher Balanceakt: Wird der väterliche Führungsstil widerspruchslos imitiert, erfordert dies möglicherweise die Persönlichkeitsaufgabe des Nachfolgers. Sind dagegen die Ansichten zwischen Vater und Sohn konträr, kann dies sogar zu offenen Konflikten führen, die sich auch in die Belegschaft fortpflanzen können. An dieser Problematik kann der Betrieb scheitern.

Weil die ersten Gehversuche des Nachkömmlings naturgemäß mit größeren Risiken behaftet sind, dient die mangelnde Erfahrung oft als willkommener Vorwand, das Ruder noch nicht aus der Hand zu geben. Dadurch kann aber der Nachwuchs die erforderliche Erfahrung überhaupt nicht selber sammeln. Außerdem entstehen in zunehmendem Ausmaß Meinungsverschiedenheiten über unternehmerische Grundsatzfragen der Organisation, Führung, personal- und Produktpolitik. Das Festhalten an überholter Technik kann die dringend benötigte innovatorische Erneuerung verhindern.

Wenn der Nachwuchs im eigenen Betrieb beschäftigt ist, so ist oftmals der Führungsstil des Vaters gegenüber Sohn oder Tochter besonders streng, "weil man es ja besonders gut meint." Der Vater will sich auf diese Weise überzeugen lassen, daß der Nachfolger ausreichendes Stehvermögen besitzt, um das elterliche Geschäft weiterzuführen.

Der plötzliche Abgang des Seniorchefs birgt nicht nur Probleme für den Betrieb in sich, sondern auch für seine Person: Wenn jemand sich als Unternehmer restlos voll engagiert, hat er keine Zeit und Muße, Hobbies zu pflegen und sich innerlich auf den Absprung ins Altenteil vorzubereiten. Vollzieht sich andererseits der Übergang durch ein jahrelanges Nebeneinander von Senior- und Juniorchef, hat dies meist eine schleichende Entmutigung des Nachfolgers zur Folge, oder es stauen sich große Aggressionen an.

Die Frage der Nachfolgeregelung muß im Kreise der Familie besprochen werden. Einsame Entscheidungen sind unzweckmäßig; zukunftsorientierte Lösungen kommen nur dann zum Tragen, wenn sie von allen Parteien, also von der alten und jungen Generation unterstützt werden. Die frühzeitige Aussprache und Weichenstellung ist besonders wichtig, weil es neben rein finanziellen Aspekten um viel tiefgreifendere Probleme geht, z.B. um Eingriffe in die bisherigen Lebensgewohnheiten der älteren Generation (einschließlich existenzieller Ängste wegen der materiellen Lebensgrundlage) und um attraktive Zukunftsperspektiven der nachfolgenden Generation. Wenn der Nachfolger zu den allgemeinen betrieblichen Problemen zusätzlich noch hohe Schulden übernehmen soll (um die Miterben auszuzahlen), dann wird möglicherweise der eine oder andere lieber eigene Wege gehen und auf die Nachfolge verzichten. Dies bedeutet das Aus für einen Betrieb bzw. seine Aufgabe, was wiederum der älteren Generation nicht recht sein wird und große Probleme für die Belegschaft mit sich bringt.

4.8.2 Planung der Betriebsübergabe bzw. -übernahme

Welche Aktivitäten sind zu ergreifen?

1. Sohn oder Tochter, die den Betrieb übernehmen wollen, müssen auf den Prüfstand. Sie müssen sich selbst kritisch fragen, ob sie die geistigen Qualitäten für diese Aufgabe haben (fachliche, charakterliche und motivierende Eigenschaften). Sie müssen es als eine lohnenswerte Lebensaufgabe ansehen, den Betrieb in guten wie in schlechten Zeiten und mit einer gewissen Opferbereitschaft zu führen. Zur Bestätigung der Selbsteinschätzung sollten Vertrauenspersonen befragt werden (Verwandte, Freunde, Bekannte, Lehrer, Fachberater usw.). Auch der Gang zum Psychologen kann richtig sein. Danach sollte der Wille zur Übernahme der Aufgabe vorhanden bzw. gestärkt sein.

2. Es sind klar befristete Übergangsregelungen zu schaffen:
   In einem Stufenplan (z.B. für drei Jahre) ist zwischen dem Seniorchef und dem Nachfolger die Betriebsübergabe festzulegen. Der Nachwuchsunternehmer soll zunächst den Aufgabenbereich (wie in einem Trainee-Programm) mit eigener Verantwortung und Zuständigkeit übernehmen, dem er durch seine Ausbildung bestmöglich gewachsen ist, der aber andererseits bei Fehlentscheidungen nicht die Existenz des Betriebes aufs Spiel setzt.

3. Falls die erste Phase negativ verläuft oder der Jungunternehmer sich der Aufgabe physisch und psychisch nicht gewachsen sieht - zum Unternehmer wird man schließlich nicht geboren - muß es Alternativplanungen geben.

4. Für alle Beteiligten und Betroffenen muß ein Entscheidungszeitpunkt festgelegt werden, ein "point of no return." Von da ab müssen aus den Absichtserklärungen rechtsverbindliche Handlungen werden. Einerseits muß der Vater die Schritte des Stufenplanes vollziehen, andererseits hat der Sohn oder die Tochter ebenso die Auflagen und zeitlichen Vorschriften einzuhalten. Streitigkeiten sind auch jetzt nicht auszuschließen und sind von einer Schiedsperson, die das Vertrauen beider Seiten besitzt, zu schlichten. Bei Verzögerungen steht sowohl nach innen wie nach außen die Glaubwürdigkeit des Betriebes auf dem Spiel.

5. Der junge Chef sollte bei der Durchsetzung seiner eigenen Interessen nicht die Interessen des Vorgängers, in der Regel des Vaters, vergessen, d.h. z.B. Mithilfe bei der Altersplanung der Eltern. Das sind Fragen wie:

- Was fange ich mit der vielen Freizeit an?
- Wer hört noch auf mich?
- Wer bin ich eigentlich noch ? usw.

Die Lösung dieser Fragen dient der reibungslosen und fristgerechten Betriebsübergabe.

6. Vor der endgültigen Festlegung aller Belastungen, Mieten, Renten usw. ist der Steuerberater oder Wirtschaftsprüfer zu konsultieren, damit nicht falsche Schritte unternommen werden, an denen die Unternehmung später ausbluten könnte. Die Entnahme von Betriebsvermögen jeder Art hat sofortige Einkommensteuerzahlungen zur Folge.

7. Gegenüber den Mitarbeitern sind Zeichen für den erfolgten Wechsel an der Spitze zu setzen. Wenn der Führungsstil sich ändert, muß dies deutlich gezeigt werden. Erfahrungsgemäß gibt es immer einige Mitarbeiter, die den Fähigkeiten des alten Chefs nachtrauern. Indem sie ständig die guten alten Zeiten heraufbeschwören, können sie das Betriebsklima empfindlich belasten. Der neue Chef darf nicht zu empfindsam sein, weil diese Dinge sich von selbst auswachsen. Wenn aber gegen die Führung Obstruktion betrieben wird, muß er gegen die Rädelsführer härter vorgehen und sich ggf. auch von langjährigen Mitarbeitern trennen.

4.8.3 Wissenstransfer auf die nachfolgende Bauunternehmer -Generation

Der Rückzug eines langjährigen erfolgreichen Unternehmensleiters und der Übergang an einen jüngeren Nachfolger werden nur gelingen, wenn beide hierfür in hohem Maße motiviert sind. Da der Chef im Klein- und Mittelbetrieb "Mädchen für alles" ist und jeder Mitarbeiter regelmäßig direkten Kontakt zu ihm hat, wird es dem Nachfolger außerordentlich schwer gemacht. Reibungslos wird die Übergangsphase nur bewältigt werden, wenn der Ältere für den Jüngeren großes Vertrauen und väterliches Wohlwollen empfindet und die Firmengeschicke in seine Hände legen will.

In der Übergangsphase zwischen Übergabe und Übernahme der Verantwortung sollte sich der ausscheidende Altunternehmer die Frage stellen: Welche Eigenschaften, Kenntnisse, Fertigkeiten und allgemeine Erfahrungen sollen der Nachfolgegeneration weitergegeben werden?

Horchler [4.141] definiert für den Generationstransfer Leitungsaufgaben und Führungsaufgaben. Zu den Leitungsaufgaben zählt er die Auftragsbeschaffung und die Kalkulation, die teilweise fachliches Wissen und Routinearbeit, teilweise Intuition und Gespür für die jeweilige Situation erfordern. Es sei häufig zu beobachten, daß hauptamtliche Kalkulatoren zwar die Routinearbeit leisten, aber (aus Zeitmangel?) nicht das Gespür und die erforderlichen Ideen für Sondervorschläge haben, um den Zuschlag zu erhalten. Dafür muß der Betrieb Vorarbeiten leisten, wie

- Stundenaufwandswerte sammeln und aktuell halten,
- Material- und Lieferantenverzeichnis pflegen,
- Baumaschinen-, Geräte- und Schalungsliste pflegen,
- Nachunternehmerlisten im Einzugsbereich pflegen,
- Listenpreise bilden (für Mauerwerk, Verblendung usw.).

Zu den Führungsaufgaben, die dokumentiert und weitergegeben werden sollen, zählen:

- Informationen über Haftungsfragen und Rechtsform,
- Versicherungen und Risikobeschränkungen,
- gültiger Plan über die Aufgabenverteilung im Unternehmen mit Stellenbeschreibungen,
- Hinweise über das Rechnungswesen (Kontenplan, Kostenartenplan, Kostenstellenplan, Baubetriebsrechnung usw.),
- Finanz- und Liquiditätsplanung und -kontrolle,
- Hinweise zur Fortsetzung des Informationssystems,
- Marktinformationen und Kundendateien mit Hinweis auf besondere Kundenwünsche,
- externe Berater (Steuern) und Auskunftsstellen (Rechtsauskünfte).

Die Führungsaufgaben sind deutlich stärker von menschlichen Faktoren geprägt gegenüber den mehr sachlichen Leitungsaufgaben.

5 Das Personal der Bauunternehmung

5.1 Einführende Bemerkungen

Unsere Zeit ist gekennzeichnet durch eine ungeheure Rationalisierungswelle, die alle Gebiete der Herstellung von Gütern und die Dienstleistungen erfaßt hat. Bei der Unternehmensführung lassen sich drei wichtige Bereiche abgrenzen: Der kaufmännisch-organisatorische Bereich, der technische und der menschlich-psychologische. Gut geführte Bauunternehmungen arbeiten pausenlos an der Optimierung des kaufmännisch-organisatorischen und des technischen Bereichs: Das Ergebnis dieser Analysen, Überlegungen und Anstrengungen sind hervorragende technische Problemlösungen.

Dagegen wird der dritte Bereich fast ganz vernachlässigt oder als weniger wichtig abgetan. Dabei bleibt unbeachtet, daß das Personal das <u>kostbarste Betriebsmittel</u> jeder Bauunternehmung ist. Es gilt, die Gesetzmäßigkeiten dieses Produktionsfaktors kennenzulernen und in der Personalplanung zu berücksichtigen. Im Gegensatz zu Investitionen in Anlagen und Maschinen trägt die Investition in die Mitarbeiter erst allmählich Früchte, und der Erfolg läßt sich nie mit Sicherheit vorhersagen. Dennoch ist erwiesen, daß die langfristige Entwicklung eines Unternehmens gerade von den Investitionen in die Mitarbeiter am stärksten abhängt.

Die Personalpolitik hat im Rahmen der Unternehmenspolitik ständig an Bedeutung gewonnen. Personelle Entscheidungen wirken sich einerseits gravierend auf die Leistungs- und Ertragskraft der Unternehmen aus, andererseits auf die in ihnen arbeitenden Menschen. Die Personalpolitik der Unternehmen prägt neben den Arbeits- und Sozialgesetzen sowie Tarifverträgen vor allem die <u>Arbeitswelt</u> ganz wesentlich. Sie rückt ständig mehr in den Blickpunkt des öffentlichen und politischen Interesses. Einige Zahlen mögen aufzeigen, um welche Gruppen und Strukturen von Beschäftigten es sich insgesamt im Bauhauptgewerbe handelt:

Tab. 5.1 Die Beschäftigtenstruktur des Bauhauptgewerbes 1992.

	Bauhauptgewerbe Beschäftigte '92 [in 1000]	Anteil an der Gesamtzahl [in %]
Inhaber	52,7	3,7
Unbezahlte mithelfende Familienangehörige	4,9	0,3
Kaufmännische Angestellte	126,0	8,8
Technische Angestellte	94,3	6,6
Poliere und Meister	37,9	2,7
Hilfspoliere, Hilfsmeister und Vorarbeiter	100,3	7,0
Maurer	247,3	17,3
Zimmerer	81,0	5,7
Betonbauer	35,3	2,5
Baufacharbeiter (übrige)	223,5	15,7
Sonstige Facharbeiter	115,7	8,1
Fachwerker und Werker	245,7	17,2
Gewerbl. Auszubildende	63,5	4,4
	1428,0	100,0

Charakteristisch für die Struktur der Baubranche im Bereich der Angestellten ist, daß die Zahl der kaufmännischen Angestellten die der Techniker bei weitem überwiegt, obwohl die Leitung der Betriebe fast durchweg von Technikern ausgeübt wird. Unterschiedliche Standpunkte von Kaufleuten und Technikern können in gewissen Bereichen der Unternehmensführung mitunter zu Spannungen führen.

Personalführung unterliegt einem ständigen Wandel, bedingt durch den Wandel in der Gesellschaft und die Weiterentwicklung des Arbeitsrechtes.

5.2 Die Rolle des Vorgesetzten als Führungskraft

Bei großen Aktiengesellschaften kann beobachtet werden, daß beim Generationswechsel des Vorstandes oder bei internen Reibereien im Vorstand die Aktienkurse an der Börse rückläufig sind, auch wenn sonst die Geschäfte noch völlig normal zu verlaufen scheinen. Darin spiegelt sich die Erfahrung wider, daß das Wohlergehen eines Unternehmens auf mittlere bis lange Sicht vom Top-Management abhängt.

Klein- und Mittelbetriebe haben ebenfalls mit Führungsschwächen zu kämpfen, wenn es auch nicht auf dem Kurszettel offenbar wird wie bei einem Großkonzern. Dies kann aber für kleine Betriebe umso schneller das "Aus" bedeuten. Wer als Unternehmer oder im Unternehmen als Vorgesetzter erfolgreich sein will, muß zunächst an sich selbst rationalisieren.

Der wohl am weitesten verbreitete Fehler von Führungskräften ist ein <u>Defizit an Kommunikation</u>. Die Personalberater weisen immer wieder darauf hin, daß überall Fehler gemacht werden, daß aber dieser Führungsfehler, mangelnde Kommunikation mit den Mitarbeitern, möglichst rasch beseitigt werden muß. Falsch wäre es, fehlende Kommunikation durch Leistungsdruck zu ersetzen. Dies kann das Betriebsklima nur verschlechtern und das Unternehmen nicht auf Dauer vor Schaden bewahren.

Vergangenheitsbewältigung ist in der Unternehmung das Leistungshemmnis Nummer zwei. Es ist notwendig, Konsequenzen aus den Fehlern der Vergangenheit (eigenen ebenso wie fremden) zu ziehen. Mit Gespräch und Kommunikation werden diese Dinge am besten aus der Welt geschafft.

Der Chef und Vorgesetzte spielt bei diesen Fragen eine entscheidende Rolle, sei es, daß er sich selbst stellen muß, sei es, daß er die Dinge steuern, d.h. nach der Aussprache endgültig abstellen muß, nach dem Motto: eine Treppe wird stets von oben nach unten gekehrt.

5.2.1 Persönlicher Führungsstil

Führungsstil ist der Umgang des Vorgesetzten mit seinen Mitarbeitern. Die betriebliche Wirklichkeit wird nicht allein durch Sachaufgaben bestimmt. Entscheidend für das Interesse an der Arbeit ist häufig die Art, wie Vorgesetzte gegenüber ihren Mitarbeitern auftreten. Daß es große Unterschiede gibt, wird jeder Berufsanfänger beobachten, der in kurzer Zeit viele Abteilungen durchläuft und sie kennenlernen und vergleichen kann.

Wenn sich Kollegen über ihre Arbeit unterhalten, gibt es kein dankbareres Thema als den Chef; genauer gesagt: seine Fehler im Umgang mit den Mitarbeitern. Es gibt eine große Anzahl auch in der Fachliteratur beschriebener "Führungsfehler" bei Vorgesetzten, sei dieser nun Meister, Bauführer, Gruppenleiter, Abteilungsleiter oder Vorstandsmitglied.

1. Beispielsweise gibt es den Typ des "<u>Kämpfers</u>", der keinen neben sich dulden will. Die ihm gleichgestellten Kollegen sind für ihn Konkurrenten, gegen die er sich durchsetzen muß. Ideen und Initiativen seiner ihm unterstellten Mitarbeiter empfindet er als Störmanöver, als Angriff auf seine Entscheidungskompetenz. Folglich hält man sich als Mitarbeiter lieber zurück und akzeptiert die einsamen Beschlüsse des Vorgesetzten. Nur besonders Mutige versuchen vielleicht, ihn auf Fehler oder Widersprüche aufmerksam zu machen, müssen jedoch erfahren, daß dieser sich Fehler und Schwächen nicht einmal selbst eingesteht, darüber hinweggeht oder andere für seine Fehler verantwortlich macht: Er irrt sich eben nie.

2. Eine etwas harmlosere Variante ist der Chef, der so <u>in seine Arbeit verliebt</u> ist, daß er sie am liebsten allein erledigen möchte, seinen Mitarbeitern nur wenig zutraut und nicht bereit oder in der Lage ist, die anfallende Arbeit sinnvoll zu verteilen, also zu delegieren.

3. Ähnlich schwierig ist der kompromißunfähige Vorgesetzte, der <u>nur optimale Lösungen</u> akzeptiert. "Alles hundertprozentig oder Nichts" heißt seine Philosophie. Mangels Flexibilität verzichtet er lieber auf Änderungen und Verbesserungen. Vorläufige Lösungen oder von den sachlichen und personellen Gegebenheiten erzwungene Kompromisse akzeptiert er nicht. Das bedeutet - so stöhnen seine Mitarbeiter - daß in der Regel eben überhaupt nichts passiert oder aber Neuerungen eingeführt werden, die für die Abteilung oder für die gesamte Firma einige Nummern zu groß sind und somit der materielle und personelle Einsatz im Hinblick auf den wirklichen Nutzen zu hoch ist.

4. Das Gegenstück ist der <u>pedantische Chef</u>, der vor lauter Bäumen den Wald nicht sieht, der sich immer wieder in <u>Details</u> verzettelt, nicht zielstrebig die Gesamtinteressen seiner Firma verfolgt, sondern sich an Kleinigkeiten festbeißt: Ein nicht sorgfältig und gerade gesetzter Eingangsstempel führt zu Ermahnungen und Belehrungen, ohne beispielsweise den besonders umfangreichen Posteingang an diesem Tag oder die Tatsache zu berücksichtigen, daß der zuständige Sachbearbeiter unter Zeitdruck stand, um eine besonders dringliche Arbeit abzuschließen, und deswegen die Eingangsstempel als zweitrangig eingestuft hat - was sie ja auch sind. Wenn beispielsweise überflüssige Listen oder Karteien angelegt werden müssen, erlahmt die Einsatzbereitschaft der Mitarbeiter rasch.

5. Ferner gibt es den "<u>gehetzten Typ</u>", der es immer eilig hat, immer in Bewegung ist, von seinen Mitarbeitern alles sofort erledigt haben möchte und diese damit ebenfalls ständig in Bewegung hält. Besonders negativ an einer solchen, manchmal auch ins Chaotische umschlagenden Mitarbeiterführung ist der Mangel an Durch- und Überblick. Es wird stets nur kurzfristig reagiert, nichts ist langfristig vorbereitet: Notlösungen sind an der Tagesordnung, die die Mitarbeiter auf Dauer nicht zufriedenstellen und gleichzeitig eine mittel- oder langfristige Erfolgsstrategie verbauen können.

6. Der <u>parteiische Chef</u> kann nicht zwischen Sache und Person trennen. Ein Vorschlag ist immer schlecht, wenn er von bestimmten Mitarbeitern kommt, die ihm unsympathisch sind. Dagegen ist eine Idee immer hervorragend, wenn sie von einem seiner Sympathisanten eingebracht wird. Einem solchen Chef ist meist nicht bewußt, daß er parteiisch ist. Seine negative Reaktion auf die Meinung eines ihm unsympathischen Mitarbeiters versucht er zu versachlichen, indem er vernünftig klingende Gegenargumente - und seien sie noch so weit hergeholt - sucht, um diesem Kollegen nicht zustimmen zu müssen. In solch einem Fall sind ihm alle Argumente recht; kein Wunder wenn er sich dabei in Widerspruch zu früher geäußerten Grundsätzen bringt und nach und nach seine Glaubwürdigkeit verliert.

7. Das genaue Gegenteil ist der "<u>Kumpeltyp</u>", der versucht, allen Mitarbeitern seine Wertschätzung zu zeigen. Zu diesem Zweck verabredet er sich sogar in der Freizeit und bietet das freundschaftliche "Du" an. Es besteht die Gefahr, daß die so harmonierende Gruppe oder Abteilung sich von anderen Betriebseinheiten abkapselt. Durch die Vermischung von Privatem und Geschäftlichem wird auch sachlich notwendige Kritik schwieriger. Gegenüber anderen Abteilungen meint ein solcher Vorgesetzter (vielleicht sogar im Gegensatz zur eigenen Überzeugung) die Fehler seiner Mitarbeiter rechtfertigen zu müssen.

8. Problematisch ist auch der "<u>Umfaller</u>", der abteilungsintern beispielsweise seine Mitarbeiter motiviert, auch neue Ideen zu entwickeln, dann aber bei der geringsten Schwierigkeit mit höheren Stellen einen Rückzieher macht und seine Mitarbeiter einfach aus Führungsschwäche im Stich läßt oder zurückpfeift.

9. Zuletzt sei auch noch der von niemandem geschätzte Typ des "<u>Radfahrers</u>" genannt, der nach oben hin buckelt und nach unten tritt. Mit ihm kann keiner dauerhaft zusammenarbeiten. Das Betriebsklima leidet in einer solchen Abteilung.

Die hier kurz skizzierten Fälle sind eine Auswahl häufiger Führungsfehler, die in unterschiedlicher Intensität und Ausformung, oft auch in Kombination auftreten können. Die Führungsfehler haben alle ihre Ursachen in der Persönlichkeit und Entwicklung des Vorgesetzten, sie sind aber nicht nur auf Vorgesetzte beschränkt. (Familienväter können ebenso ihre Familie "kommandieren", Lehrer ihre Schulklassen, der Vereinsvorsitzende seine Vereinsmitglieder usw.).

5.2.2 Führungsprinzipien

Organigramm und Stellenbeschreibung regeln die Eingliederung des Mitarbeiters in den Betrieb bzw. in den Arbeitsprozeß. Auch wenn <u>Führungsfehler</u> als Folgen menschlicher Unzulänglichkeit verstanden werden, mit denen sich jeder plagen muß, so bleibt doch die Tatsache bestehen, daß Arbeitsmotivation, Einsatz- und Leistungsbereitschaft sowie Kreativität der Mitarbeiter aufgrund von Führungsschwächen Schaden leiden. Die Mitarbeiter können sich über- oder unterfordert fühlen und resignieren, wenn sie mit ihrem Vorgesetzten nicht zurechtkommen. Äussere Anzeichen sind

- hohe Personalfluktuation,
- Machtkämpfe oder Intrigen aus persönlichen Animositäten.

Ein Teil der Arbeitszeit verpufft in unnötigen Reibereien.

Aus diesen Gründen kann sich kein Unternehmen Führungskräfte leisten, denen die notwendigen Führungsqualitäten fehlen. Ein interessantes Experiment führt seit 1969 eine Maschinenfabrik in Hamburg-Bergedorf durch: Die rund 3300 Mitarbeiter der Hanni-Werke Körber & Co. KG dürfen nach einer Probezeit über den Verbleib ihrer direkten Vorgesetzten bestimmen. In diesem Verfahren, "Stufenselektion" genannt, müssen sich alle, die Mitarbeiter zu führen haben, angefangen beim Vorarbeiter, Gruppenleiter, Meister, Abteilungsleiter bis hin zur Geschäftsführung einer Abstimmung stellen. Die Führungskräfte werden zwar nicht von ihren Mitarbeitern direkt gewählt, sondern wie in anderen Unternehmen von der Geschäftsleitung nach verschiedenen Kriterien ausgesucht und eingestellt. Ausschlaggebend sind dabei die fachlichen Qualitäten, Berufserfahrung usw. Obwohl äußerst wichtig, machen diese aber eine Führungskraft nicht allein aus. Wichtiges Zubehör sind die persönlichen Führungsqualitäten. Wer kann besser beurteilen als die betroffenen Mitarbeiter, wie ihr Vorgesetzter beispielsweise in hektischen und schwierigen Situationen reagiert, ob er die Nerven behalten und sich mit Ruhe und Gelassenheit schwierigen Entscheidungen stellen kann? Ob er tolerant und nachsichtig ist, nicht jeden Fehler auf die Goldwaage legt, Erfahrung im Umgang mit Menschen hat und sich - wo nötig - auch diplomatisch verhält. Und ob er nicht nur sich und seine Leistung in den Vordergrund stellt, sondern auch die Leistungen seiner Mitarbeiter erkennt und anerkennt.

Nach einer dreimonatigen Probezeit stimmen die ihm unterstellten Mitarbeiter über den Verbleib ihres Vorgesetzten ab. In den vergangenen dreizehn Jahren konnten bisher nur zwölf Kandidaten diese Hürde nicht nehmen. Man kann vermuten, daß sich mancher Kandidat aufgrund dieser dreimonatigen "Prüfung" durch die Mitarbeiter entsprechend ein- und umgestellt hat: Die genannten Führungsqualitäten werden nämlich niemandem in die Wiege gelegt, sondern jeder muß sie mühsam erlernen. Nicht umsonst absolvieren immer mehr angehende Führungskräfte betriebspsychologische Kurse zur Mitarbeiterführung.
Auch wenn dies nicht als Patentrezept für alle Betriebe anzusehen ist, so ist als wichtigstes Ziel solcher Maßnahmen die Mitarbeitermotivation hervorzuheben:

Der Vorgesetzte soll bei seinen Mitarbeitern die Bereitschaft wecken, die ihnen gestellten Aufgaben zu lösen und mit zur Erfüllung der von der Geschäftsleitung vorgegebenen Unternehmensziele beizutragen.

Dabei gilt das Prinzip:

> Motivierte Mitarbeiter sind nicht alles;
> aber ohne motivierte Mitarbeiter ist alles nichts.

Ferner ist dafür zu sorgen, daß in den einzelnen Gliederungen des Betriebes ein gutes Arbeitsklima herrscht. Die übergeordnete Führungskonzeption soll dabei so viele Vorgaben machen, daß die Abteilungen im großen ganzen nach dem gleichen Stil geführt werden, aber im Detail noch genügend Gestaltungsspielraum haben, daß in jeder Abteilung die spezielle Arbeitsatmosphäre entstehen kann, die den (wechselnden) Charakteren der Leiter und Mitarbeiter entspricht.

Ferner sollen organisatorische Richtlinien je nach Funktion die Tätigkeiten sowie die <u>Informations- und Entscheidungswege</u> festlegen, die Einfluß auf die Mitarbeiterführung haben, z.B. wenn in ihnen eine Informationspflicht des Vorgesetzten seinen Mitarbeitern gegenüber verankert ist oder umgekehrt. Inwieweit in den entsprechenden Richtlinien eine Mitarbeiterbeteiligung vorgesehen ist, hängt vom jeweils praktizierten Führungsprinzip ab. Dieses wird wie die Organisationsform von der Unternehmensleitung bestimmt.

5.2.3 Führungskonzepte

Führungskonzept ist das gesamte im Unternehmen praktizierte Maßnahmenbündel von Organisation, Führungsprinzip und Führungsstil.

Man unterscheidet drei Führungsprinzipien: Das autoritäre, das kooperative und das partnerschaftliche. Das Wort "<u>autoritär</u>" hat für uns heute einen etwas bitteren Beigeschmack, wenn man zum Beispiel an autoritäre Regierungsformen im Gegensatz zu demokratischen denkt. Es bezeichnet aber ursprünglich ein Prinzip, das auf dem fachlich und traditionell begründeten Einfluß einer Person beruht: Der Meister oder der Ingenieur besitzen die nötigen Fachkenntnisse, um dem einzelnen Gesellen, Facharbeiter etc. seine Arbeit zuzuweisen und Anordnungen zu geben.

In seiner negativen Ausprägung bedeutet autoritär aber die Forderung nach uneingeschränktem Gehorsam, nach dem Grundsatz von Befehlen und Gehorchen oder Anordnen und Befolgen, wie etwa in militärischen Organisationen. Als Führungsprinzip bedeutet autoritär, daß von kompetenter Seite ohne Rücksprache mit den Ausführenden Beschlüsse gefaßt und den untergeordneten Stellen Anweisungen weitergegeben werden, deren korrekte Ausführung überwacht wird (Dies hat nichts mit einem möglicherweise autoritären Gehabe eines Meisters etc. zu tun, der mit hochrotem Kopf Befehle ausstößt und alle, die nicht parieren wollen, zusammenschreit). Bekommt der Mitarbeiter dagegen einen festen Tätigkeitsbereich zugeordnet, in dem er in einem bestimmten Umfang eigenverantwortlich entscheiden sowie seine Arbeit selbst einteilen kann, wandelt sich der Befehlsempfänger langsam zu einem "Mit"-arbeiter des Unternehmens, der sich stärker mit seiner Arbeit identifizieren kann. Dieses auf Delegation der Verantwortung beruhende Führungsprinzip wird "<u>kooperativ</u>" genannt.

Eine weitere Steigerung bedeutet das partizipative oder <u>partnerschaftliche</u> Führungsprinzip. Hier werden die Unternehmens- und die für die einzelnen Bereiche und Abteilungen maßgeblichen Ziele nicht mehr allein von der Unternehmensleitung, sondern im Team, in Zusammenarbeit mit denen, die sie verwirklichen wollen, abgestimmt und festgelegt (Zielvereinbarung).

In der Bauwirtschaft verspricht heute und in absehbarer Zukunft nur das autoritäre oder das kooperative Prinzip Erfolg. Ein Mehr an persönlicher Gestaltungsfreiheit erscheint beim dezentralen und schwer überschaubaren Baubetrieb unzweckmäßig. Dies kann sich jedoch im Laufe der Zeit analog zu anderen gesellschaftlichen Entwicklungen ändern.

Das richtige Führungskonzept ist auch eine Frage der Firmengröße und Firmenentwicklung, wie am Beispiel der kleineren mittelständischen Firma gezeigt werden soll: Zuerst überblickt der Firmengründer seinen Betrieb mit nur wenigen Beschäftigten. Er ist über alles informiert und entscheidet selbst. Wenn der Betrieb so weit gewachsen ist, daß er in Abteilungen differenziert werden muß, im Detail also nicht mehr von einer Person zu überschauen ist, müssen Entscheidungskompetenzen delegiert werden. Das werden zunächst sachliche, später auch personelle und zuletzt auch wirtschaftliche sein.

Jetzt wird deutlich, wie eng der Aufbau einer Unternehmensorganisation mit den Entscheidungen über Führungsprinzipien verbunden ist. Aber auch etwas anderes wird klar: Je nach dem Führungsprinzip werden an die Mitarbeiter unterschiedliche Anforderungen gestellt: kooperatives und partnerschaftliches Führungsprinzip erfordern zusätzliche Kenntnisse und Fähigkeiten, um die ihnen anvertrauten Kompetenzen sinnvoll ausfüllen zu können. Dies bedeutet auch, daß nicht ein Prinzip im gesamten Unternehmen durchgängig zum Tragen kommen muß. Vielmehr weist jedes Unternehmen eine ihm eigene Mischung von Organisationsformen, Führungsstil und Führungsprinzipien auf. Diese Mischung stellt das Führungskonzept dar, das von der Unternehmensleitung entwickelt und durchgesetzt wird. Häufig werden dabei auch geeignete Personalberater eingeschaltet.

5.2.4 Persönliche Arbeitstechnik - geplante Zeiteinteilung

Wer als Unternehmer erfolgreich sein will, muß zunächst an sich selbst rationalisieren. Die Arbeitszeit von leitenden Personen ist insbesondere durch den Multiplikator der ihnen unterstellten Mitarbeiter besonders kostbar.
Die richtige Gewichtung von Haupt- und Nebenaufgaben ist der erste wichtige Planungsgesichtspunkt. Der zeitliche Schwerpunkt ist auf die Haupttätigkeiten zu konzentrieren. Er muß sich am festgelegten Stellenziel orientieren.

Man nimmt sich stets zuviel vor. Um real planen zu können, heißt es, entweder an den richtigen Punkten zu kürzen und zu straffen oder zu delegieren bzw. länger zu arbeiten.
Die schriftliche Festlegung der Tagesaufgaben ist wichtig. Tabelle 5.2 gibt einen Vorschlag für ein Monatsprogramm. Wenn es schriftlich fixiert ist, wird der Kopf frei für die Bearbeitung der eigentlichen Tagesprobleme.

Jedoch nur die schriftliche Ausfertigung je Arbeitstag wirkt quasi als Tagesbefehl. Man ist dadurch an der straffen Befolgung seines Tagesprogramms interessiert, läßt sich weniger ablenken und nimmt jeden Punkt ernst. Dabei muß genügend Spielraum (etwa 20 bis 30 %) vorhanden sein für Unvorhergesehenes und Störungen, da im Betrieb kein Arbeitstag ohne Störungen abläuft.

Tabelle 5.2 Geplantes Monatsprogramm eines leitenden Angestellten.

Bereich Tätigkeit	Allg. Gesch.- politik	Markt	Finanz- politik	Behörden Kunden- verkehr	Organi- sation	Personal- politik	Mitarb.- führung	Summe
Informieren	15	5	10	.	5	5		40
Planen	15	5	10		5	5		40
Externe Konferenzen				20				20
Schriftverkehr, Telefonate				25			5	30
Mitarbeiter-besprechungen	5						10	15
Baustellenbesuche					15		10	25
Summe	35	10	20	45	25	10	25	170
[%]	20,5	5,9	11,8	26,5	14,7	5,9	14,7	100

Über eine längere Periode sollten die Tagespläne quasi nachkalkulatorisch ausgewertet werden, wobei einzelne Tagesereignisse im größeren Zusammenhang zu gewichten sind. Bild 5.3 gibt Anhaltspunkte für solche Auswertungen und dient der eigenen Rechtfertigung und Übersicht.

VT	AT	Donnerstag, 8. Oktober 199.		ZV	
		Angebotsvergleich XY besprechen Kostenbericht verabschieden Investitionsantrag Z bearbeiten			> Aufgaben aus Wochenplan
		Rev.-Bericht Reisekosten durcharbeiten Besuch Meyer, Augsburg Zahnarzt			> Neu hinzugekommene Tagesaufgaben
		Post Anweisungen Kontrolle Telefonate/Besuche	PO AN KO TE/BE		> Periodisch wieder- kehrende Aufgaben
		RZ (= Reservezeit)			

Bild 5.3   Der Tagesplan ist der erste Schritt zur wirksamen Arbeitsentlastung
                (VT = vorgesehene Tagestermine, AT = Ablauf der Tagesaufgaben,
                Reihenfolge, ZV = Zeitvorgaben).

Durch diese Planungen kann ein gewisser Zeitanteil für wichtige oder neue Aufgaben freigesetzt werden. Dabei ist natürlich der zusätzliche Aufwand für die eigene Arbeitsvorplanung mit zu berücksichtigen (Bild 5.4).

Nicht unwichtig ist es, sich Rechenschaft über die Hauptstörfaktoren abzulegen. Wenn diese überhand nehmen, sind Störanalysen durchzuführen. Aber schon die Kenntnis der Haupteinflüsse kann hilfreich sein. Hier sind folgende 15 Punkte als "Zeitfallen" zu nennen:

1. Unterbrechung durch Telefonanrufe.
2. Unangemeldete Besucher.
3. Besprechungen, Konferenzen und Team-Arbeit mit unbekannter Dauer.
4. Krisensituationen, die im voraus nicht abzusehen waren.
5. Überhäufter Schreibtisch und fehlende persönliche Arbeitsorganisation.
6. Fehlende Zielsetzungen, Prioritäten und Schlußtermine.
7. Verstrickung in Routine- und Detailarbeiten, die delegiert werden sollten.
8. Verlockung, zuviel auf einmal anzufangen; Unterschätzung der dafür erforderlichen Zeit.
9. Versagen beim Aufstellen klarer Verantwortungs- und Kompetenzstrukturen.
10. Ungenügende, unkorrekte oder verspätete Informationen durch andere.
11. Unentschlossenheit und Neigung zum Aufschub.
12. Fehlende oder unklare Absprachen und Anweisungen.
13. Unfähigkeit, "nein" zu sagen bei zusätzlichen Arbeiten.
14. Fehlende Maßgrößen, die klare Aussagen über Arbeitsfortschritte liefern.
15. Ermüdung und Unlust.

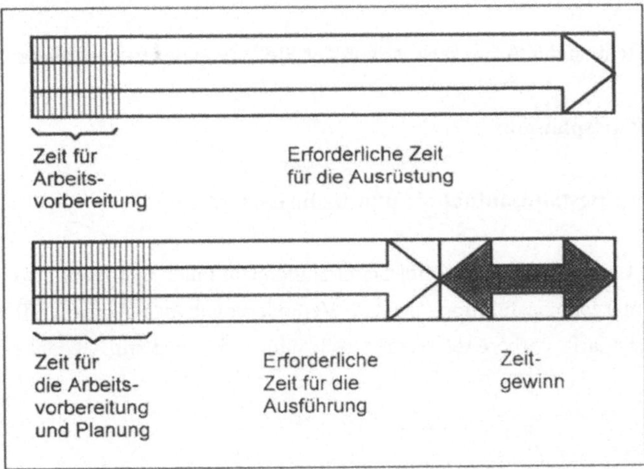

Bild 5.4   Der Zeitaufwand für die persönliche Zeitplantechnik lohnt sich.

Ferner ist bei der persönlichen Zeitplanung zu beachten, daß die Art der Tätigkeit bzw. ihr Umfang in hohem Maße von der jeweiligen Stellung in der Betriebshierarchie abhängt. Während im unteren Bereich die speziellen Fachaufgaben dominieren, stellen sich dem leitenden Angestellten immer mehr Verwaltungsaufgaben, die oft viel Zeit erfordern (Bild 5.5).

Auch wenn er die fachlichen Aufgaben höher schätzt als die Verwaltungsarbeit, kann er sich diesen Dingen nicht entziehen, selbst wenn er dabei den Anschluß an die technische Weiterentwicklung verlieren würde.

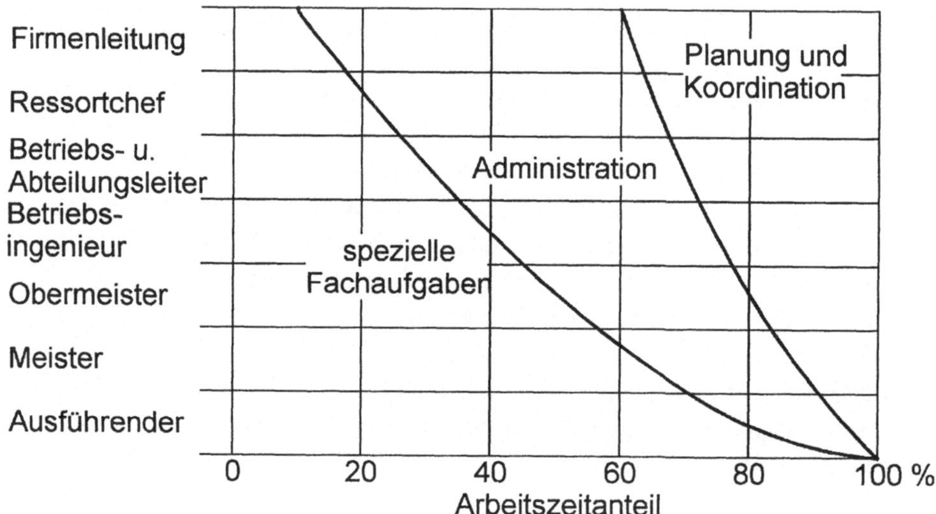

Bild 5.5 Die Aufteilung der Arbeitszeit ist von der Stellung in der Betriebshierarchie abhängig.

5.3 Personalbedarfsplanung

5.3.1 Quantitative Bestandsaufnahme und Bedarfsschätzung

Beschaffung und Einsatz geeigneter Mitarbeiter sollte nicht unter Zeitdruck erfolgen. Eine vorausschauende Unternehmensführung, die auf Veränderungen des Arbeitskräfteangebots und des Arbeitskräftebedarfs vorbereitet werden soll, muß sich frühzeitig Gedanken darüber machen.

Ebenso wie eine Wareninventur am Jahresende vor möglichen und unerwünschten Überraschungen schützen soll, kann eine Inventur auf personellem Sektor Fehl- oder Überbestände aufdecken. Gegen die Personalinventur gibt es gewisse moralische Bedenken, da im Betrieb guter Kontakt zur Belegschaft gesucht bzw. erhalten werden muß. Die Notwendigkeit, sich in regelmäßigen Abständen quantitativ und qualitativ einen Überblick auf dem Personalsektor zu verschaffen, wird jedoch dadurch verstärkt, daß das Personal nicht eines von vielen Gütern im Unternehmen ist, sondern das kostbarste überhaupt.

Wenn der Inventurgedanke auf den Personalbereich übertragen wird, müssen sich die Verantwortlichen darüber im klaren sein, daß es sich nicht um tote Gegenstände, sondern um lebende Individuen mit eigenen Gesetzmäßigkeiten handelt. Es muß daher feinfühlig, diskret und generell wohlwollend verfahren werden. Den Beteiligten muß dargelegt werden, daß das Aufspüren von personellen Schwachstellen im Unternehmen dem Wohle aller dient. Denn da, wo Leute am falschen Platz stehen, gehen deren Fehlleistungen zu Lasten von Kollegen.

Derartige Bestandsaufnahmen können naturgemäß nur in größeren Abständen von etwa 5 bis 10 Jahren oder nach einschneidenden Veränderungen wie auch nach einem Wechsel an der Spitze des Unternehmens, nach einer Fusion oder in Krisensituationen vorgenommen werden. Sie nehmen längere Zeit in Anspruch. Es gibt vielerlei Gründe, daß für derartige Aufgaben externe Unternehmensberater eingeschaltet werden.

Alle Aktivitäten in Sachen Personalinventur müssen in der Hand des Personalchefs zusammenlaufen. Eine Kooperation mit den Abteilungsleitern und Meistern bzw. Polieren ist wichtig. Zwar beschäftigt sich die Personalinventur mit dem augenblicklichen Bestand, sie liefert aber die Grundlage für die zukünftige Planung und Entwicklung.

Stellenbezogene Daten können aus dem Organisations- bzw. Stellenplan gewonnen werden:

- Funktionsbezeichnungen und Dienstränge,
- Stellenbeschreibungen und
- Zuständigkeitsordnung.

Ferner sind betriebliche Daten über Auftragslage, geplante geschäftspolitische Aktivitäten sowie vorgesehene technische und organisatorische Maßnahmen für die Bedarfsplanung bedeutsam. Sie beeinflussen entscheidend die stellenbezogenen Daten, nämlich das Gleichbleiben oder den Mehr- bzw. den Minderbedarf an Planstellen.

Hier sind vier Bedarfsarten zu unterscheiden:

- Der <u>Neubedarf</u>, ausgelöst durch Geschäftsausweitung oder Änderung von Verfahren. Es geht um den Mehrbedarf an Planstellen bzw. Arbeitskräften, z.B. durch die Ausweitung der Informatik.

- Der <u>Ersatzbedarf</u>, der zu decken ist, wenn bei gleichbleibender Stellenzahl freiwerdende Stellen wieder zu besetzen sind. Gründe dafür können im Ausscheiden von Mitarbeitern liegen oder auf Umsetzungen, etwa im Zusammenhang mit innerbetrieblichen Stellenausschreibungen, zurückzuführen sein.

- Der <u>Zusatzbedarf</u>, bei dem es um einen befristeten Bedarfsausgleich geht.

- Der <u>Minderbedarf</u>, der sich in der Streichung von Planstellen ausdrückt, z.B. wegen wirtschaftlicher Schwierigkeiten sowie technischer, organisatorischer oder struktureller Betriebsänderungen.

(Bild 5.6 zeigt ein Muster für eine grobe Personalbedarfsschätzung).
Wenn kein Stellenplan für jede betriebsorganisatorische Einheit zur Verfügung steht, muß sich der Personalchef zunächst mit groben Stellenübersichten anhand des Ist-Zustandes behelfen und nach und nach versuchen, durch schrittweise Korrektur zu Soll-Stellenplänen zu kommen und dabei auch die Über- und Unterstellungsverhältnisse im einzelnen festlegen.

5.3.1.1 Kennzahlen für die Personalplanung

Eines der einfachsten Hilfsmittel zur laufenden Beobachtung des Betriebsgeschehens ist die Bildung statistischer Kenngrößen, aus denen zunächst der Stand, bei längeren Jahresreihen auch die Entwicklung auf dem Personalsektor ablesbar ist. Solche Kennzahlen bei der Personalstruktur und -veränderung können beispielsweise sein:
- Personalbestand nach Mitarbeitergruppen (Arbeiter/Angestellte; Fachkräfte/Angelernte/Ungelernte; Männer/Frauen; Deutsche/Ausländer; Schichtzeitbeschäftigte),
- Personalbewegung (Zu- und Abgänge, Fluktuationsanalyse),
- Altersstruktur (nach Lebensalter, nach Beschäftigungsjahren),
- Aus- und Fortbildungsbogen je Mitarbeiter.

Kennzahlen über Arbeits- und Fehlzeiten:
- Arbeitszeit- und Schichtregelungen,
- Fehlzeitenübersichten,

– Krankenstand in % oder Krankheitsausfallstunden bezogen auf die gezahlten Stunden,

– Urlaubspläne.

	Planungszeitraum/Jahre				
Mitarbeitergruppe:					
1. Planstellen (Stand 1. Januar)					
2. ./. Personalbestand (1. Januar)					
3. = Überschuß (1.-2.)					
5. + Verminderung Planstellen					
7. + Voraussichtliche Zugänge:					
71. Beendigung Ausbildung					
72. Rückkehr Schule/Studium					
73. Sonstige Zugänge					
Zwischensumme I.					
4. = Fehlbedarf (1.-2.)					
6. + Erhöhung Planstellen					
8. + Voraussichtliche Abgänge:					
81. Pension./ (Frauen 60. J. / Männer 63. J.)					
82. Schule/Studium					
83. Bundeswehr					
84. Mutterschutz					
85. Sonstige Fluktuation					
Zwischensumme II.					
I.- II.　　→ Personalüberschuß					
→ Personalbedarf					

Bild 5.6　　　　Muster für eine Personalbedarfsschätzung.

Kennzahlen aus Personalstatistiken:

– Entgelt gegliedert nach Lohn- und Gehaltsgruppen,

– Ausbildungskosten,

– Weiterbildungskosten,

– Kosten der Sozialleistungen,

– Personalnebenkosten,

– gesamte Personalkosten.

Durch mittel- bis langfristige Beobachtungen dieser Kennzahlenstatistik können Trends aufgezeigt werden, die eine Beurteilung der Situation des Unternehmens gestatten.

Insbesondere durch Vergleich mit ähnlich strukturierten Betrieben lassen sich weitergehende Rückschlüsse ziehen.

5.3.1.2 Die Altersstruktur der Belegschaft

Eine der am leichtesten zu ermittelnden statistischen Größen ist die Altersstruktur der Belegschaft. Daraus ergeben sich auch sehr schnell einige Schlußfolgerungen für die Zukunftssicherung des Unternehmens. Wenn beispielsweise sämtliche Poliere zwischen 50 und 60 Jahre alt sind, muß schleunigst Nachwuchs beschafft werden, damit beim bevorstehenden Ausscheiden dieser Generation kein Vakuum auf der unteren Führungsebene entsteht.

Weit schwieriger ist aber eine <u>differenzierte</u> Beurteilung der Altersstruktur eines Betriebes, denn Jugend ist kein Gütesiegel, und die Vorstellung, daß allein junge Führungskräfte eine Garantie für Erfolg und Wachstum seien, ist ein Irrtum. Der Rückbildung physischer Möglichkeiten mit zunehmendem Alter steht die Entwicklung und Verfeinerung anderer Persönlichkeitsqualitäten gegenüber.

Das Verhängnisvolle dieses sozialen Vorurteils liegt vor allem darin, daß immer tiefere Altersschichten davon erfaßt werden, während gleichzeitig die Lebenserwartung und die physische Lebenskraft ansteigen.

Bei einer langfristig konstanten Beschäftigungslage kann die Personalbedarfsplanung mit der Nachfolgeplanung bewährter Mitarbeiter auf allen Betriebsebenen gleichgesetzt werden, die Nachwuchsplanung und Karriereplanung für bewährte Mitarbeiter einbezogen. Hierzu dienen Laufbahnmodelle, um Aufstiegs- und Wechselmöglichkeiten aufzuzeigen, sowie Job-Rotation-Modelle, um durch kurzfristige, organisierte Versetzung die Ausbildung von Mitarbeitern zu fördern und den Stellen mehr Bedeutung zu geben.

5.3.2 Qualitative Bestandsaufnahme und Bedarfsplanung

Bei optimalem Ergebnis ist der richtige Mann auf dem für ihn richtigen Platz tätig. Es sind also stellenbezogene und personenbezogene Daten zu sammeln.

Je höher der Ausbildungsgrad einer Stelle oder eines Bewerbers ist, desto schwieriger wird die Personalplanung. Die Verbesserung der Personalqualität sollte bei der Führungsmannschaft einsetzen. Die Qualität der Topleute steht im Interesse der Unternehmenssicherung im Vordergrund.
Z.B. ist die Einstellung qualifizierter Mitarbeiter der Geschäftsleitung oder dem Vorstand vorbehalten, der Einsatz aber und die weitere Entwicklung der gleichen Mitarbeiter obliegen jedoch ganz anderen Stellen und erfolgen nicht nach den gleichen Kriterien.

Für die qualitative Bestandsaufnahme werden gerne erfahrene Personalberater eingesetzt. Diese beginnen ihre Arbeit in der Regel nicht mit der Einführung eines Bewertungssystems, sondern verschaffen sich zuerst den erforderlichen Überblick mit einem Fragebogen, der für den jeweiligen Fall gestaltet wird und z.B. den in Tab. 5.7 gezeigten Inhalt haben kann.

Das oberste Prinzip für Bewertungssysteme lautet:

> Leistungsbewertung statt Persönlichkeitsbewertung

Um werten und wichten zu können und guten Nachwuchskräften vor weniger guten bessere Aufstiegschancen zu eröffnen, ohne daß dies dem Zufall oder der Willkür anheimgestellt bleibt, bedarf es eines zuverlässigen Instrumentariums zur Leistungsbewertung. Naturgemäß sind derartige Systeme nicht unumstritten und müssen mit größter Sorgfalt ausgearbeitet werden.

PERSONAL - BEREICH	
Produkt/Abt.	Liste Nr.
Nr.	Inhalt der Fragen
1	Ist der Mitarbeiter grundsätzlich für die ihm anvertrauten Aufgaben geeignet?
2	Wo hat der grundsätzlich geeignete Mitarbeiter Schwächen, die durch fachliche Beratung oder ergänzende Ausbildung beseitigt werden könnten?
3	Hat der Mitarbeiter Fähigkeiten, qualifizierte und verantwortungsvollere Aufgaben zu übernehmen? Mit welchen Mitteln und Methoden ist er darauf vorzubereiten?
4	Wenn der Mitarbeiter für seine derzeitige Funktion ungeeignet ist: Hat er auf anderen Gebieten Fähigkeiten, die für das Unternehmen nützlich sind? Wie lassen sich diese Fähigkeiten verwerten?
5	Soll ein für seine Funktion völlig ungeeigneter Mitarbeiter freigestellt werden?
6	Scheidet der Mitarbeiter im Planungszeitraum aus? Muß er ersetzt / nicht ersetzt werden?
7	Konnte eine Stelle im Unternehmen nicht besetzt werden? Was ist die Ursache? Soll ein qualifizierter Mitarbeiter des Unternehmens dafür ausgebildet werden?

Bild 5.7 Beispiel für die qualitative Bestandsaufnahme eines Personalberaters.

Anstoß erregen stets Beurteilungskriterien, die statt einer Leistungsbewertung die Persönlichkeitsbewertung in den Vordergrund stellen. Bei der Leistungsbewertung werden die Ergebnisse beurteilt, die der Mitarbeiter bei der Ausführung seiner Aufgaben erreicht hat, bei der Persönlichkeitsbewertung geht es um Charaktereigenschaften. Diese unterliegen jedoch der <u>subjektiven</u> Einschätzung der Vorgesetzten und beinhalten keine meßbaren Größen. Solche ungeeigneten Kriterien sind:

- Intelligenz,
- Phantasie,
- Initiative,
- Selbstbewußtsein,
- Zuverlässigkeit,
- Lernbereitschaft,
- Auftreten,
- Ausgeglichenheit,
- Kontaktfähigkeit,
- Aufgeschlossenheit,
- Persönlichkeitsreife.

Sicher sollen diese Eigenschaften vorhanden sein; wenn ihnen hoher Stellenwert beigemessen wird, müssen meßbare Kriterien zur Urteilsfindung festgelegt werden. Ein genereller Zusammenhang zwischen Charakter bzw. Persönlichkeit und Leistung ist bis heute - trotz vielfacher Bemühungen - nicht nachgewiesen worden. Die Praxis zeigt vielmehr, daß Mitarbeiter in vergleichbaren Stellungen trotz unterschiedlicher Eigenschaften gleich gute Leistungen erbringen können.

Eine Umfrage zur Persönlichkeitsbewertung in den USA hat folgende negative Ergebnisse geliefert:
- die Bewerter bewerten nur widerstrebend,
- das Bewertungsgespräch, in dem die Bewertung dem Betroffenen mitgeteilt wird, wird nur widerwillig durchgeführt,
- Folgemaßnahmen sind fast ausgeschlossen (was heißt schon: Intelligenz - gedankenlos),
- die Bewertungsbögen werden unvollständig ausgefüllt,
- die Antworten zentrieren sich auf die mittleren Stufen,
- die Bewertungsergebnisse bleiben bei mehreren Bewertungen weitgehend unverändert,
- die Beurteilung von Charaktermerkmalen hilft nicht zur Verbesserung der Leistung, da kein Lernprozeß eintreten kann.

Der Schaden der Persönlichkeitsbeurteilung ist meist größer als der Nutzen.

Leistungsbeurteilung dient dagegen der Erfassung und Beurteilung des Anteiles, den der Mitarbeiter zum Erreichen der Unternehmensziele beiträgt. Da diese Beiträge außerordentlich streuen, ist es möglich, mit einem einzigen System alle Funktionen zu erfassen. Nur wenn die speziellen Tätigkeitsschwerpunkte bewertet werden, ist eine eingehende Analyse möglich.

Es ist daher schwieriger, Systeme für die Leistungsbewertung zu entwickeln als für die Persönlichkeitsbewertung. Auch für den Bewerter bringt die Leistungsbewertung einen höheren Aufwand mit sich, da Tatsachen gesammelt, gesichert und ausgewertet werden müssen. Auch diese Beurteilungsgespräche bereiten Probleme. Sie liegen jedoch auf einer anderen Ebene als bei der Persönlichkeitsbewertung (Besonders schwierig bleibt stets die Leistungsbewertung im Bereich der Forschung. Doch ist dieser Bereich im Bauunternehmen nicht relevant).

An die Leistungsbewertung können auch Systeme der Leistungsentlohnung geknüpft werden, an die Persönlichkeitsbewertung nicht.

Die Einführung eines Bewertungssystems auch in Form einer Leistungsbeurteilung bringt stets Unruhe in die Belegschaft. Nur ein sorgfältig geplantes Vorgehen hat Erfolgsaussichten und kann die sachlichen und psychologischen Hindernisse abbauen. Dilettantische Improvisation ist zum Scheitern verurteilt. Nur wenn eine Mitarbeiterbeurteilung gerechte Urteile über die Leistung der betreffenden Person liefert, erfüllt sie die Ziele des Unternehmens und dient zur Verbesserung von Information und Kommunikation.

Die von manchen größeren Bauunternehmen praktizierte Form der Personalinventur kann prinzipiell auch auf kleinere Unternehmen übertragen werden.

Der folgende Fragebogen einer Großunternehmung für die Mitarbeiter des Außendienstes und seine 30 Punkte dienen als Grundlage für ein Punktsystem, das durch Auslassen nicht zutreffender Bereiche neutral wirkt (Bild 5.8). Der Mitarbeiter kann selbst erkennen, in welcher Richtung er sich verbessern oder weiterentwickeln muß, um bei der nächsten Beurteilung ein besseres Ergebnis zu erzielen.

Der Fragebogen ist für die Eigenbeurteilung der Mitarbeiter auf den Baustellen aufgestellt worden. Er dient als Grundlage für das jährlich mit dem Personalchef stattfindende Personalgespräch und wird danach zurückgegeben.

Bild 5.8 siehe folgende Seiten.

Nr.	Beurteilungsgebiete	Punkte	10	7 - 8 - 9
1	Persönlicher Einsatz			Setzt sich ohne Einschränkung ein, überwindet auch große Schwierigkeiten
2	Selbständigkeit, Verantwortungs- bewußtsein, Entschlußfreudigkeit			Sehr selbständig und sicher, überblickt Gesamt- situation; lädt sich die Verantwortung auf
3	Verhalten bei unvorhergesehenen Ereignissen			reagiert schnell und sicher, strahlt Ruhe aus, gibt richtige Anweisungen
4	Verhandlungsgeschick			reaktionsschnell, wendig, klug, zäh, tolerant, übernimmt Führung, erfolgreich
5	Umgang mit Belegschaft, soziale Betreuung			setzt sich pers. f.d. Mitarbeiter ein, kann mitreißen, kümmert sich um Unterkünfte, sorgt für Ordnung
6	Umgang mit Bauführern und Polieren			führt sehr gut, ist geachtet, delegiert klar und kontrolliert, schöpft positive Eigenschaften aus
7	Umgang mit Bauherrschaft und Dritten - Auftreten			verbindlich und gewandt, trotzdem energisch, überall anerkannt
8	Verhalten zu Vorgesetzten			zuverlässig, offen, sagt eigene Meinung, bleibt ruhig und sachlich dabei
9	Fähigkeit zu lehren Bereitschaft zu lernen			erklärt freiwillig und gut, hat Geduld, schult gezielt, lernt selbst, bleibt modern
10	Organisationstalent			hat großes Organisationstalent, plant folgerichtig und genau, denkt weit und klar voraus
11	Theoretische und konstruktive Kenntnisse			gut ausgebildet, selbständige Behandlung statischer und konstruktiver Probleme
12	Praktische Fähigkeiten und Materialkenntnisse			hat vielseitige praktische Kenntnisse bis ins Detail, verwertet diese Erfahrungen
13	Geräte- u. Einrichtungskenntnisse (Baustelleneinrichtung)			hat solide Kenntnisse und große Erfahrung, kennt Zusammenhänge, beeinflußt AV maßgeblich
14	Arbeitsvorbereitung (AV) und Terminplanung			beherrscht selbst AV-Methoden, sorgt für AV-Planung und beeinflußt sie
15	Qualität der Bauausführung			erzwingt sorgfältige, gediegene, erstklassige Ausführung ohne Mehraufwand
16	Beton- und Transportbetonüber- wachung			beherrscht Betontechnologie, sorgt für konsequente Überwachung nach Güte und Menge
17	Geräteeinsatz und Wartung			vielseitige Erfahrungen werden genutzt. Sehr gute Kontrolle über Einsatz, Leistung, Wartung
18	Unfallverhütung und Ordnung			verhütet energisch Unfallquellen, Baustelle stets gut aufgeräumt und gesichert
19	Technische Baukontrolle (z.B. Schalung, Rüstung, Armierung)			ist sich seiner Verantwortung sehr bewußt; kontrolliert selbst oder delegiert gezielt. Führt Nachweis
20	Termineinhaltung u. -kontrolle			erreicht Terminunterschreitung ohne Mehraufwand, detaill. Kontr. d. Ist-Eintragung u. eig. Wochenpläne
21	Stundenüberwachung			Rapporte auf Std. u. BAS täglich geprüft. Kennt Ist- Std.-Sätze durch EDV u. Stichproben. Zieht Schlüsse!
22	Mengen- und Preiskontrolle			beachtet kalk. Stoffpreise, überprüft Pauschalmengen, überwacht Massenunterschreitungen
23	Allg. kaufmännisches Verständnis			wickelt Baustelle unter kaufm. Gesichtspunkten ab hat Wissen u. Erfahrg. im Sachgebiet d. Baukaufmanns
24	Vertrags- und Kalkulations- kenntnisse			hat Kenntnisse bis in alle Einzelheiten
25	Kenntnisse von Vorschriften und Bestimmungen			sehr erfahren, hat große Kenntnisse
26	Abrechnung u. Rechnungsstellung			schöpft immer alle Möglichkeiten geschickt aus, sehr genau, stets a.d. Laufend.; wahrt jed. Vrt., stets pünktl.
27	Nachträge			paßt selbst auf, kalkuliert, stellt LV auf
28	Tarifwesen, Akkord, Prämien			hat große Erfahrung im Tarifwesen, schließt gute Akkordverträge und führt sie geschickt durch
29	Materialbestellung, Gerätebestellung und Freimeldung			plant voraus fordert schriftlich im Großen an, Schriftverkehr mit MT exakt
30	Monatliche Meldungen			versteht Notwendigkeit und sorgt entsprechend für pünktliche und exakte Meldungen
	Summe der Punkte = E =			Bereinigte Punktsumme $P = E = * \dfrac{30}{30 - Xn} = \square$

4 - 5 - 6	2 - 3	0 - 1
setzt sich sehr ein	Dienst nach Vorschrift	nachlässig, uninteressiert, weicht Schwierigkeiten grundsätzlich aus
in seinem Rahmen selbständig, verantwortungsbewußt und entschlußfreudig	noch nicht ganz selbständig	unselbständig, will keine Verantwortung, entschlußlos
behält Nerven, gibt vernünftige Anweisungen	braucht einige Zeit, bis er reagiert, noch etwas unsicher in seinen Anweisungen	völlig kopflos, überträgt Unsicherheit, überläßt alles anderen
geschickt, setzt sich gut durch, bewahrt Vorteil	genügend geschickt	ungeschickt, wird ausgespielt, bringt oft negative Ergebnisse
hat Kontakt auf dienstl. u. menschlicher Ebene, findet richtigen Ton, Unterkünfte gepflegt	wortkarg, zurückgezogen, aber gerecht, überläßt anderen Sorge um Unterkünfte	unfreundlich, ungerecht, mißachtet die Mitarbeiter, Unterkünfte verwahrlost
anerkannt, führt gut, hat erfolgreiche Zusammenarbeit	läßt sich beraten, führt noch nicht sicher, delegiert teilweise ohne zu kontrollieren	überläßt Unterführer zu sehr sich selbst, gibt falsche und sich widerspr. Anweis.
höflich und sicher, hat erfolgreiche Zusammenarbeit im Interesse der Firma	angenehm, hat gutes Verhältnis zur Bauherrschaft, etwas zu nachgiebig	ungeschicktes Benehmen, hat ständig Ärgernisse, die der BOL ausräumen muß
führt Anweisungen zuverlässig durch, hat eigene Ideen, macht auf Fehler aufmerksam	weicht manchmal ohne Rücksprache von Anweisungen ab, scheut offene Diskussion	unzuverlässig, falsch, redet nach dem Mund
erklärt auftretende Fragen, gibt gute Auskunft informiert sich über Neuerungen	gibt nur einsilbig Anwort auf Fragen, Neuerungen finden Interesse	gibt nichts weiter, erklärt schlecht oder gar nicht, Neuerungen interessieren nicht
überblickt größere Zeiträume, koordiniert die laufenden Vorgänge	kann vorgegebene Planung überschauen, beeinflußt sie noch nicht	wenig Überblick, wird oft überrascht, keine oder fehlerhafte Vorplanung
hat Erfahrung, versteht die Konstruktion, hat statisches Gefühl	kann Pläne lesen, konstruktive Kenntnisse vorhanden	ungenügende technische Kenntnisse, keine Erfahrung
beherrscht handwerkliche Durchführung, kennt Materialeigenschaften	ist an der praktischen Durchführung interessiert, denkt mit	kein Interesse, mangelhafte Kenntnisse
gute Kenntnisse, wendet sie an, arbeitet produktiv mit AV	hält sich an AV, ist interessiert, informiert sich	keine genügenden Kenntnisse, Einrichtung planlos
schätzt gründliche AV-Planung, prüft sie, denkt mit	hält sich an vorgegebene AV-Planung	kümmert sich nicht um AV-Planung, improvisiert
bemüht sich mit gutem Erfolg um ordentliche Ausführung	die üblichen Anforderungen an die Qualität sind erfüllt	nachlässige Einstellung zur Qualität, schlampige Ausführung
Versteht Betontechnologie, Güteüberwachung laufend durchgeführt	verläßt sich nur auf Betonlabor, Betonüberwachung noch ausreichend	keine genügenden Kontrollen, ohne Interesse
überwacht Geräteeinsatz, sorgt für regelmäßige Wartung	noch wenig Erfahrung, aber interessiert	uninteressiert, überläßt alles anderen
erkennt Unfallgefahren und stellt sie sofort ab, hält Ordnung	bemüht sich, UVV einzuhalten. Baustelle nicht besonders ordentlich	waghalsig und unordentlich, eventuell aus falscher Sparsamkeit
kontrolliert durch Stichproben; führt Nachweis hierüber	bemüht sich, Fehler zu erkennen und läßt sie dann beseitigen	verläßt sich nur auf sein Glück, keine Kontrolle
hält Termine ein, führt Ist-Eintragungen im Terminplan	hält Termine durch mäßigen Mehraufwand	Terminplanung wird nicht beachtet
Stundenzettel werden durchgesehen. Ist-Std.- Sätze werden beachtet	Stundenzettel werden durchgesehen.	Stundenzettel ungeprüft, Ist-Std.-Sätze unbekannt, uninteressant
behält Mengen und Preise im Auge	interessiert, hat Teilkenntnisse	uninteressiert, hat für so etwas keine Zeit
denkt bei der Baustellenabwicklung auch an die kaufmännischen Gesichtspunkte	an kaufmännischen Belangen interessiert, jedoch noch wenig Erfahrung	wenig Kenntnisse, wenig Interesse
ist über die wichtigsten und maßgebenden Dinge informiert	sieht jeweils nach	wenig Kenntnisse, benutzt LV und Kalkulation fast nicht
hat Kenntnisse, versteht sich rechtzeitig zu informieren	geringe Kenntnisse, noch wenig Erfahrung, aber interessiert	weiß nicht viel, kollidiert oft mit Vorschriften, uninteressiert
bemüht sich, Vorteile auszuschöpfen, meist auf dem Laufenden; geschickt, pünktlich	legt gute Abrechnung bald nach Bauende vor; Rechnungsstellung nicht immer pünktl.	Abrechnung unordentlich, zu spät, falsch, bringt selbst keine Rechnung
achtet auf Nachträge, gibt Mengen an Bauoberleiter	macht Vorgesetzten aufmerksam	unachtsam, vergeßlich, nicht interessiert, scheut die Arbeit
bemüht sich, Aufwand und Termine durch Akkord zu verringern	versucht nur mit Prämien Leistungsverbesserungen	kümmert sich nicht, läßt Löhne laufen
fordert noch rechtzeitig korrekt und schriftlich an, auch Gerätepositionen in Ordnung	Anforderung öfters sehr spät und meist nur telefonisch, ebenso bei Gerätedisposition	Baustelle des öfteren ohne Material; mangelhafte Gerätedisposition
meldet pünktlich und exakt	meldet exakt, aber nicht stets pünktlich, braucht Mahnung	meldet nicht oder sehr verspätet, Inhalt unordentlich und nicht präzis

5.4 Personalentwicklung und -förderung

Unter Personalentwicklung werden alle Maßnahmen verstanden, die die Qualifikation der Mitarbeiter erhöhen. Das Bauunternehmen sieht darin die Möglichkeit, den Personalbedarf ohne die Einstellung externer Personen zu decken; die Mitarbeiter erhoffen sich von diesen Möglichkeiten einen weiteren Aufstieg im Betrieb. Sicherlich kostet die Investition in die Personalentwicklung Geld, ohne daß der Nutzen dieser Geldausgaben errechnet werden kann. Eine effiziente Personalentwicklung trägt jedoch allgemein bei, daß

- die Mitarbeiter für schwierige Aufgaben besser gerüstet sind,
- durch richtige Entscheidungen die Produktivität des Betriebes gesteigert wird,
- durch Motivation und Zufriedenheit zu einem günstigen Betriebsklima beigetragen wird (und umgekehrt Fluktuation und Fehlzeiten reduziert werden) und
- sich das Personal des Unternehmens regeneriert.

Auch Umschulungen und die Aktualisierung des Wissensstandes zur Anpassung an neue Gesetze, Verordnungen, Vorschriften, Normen oder Technologien ohne spezielle Aufstiegschancen sind Maßnahmen der Personalentwicklung und -förderung, die dem Betrieb und dem Mitarbeiter nutzen.

Alle Methoden sind für diese Zwecke einsetzbar, z.B.

- Schulungen mit Vorträgen, Referaten, Diskussionen,
- Unterweisungen am Arbeitsplatz oder an Demonstrationsobjekten,
- Trainee-Programme,
- Programmierte Unterweisungen,
- Rollenspiele (besonders zur Vermittlung von Verhaltensweisen geeignet),
- Workshops mit Problemlösungsvorschlägen.

Auch das Prinzip des systematischen Arbeitsplatzwechsels (= job-rotation) kann im weitesten Sinne als Qualifikationsmethode für das Personal verstanden werden. Der Betrieb bildet seine Mitarbeiter fortlaufend weiter, indem ihnen neue Aufgaben übertragen werden, z.B. eine Stellvertretung bei Urlaub oder Krankheit des Vorgesetzten. Dies ist aber eigentlich noch keine institutionalisierte Weiterbildung im Betrieb im engeren Sinne.

5.4.1 Gedanken zur Gestaltung der betrieblichen Aus- und Weiterbildung

Die überwiegende Zahl der Mitarbeiter in den Bauunternehmungen kommt mit einer abgeschlossenen Ausbildung in die Firma. Ein Akademiker beispielsweise, der seine erste Stelle mit 25 Jahren antritt, steht rund 40 Jahre im Berufsleben, in dessen Verlauf die erlernten Kenntnisse und Methoden z.T. in Vergessenheit geraten und z.T. völlig überholt sind. Unternehmer, maßgebende Professoren der Betriebswirtschaftslehre und die Interessenvertretung der betroffenen Personen sind sich darin einig, daß dieser unbefriedigende Zustand nur durch ständige Weiterbildung behoben werden kann. Die "Erwachsenenbildung" ist somit eine permanente Unternehmensaufgabe, die beachtliche Investitionen erfordert.

Der Nachholbedarf ist erheblich. Viele Dinge, die zwar kein Argument gegen die Weiterbildung darstellen, haben leider im Betriebsalltag Vorrang: Auf der Führungsebene fällt die Weiterbildung dem fast chronischen Zeitmangel zum Opfer, im Bereich der Produktion wird die Weiterbildung unterlassen, um Produktionsausfälle zu vermeiden. Aber selbst bei gesetzlicher oder tariflicher Einführung von Bildungsurlaub fehlt es an der Infrastruktur und dem Lehrkörper, um Weiterbildung effektiv gestalten zu können.

Man schickt möglicherweise einen Mitarbeiter zu einer Tagung über die neue VOB, die neue DIN 1045, über Netzplantechnik, über Operations Research oder über eine neue Computergeneration. Was sind aber die wahren Motive dafür?

- Das Prestige des Betriebes: Es ist opportun, daß die Firma bei gewissen Veranstaltungen vertreten ist.
- Impulsive Gründe: Das Thema ist interessant, weil man gerade Zeit dafür hat.
- Angst, etwas zu verpassen und von der Konkurrenz überrundet zu werden.
- Drang nach Betriebsamkeit.
- Belohnung für einen Mitarbeiter, der mehrere Monate Überstunden geleistet hat und dafür einmal Spesen machen darf.

Wie soll dagegen eine richtige Mitarbeiterschulung beschaffen sein? Sie muß systematisch und planmäßig erfolgen und auch für den Mitarbeiter den Nutzen erkennen lassen. Beförderung und Aufstieg sollten mit der Weiterbildung eng verflochten sein. Entscheidend ist nicht, daß die Mitarbeiterschulung viel Geld verschlingt und als Aushängeschild für modernes Management dient. Viel wichtiger ist, daß die Schulung planmäßig und gezielt betrieben wird.

Sinnvoll ist eine <u>Kombination von überbetrieblichem Bildungs- und Schulungsangebot</u>, z.B.

Meisterkurse oder spezielle Zusatzqualifikationen wie REFA-Ingenieur, Sicherheitsingenieur oder Imissionsschutzbeauftragter mit innerbetrieblicher Weiterbildung. Dabei soll der Lehrgang nach Thema, Dauer und Schwierigkeitsgrad für die spezielle Teilnehmergruppe maßgeschneidert werden. Es ist aber abzuwägen, ob ein Thema wirklich kompetent von eigenen Mitarbeitern dargeboten werden kann. Auswärtige Referenten haben in der Regel größere Erfahrung und sind versierter in der abwechslungsreichen Darbietung. Untersuchungen haben gezeigt, daß ab 8 Mitarbeitern die Schulung im eigenen Hause Ersparnisse mit sich bringt. Diese Form der Schulung bietet erfahrungsgemäß besondere Vorteile:

- Der Teilnehmerkreis besteht aus Mitarbeitern des eigenen Betriebes; die Vertraulichkeit ist gewährleistet.
- Die Ziele und Seminarinhalte lassen sich leicht dem Bedarf anpassen; Enttäuschungen können fast immer vermieden werden.
- Die Beispiele werden dem Betriebsgeschehen entnommen, dadurch wird die Umsetzung des Stoffes in die betriebliche Praxis erleichtert.
- Es können gezielte Fragen gestellt und eingehend erörtert werden.
- Es können geeignete innerbetriebliche Ausbildungskräfte bei der Darbietung mit herangezogen werden.
- Die Erfolgskontrolle wird erleichtert.

Derartigen Schulungsaktivitäten geht eine gründliche Planung der Zielgruppen voraus.

Der Erfolg ist nur sichergestellt, wenn zunächst eine geeignete Atmosphäre geschaffen wird, damit das Lernen auch wirklich Lust bereitet. Dann müssen geeignete Lehrkräfte beschafft werden, die nicht nur trocken dozieren, sondern ihre Kenntnisse lebendig weitergeben und abwechslungsreich darbieten, da es sich bei dem Auditorium um erwachsene und gestandene Mitarbeiter unterschiedlichen Alters handelt. Dazu gehören emotionslose Diskussionen, provozierende Fragen ebenso wie Elastizität und Überzeugungskunst. Weiter ist ein geeigneter Teilnehmerkreis auszusuchen, der positiv motiviert ist bzw. sich motivieren läßt. Das Angebot kann u.U. auch daran scheitern, daß ein ungünstiger Zeitpunkt ausgewählt worden ist. Selbstverständlich soll die Auswahl des Stoffes so getroffen sein, daß die Teilnehmer möglichst viel davon in der Praxis verwerten können.

Eine Befragung in einem größeren Betrieb hinsichtlich der Bereitschaft, auch eigene Freizeit in die Weiterbildung zu investieren, brachte folgendes interessantes Ergebnis [5.12]:

96 % der Befragten stellten sich positiv zur Schulung,
85 % waren bereit, Unterricht außerhalb der Arbeitszeit am Abend zu besuchen (davon jedoch nur 25 % an Samstagen),

60 % waren bereit, als Lehrer oder Diskussionsleiter mitzuwirken (ggf. mit Unterstützung).

Als Ausbildungsform wurden die geleitete Gruppendiskussion und die Fallstudie dem Referat und dem Selbststudium vorgezogen. Bei jedem Lehrangebot sollte nicht nur an den augenblicklichen Vorteil des Betriebes gedacht werden, um der Konkurrenz möglichst um die berühmte Nasenlänge voraus zu sein, sondern auch an die Zukunftsperspektiven der Mitarbeiter. Nur wenn diese Entwicklungschancen im eigenen Betrieb haben, werden sie ihr Berufsleben mit dem Betrieb verbinden.

5.4.2 Die Stufenausbildung in der Bauwirtschaft für die Fachwerker

Die Erkenntnis, daß die Bauberufe attraktiver gestaltet werden müssen, um auf Dauer hohen Qualitätsanforderungen gerecht werden zu können, hat die Bauwirtschaft bewogen, überbetriebliche Ausbildungszentren zu schaffen mit fachlich kompetenten Ausbildern und angeschlossenen Internaten (inkl. besonderen Freizeitangeboten). Die Betreuung der Auszubildenden im Betrieb ist damit notwendigerweise auf ein Minimum zurückgegangen. Nur wenn die jungen Baufacharbeiter später im Ausbildungsbetrieb bleiben, hat sich die Mühe der Baufirma wirklich gelohnt.

Die Ausbildung erfolgt in 2 Stufen:

Stufe I: 2 Jahre, davon 1 Jahr allgemeine Grundausbildung und 1 Jahr berufliche Fachausbildung. Abschluß der Stufe I als Hochbau-, Ausbau- oder Tiefbaufacharbeiter.

Stufe II: 9 Monate Spezialausbildung in einem der 14 Bauberufe. Abschluß als Spezialfacharbeiter.

Bild 5.9 gibt alle wesentlichen Informationen über den Werdegang und die Ausbildung des Baufacharbeiters wieder. Aus dieser Gruppe der Fachwerker geht durch weitere Schulungen die Gruppe der Poliere und Meister hervor. Nur wenn genügend Auswahlmöglichkeit besteht, kann auch qualifizierter Poliernachwuch, der in der Bauunternehmung die unteren Führungskader stellt, herangebildet werden.

Betriebe, die den Nachwuchs selbst behalten und längerfristig an das Unternehmen binden wollen, müssen zur Motivation der jungen Menschen eine klare und berechenbare Personalpolitik betreiben und Aufstiegschancen bieten.

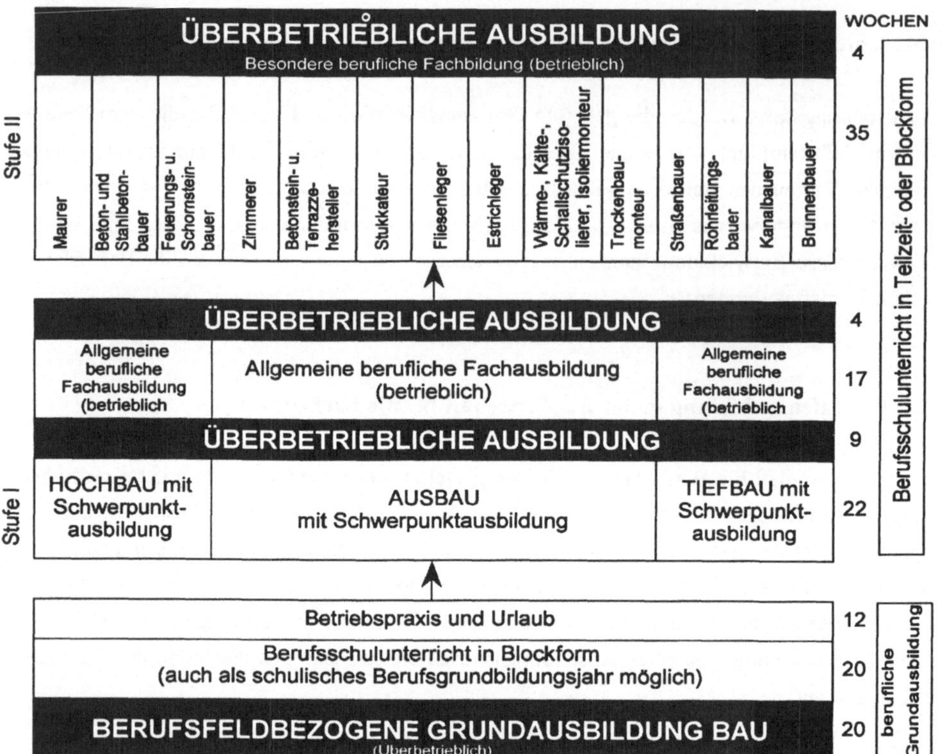

Bild 5.9   Stufenausbildung in der Bauwirtschaft.

Da die Sicherheit des Arbeitsplatzes mit zunehmender Qualifizierung steigt, sollte jeder gewerbliche Arbeitnehmer an seiner Qualifizierung arbeiten (die Betriebe sind dabei stets behilflich). Die statistischen Zahlen sprechen eine deutliche Sprache:

1960	1,488 Mill.Beschäftigte, davon 0,508 Fachwerker
1990	1,042 Mill.Beschäftigte, davon 0,182 Fachwerker

Die Rationalisierung der Betriebe ging und geht auch zukünftig zu Lasten der einfachen Arbeiter bzw. der jeweils geringer qualifizierten Arbeitnehmer voran.

Die Baubetriebe bemühen sich, über ihre Werks- (Betriebs-) Zeitschriften, den Beschäftigten Perspektiven der Entwicklung und Einkommensverbesserung aufzuzeigen. Jeder Firmen-ingenieur und Akademiker sollte diese Ansätze in seinem Bereich unterstützen und verstärken, weil ja die Firma ebenso davon profitiert wie der einzelne Arbeitnehmer. Aber auch Ingenieure und Jungakademiker benötigen solche Hilfen von den Betrieben, wie Bild 5.10 aus einer Betriebsschrift beweist (Quelle: bilfinger AG).

Funktion	Fortbildung	Tätigkeit	Zeit-, Vertragsrahmen
(1) PROJEKT-MITARBEITER	NL-interne Schulung (AV, KALK, EDV, TB) Ausbildung im Fachzentrum (TB, HIB, TIEF, ZL) [F]	Projektaufgaben in den Abteilungen Baustellenkurzeinsätze (Bauführer / Abrechner)	1 - 2 Jahre
(2) BAUFÜHRER	[BS] BL-Grundsemin. [BS] Gruppentraining [F]	Bauführung Abschnittsbauleitung Leitung kleiner Baustellen	2 - 3 Jahre
(3) BAULEITER	[BS] BL-Aufbausemi. [BS] Bauvertragrecht [BS] Kalkulation [F]	Bauleitung Arge - Bauleitung Sparten - Bauleitung	3 - 6 Jahre
(4) OBER-BAULEITER	[BS] Führungssemin. [BS] Teamtraining [F]	Oberbauleitung (Bauleitung von Großprojekten), Spartenleitung, Leitung einer NL-Abteilung (AV, KALK), NL-Sonderaufgaben	4 - 6 Jahre Oberingenieur / Handlungsvollmacht, Vertrag mit Gewinnbeteiligung (Basisführungskreis)
(5) ZN-/GSt-LEITER	[BS] Managementse. [BS] Strategiesemin. NL-Steuerung [F]	Leitung einer Zweitniederlassung, Geschäftsstelle oder eines Spartenbereichs	5 - 10 Jahre Handlungsvollmacht / Prokura (mittlerer Führungskreis)
(6) HNL-/NL-/Bet.-Ges.-LEITER		Leitung einer Hauptniederlassung, Niederlassung oder Beteiligungsgesellschaft	5 - 10 Jahre Prokura Direktor (Gehobener Führungskreis)

Bild 5.10 Rahmenplan Personalentwicklung für bauleitende Ingenieure (F = Fördergespräch).

5.5 Personalerhaltung als Unternehmensaufgabe

5.5.1 Betriebsklima und Fluktuation

Das Betriebsklima bestimmt das Schicksal eines Betriebes. <u>Die Fluktuation ist das Stimmungsbarometer für das Betriebsklima</u>. Die Qualität des Betriebsklimas ist nur schwer meßbar und unterliegt Schwankungen. Die Gestaltung eines guten Betriebsklimas ist eine wichtige Führungsaufgabe. Eine gute Arbeitsatmosphäre hängt ab von

- Vertrauen (Gegensatz: Skepsis, Mißtrauen),
- Solidarität (Egoismus, Mißgunst),
- Mitverantwortung (Gegensatz: Resignation, Opposition).

Vertrauen kann man nicht kaufen, sondern nur gewinnen, Solidarität nicht organisieren, sondern nur wecken, Mitverantwortung nicht fordern, sondern nur fördern. Sahm [5.05] nennt aus einer Umfrage in der Belegschaft eines Großunternehmens folgende Rangordnung von Faktoren für ein günstiges Betriebsklima:

19 % Gerechte Entlohnung, keine Günstlingswirtschaft, gerechte Behandlung, Aufstieg nach Leistung.

15 % Kein Hetztempo, gute Arbeitseinteilung und -vorbereitung, gute betriebliche Organisation, klare Arbeitsbereiche für jeden.

14 % Beherrschte Vorgesetzte, Anweisungen ohne Kommandoton, kein Herunterputzen von Kollegen.

11 % Menschliche Anteilnahme des Vorgesetzten an privaten Schwierigkeiten, höfliche Entgegennahme von Beschwerden.

8 % Informationen über wesentliche Betriebszusammenhänge, Aufgeschlossenheit für Verbesserungsvorschläge, Begünstigung von Eigeninitiativen.

7 % Lob durch Vorgesetzte, Anerkennung für Zeiteinsparung und Qualitätsverbesserung, betriebliche Weiterbildung für alle Mitarbeiter.

7 % Soziale Einrichtungen, überdurchschnittliche Bezahlung.

Dies stimmt mit anderen Auswertungen von Lauterburg [5.10] insoweit überein, daß die Bezahlung einen relativ geringen Rang einnimmt. Auch das Bedürfnis nach Mobilität im Sinne von "öftermals was Neues sehen" ist nicht originär bei den Arbeitnehmern vorhanden. Stellenwechsel erfolgt nicht als Selbstzweck, sondern infolge von Frustrationen. Die Ursache für einen Stellenwechsel liegt fast immer (direkt oder indirekt) im verletzten Selbstgefühl des Mitarbeiters, und sei es nur, daß er sich durch Vernachlässigung abgewertet fühlt. An zweiter Stelle der Motive steht die Gruppe "Mangel an Auslastung" nicht nur quantitativ, sondern auch geistig.

Ist das Geld auch zunächst kein ausschlaggebendes Motiv, so realisieren rund 90 % der Arbeitnehmer bei einem Stellungswechsel eine Einkommensverbesserung, in der Regel von 10 % oder mehr. Die freie Stelle muß normalerweise durch einen teureren neuen Mitarbeiter besetzt werden. Mehr Geld (bei möglicherweise weniger Qualifikation) für den neuen wirkt aber demoralisierend auf die firmentreuen Mitarbeiter.

Genaue Analysen haben gezeigt, daß die Kündigung lediglich das Ergebnis eines monatelangen individuellen Entscheidungsprozesses ist, der mit einem deutlichen Leistungsabfall verbunden ist. Das Ausscheiden eines <u>Facharbeiters</u> kostet nach neueren Berechnungen zwischen 10 und 35.000 DM. Der Verlust eines <u>Spezialisten</u> (Marketing, EDV usw). kostet den Betrieb etwa ein Jahresgehalt, der eines <u>Topmanagers</u> das Doppelte.

<u>Die Fluktuation ist demzufolge für den Betrieb ein materielles Problem!</u>

Gemäß der These, daß Fluktuation den Betrieb Geld kostet, muß die Unternehmensleitung sich bemühen, die Fluktuation mit allen verfügbaren Möglichkeiten einzudämmen. Der Betrieb und die Geschäftsleitung sollten normalerweise keinerlei Kündigungsgründe liefern. Nur persönliche Motive des Personals (Wohnverhältnisse, Verkehrsverhältnisse, familiäre Veränderungen) sollten Anlaß zu Kündigungen sein. Von den leitenden Angestellten sind die häufigsten Kündigungsgründe bekannt:

- herrschsüchtige und empfindsame Personen reiben sich aneinander,
- das Streben nach Selbständigkeit kann nicht entsprechend zufriedengestellt werden,
- der Angestellte wird ungeduldig wegen der vor ihm liegenden Hürden und Blockaden beim weiteren Aufstieg,
- die in Aussicht gestellten Aufstiegschancen werden nicht erfüllt,
- die Versprechungen in den Arbeitsverträgen werden nicht eingehalten.

Die Personalberater haben festgestellt, daß die mit der Arbeitssituation Unzufriedenen öfter zu Hause bleiben. Solche Unzufriedenheit entsteht vor allem durch ungerechte Arbeitsverteilung, häufige Kritik, ausbleibende Anerkennung, übermäßige Aufsicht und Kontrolle, durch zu groben Führungsstil sowie Unter- und Überforderung am Arbeitsplatz. Das Institut der deutschen Wirtschaft (IW) hat für 1982 im Bundesdurchschnitt 15 Fehltage errechnet, die nur zu etwa 80 % auf Krankheit beruhten. Demgegenüber gab es in den USA 1981 nur 8, in Japan sogar nur 4 Fehltage. Die deutsche Wirtschaft mußte im Untersuchungszeitraum 1982 für die Lohnfortzahlung mehr als 37 Mrd. DM aufbringen.

Es gilt geeignete Wege aufzuzeigen, um die Zufriedenheit des Personals im Betrieb, insbesondere in den Baubetrieben, zu erhalten oder nach Möglichkeit zu steigern.

5.5.2 Einvernehmliche Arbeitszeit- und Urlaubsregelungen

Schon manche unnötige Reiberei ist in einem Betrieb durch eine zu starre Arbeitszeit- oder Urlaubsregelung entstanden. Ähnlich nachteilig wirken sich auch spezielle Gruppeninteressen von Mitarbeitern aus. Die Geschäftsleitung sollte stets bedenken, daß die Interessenlage der Belegschaft auch Veränderungen unterworfen sein kann. Mit steigenden Einkommen und wachsender Freizeit sind auch neue Bedürfnisse hinsichtlich der Einkaufs- und Urlaubsmöglichkeiten entstanden. Darüber hinaus hat der Betriebsrat nach dem Betriebsverfassungsgesetz originäre Rechte bei der Festlegung dieser Dinge.

Die Interessen des Außenpersonals auf den Baustellen sind in der Regel darauf gerichtet, gut zu verdienen. Dies bedeutet, daß die Beschäftigten auf der Baustelle zumindest bei günstiger Witterung gerne einige Überstunden zur Lohnaufbesserung mitnehmen wollen. Denn wenn man schon weite Anmarschwege in Kauf nimmt und den ganzen Tag über schmutzige Arbeitskleidung trägt, dann muß sich dies auch lohnen. Dies gilt jedoch nicht für Sonderschichten am Samstag vormittag, zu denen in der Regel nur die auf der Baustelle untergebrachten, meist ausländische Arbeitnehmer bereit sind.

Anders ist die Situation in den stationären Betriebseinheiten der Bauunternehmung, z.B. in Nebenbetrieben, Werkstätten, auf Lagerplätzen oder speziellen Anlagen. Dort werden ebenso wie in der Hauptverwaltung (HV) feste Arbeitszeiten bevorzugt. Hat diese Betriebs- oder Verwaltungseinheit eine gewisse Größe, so kann unter Umständen die gleitende Arbeitszeit eingeführt werden. Diese setzt sich nach dem Beispiel von Bild 5.11 aus einem Anteil Gleitzeit am Schichtbeginn und -ende sowie in der Mittagspause und der Blockzeit zusammen, bei der alle anwesend sein müssen. Dieses flexible System ist vor allem in den Bürobereichen, jedoch weniger im Produktionsbereich sinnvoll, weil die Mitarbeiter in Gruppen eingesetzt werden. Nur wenn eine Verständigung über Arbeitsbeginn und Arbeitsende innerhalb der Gruppen funktioniert, kann auch dort gleitende Arbeitszeit eingeführt werden. Zu den Vorteilen der flexiblen Arbeitszeit zählen folgende Punkte:

Bild 5.11   Unternehmensinterne Festlegung der Block- und Gleitzeit (Fa. Sulzer).

– Den Mitarbeitern wird mehr Freiheit und Selbständigkeit bei der Arbeitsgestaltung eingeräumt,
– Arbeitsbeginn und Arbeitsende sowie die Dauer der Mittagspause können täglich neu gewählt werden,
– die Arbeitsdauer muß nicht an jedem Tag identisch mit der durchschnittlichen Tagesarbeitszeit sein,
– alle Pendler können sich die jeweils günstigsten Fahrzeiten aussuchen,
– bei größeren Einrichtungen werden Engpässe z.B. an Parkplätzen, Aufzügen oder Kantinen vermieden.

Man sollte jedoch erkennen, daß die gleitende Arbeitszeit nur eine Teilmaßnahme sein und keine Wunder vollbringen kann. Insbesondere auf der Baustelle ist sie nicht anwendbar. Außerdem müssen teure Einrichtungen (Kontrolluhren mit Druckwerk) vorgehalten werden, damit das System und die Entlohnung funktionieren. Manche Mitarbeiter fühlen sich dadurch so stark kontrolliert, daß sie die gleitende Arbeitszeit ablehnen. Trotzdem ist festzuhalten, daß es sich um ein faires und gerechtes System handelt.

Ein weiterer wichtiger Problemkreis ist die Urlaubsregelung, z.B. in Form von Betriebsferien. Dem einzelnen ist es häufig lieber, wenn er bei der Festlegung seines Jahresurlaubs keinen

Zwängen unterworfen ist. Bei der heutigen Arbeitsteilung und dem kostspieligen Maschineneinsatz ist es jedoch oft nicht zu vertreten, wenn über längere Zeit hin ein Drittel oder die Hälfte der Belegschaft fehlt. Häufig ist daher die betriebsnotwendige Entscheidung, daß die Baustelle für gewisse Zeit ganz stillgelegt werden muß. Dann kommt es natürlich darauf an, daß diese Betriebsferien günstig liegen und möglichst nicht mit einem allgemeinen Verkehrs- und Reisechaos auf den Straßen zusammenfallen.

Oft kann jedoch keine betriebseinheitliche Lösung getroffen werden, weil der Auftraggeber im Bauvertrag bestimmte Vorgaben und Auflagen gemacht hat. Die Unternehmensleitung muß dann verlangen, daß die Arbeitsgruppen über die Urlaubssaison hinweg im Einsatz bleiben und später dafür Sonderurlaub erhalten. Diese Mitarbeiter beklagen sich häufig, daß sie ihren Urlaub während der ungünstigen Jahreszeiten nehmen müssen. Die Unternehmensleitung sollte darauf Rücksicht nehmen.

5.5.3 Gerechte Entlohnung

Gerechte Entlohnung heißt "leistungsgerechte" Entlohnung und Ergebnisbeteiligung für die Mitarbeiter.

Dies ist in unserer arbeitsteiligen Gesellschaft ein ungelöstes Problem. Beispielsweise könnte man einem sehr erfahrenen Baggerführer, einem einsatzfreudigen Rammeister oder einem tüchtigen Vorarbeiter auf der Baustelle oftmals einen höheren Lohn ausbezahlen als dieser tatsächlich bekommt. Dafür müßte man aber andererseits die Löhne von trägen oder weniger aktiven Arbeitnehmern kürzen. Hier wirken sich die bestehenden Tarifverträge in hohem Maße nivellierend aus.

Der Wunsch nach Entlohnung ist das Motiv des Arbeitnehmers für seine Tätigkeit. Um einen Anreiz zu Leistungssteigerungen zu schaffen, sollte - wo immer dies möglich ist - der Lohn ganz oder teilweise von der Leistung abhängig gemacht werden. Bild 5.12 stellt die üblichen Entlohnungsformen gegenüber. Das jedoch bei der Einführung von Leistungslöhnen oder Akkorden auf Baustellen Probleme entstehen können, ist hinreichend bekannt. Das Einkommen der Arbeitnehmer basiert unmittelbar auf dem Leistungsansatz. Ein hoher Ansatz bedeutet hohe Kosten für das Unternehmen. Daher besteht von vornherein ein Interessenkonflikt und damit verbunden ein Risiko für die Zusammenarbeit und das Betriebsklima. Akkordvereinbarungen müssen präzise und eindeutig sein. Von den beiden Möglichkeiten Zeitakkord und Geldakkord dominiert der Zeitakkord, da er den jeweiligen Stundenlohn der Mitarbeiter berücksichtigt und sich leichter handhaben läßt. Außerdem basiert sowohl die Kalkulation als auch die Nachkalkulation auf Stunden.

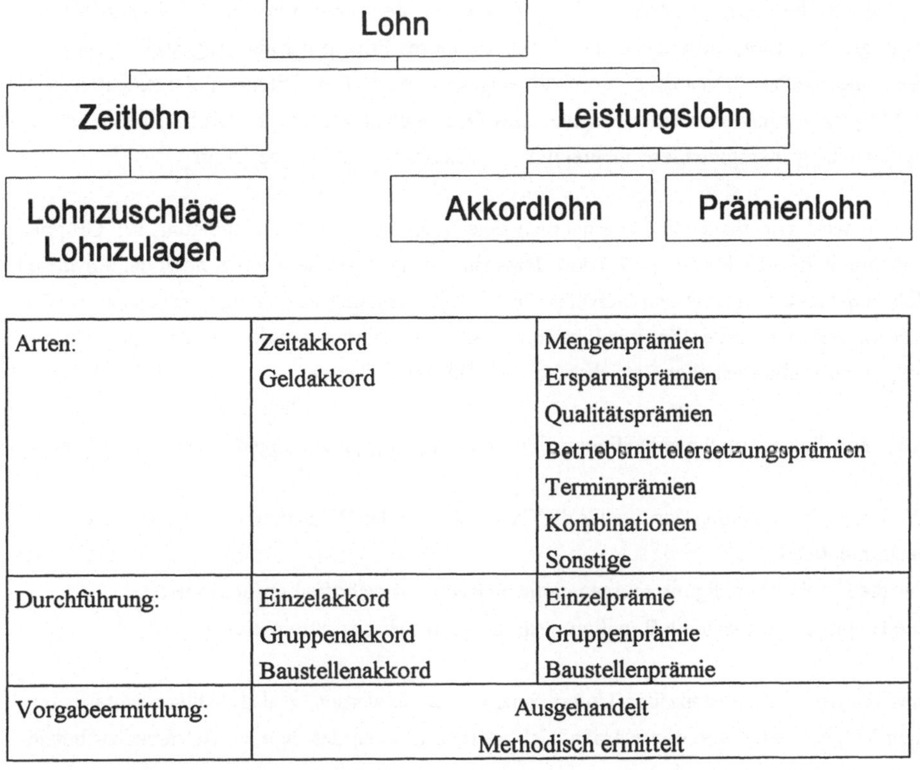

Arten:	Zeitakkord	Mengenprämien
	Geldakkord	Ersparnisprämien
		Qualitätsprämien
		Betriebsmittelersetzungsprämien
		Terminprämien
		Kombinationen
		Sonstige
Durchführung:	Einzelakkord	Einzelprämie
	Gruppenakkord	Gruppenprämie
	Baustellenakkord	Baustellenprämie
Vorgabeermittlung:	Ausgehandelt	
	Methodisch ermittelt	

Bild 5.12   Schematische Darstellung der gängigen Entlohnungsformen.

Besonderer Beliebtheit erfreut sich in vielen Betrieben der <u>Prämienlohn</u>. Hierbei steht der Lohn nicht in einem starren Verhältnis zur Menge wie beim Akkordlohn, sondern es können weitere wichtige Dinge, wie

- Qualität der Arbeit,
- Termineinhaltung,
- Ausnutzung der Betriebsmittel (z.B. bei Energieeinsparung)
- Reinigung bzw. Pflege der Betriebsmittel

u.a.m. berücksichtigt werden. Die bekannte Regel vom Bau "Fertig - Feierabend" kommt einem Prämienlohn gleich, ähnlich wie die zusätzlich angeschriebene Prämienstunde. Geldprämien werden von der Erfüllung einer Leistungsnorm an wirksam, z.B. im Tunnelvortrieb nach Erreichung einer definierten Wochen- oder Monatsleistung.

Wenn schon die leistungsgerechte Entlohnung bei den gewerblichen Arbeitnehmern auf Schwierigkeiten stößt, um wieviel schwieriger ist dieses Prinzip bei den <u>Angestellten</u> zu praktizieren, die vielfach bereichsübergreifend eingesetzt sind. Den leitenden Angestellten wird nach Möglichkeit nur ein relativ bescheidenes Grundgehalt garantiert, darüber hinaus jedoch zusätzlich eine großzügige Gewinnbeteiligung als Leistungsanreiz zugesichert.

Weiterhin wird von manchen Unternehmen eine freiwillige Ergebnisbeteiligung für Gruppen von Mitarbeitern oder für alle praktiziert. Dies sind weder Sozialleistungen noch ein Ausgleich für falsch bemessene Löhne und Gehälter. Das Ziel ist vielmehr, soziale und gesellschaftspolitische Spannungen zwischen Kapitaleignern und Arbeitnehmern auszugleichen und die Mitarbeiter an guten Ergebnissen aller Betriebsbereiche teilhaben zu lassen.

Für die Modelle der Ergebnisbeteiligung sind drei Grundvoraussetzungen zu beachten [5.09]:

- Die Ergebnisbeteiligung darf weder die Existenz noch das Wachstum des Unternehmens beeinträchtigen.
- Für die Ergebnisbeteiligung müssen einfache Rechenvorschriften gesucht werden.
- Die Empfänger müssen die Beteiligungsquote auch selbst ermitteln können.

Keinesfalls darf die Substanz des Unternehmens verteilt werden. Anlagewilligen Mitarbeitern können Möglichkeiten geboten werden, sich an Investitionen des eigenen Betriebes zu beteiligen, um sie näher an die Probleme der Unternehmung heranzuführen.

In manchen Firmen wird zusätzlich zum Stundenlohn verdienten und bewährten Mitarbeitern eine Stammarbeiterzulage ausbezahlt. Es ist sehr zu empfehlen, die Gewährung dieser Zulage nicht nur an die Firmentreue des Betreffenden zu knüpfen, sondern auch an dessen Leistungen. Dies wird erreicht, wenn die Stammarbeiterzulage nicht automatisch, sondern nur auf besonderen Antrag und die Befürwortung durch einen zuständigen Bauleiter eingeführt wird. Es ist immer wieder erstaunlich, wie stark um relativ kleine Lohnvorteile und Zulagen gekämpft wird.

5.5.4 Information und Kommunikation

Vergleichende Analysen, die im Abstand von etwa zwei Jahren in 18 Unternehmungen mit bis zu rund 1000 Beschäftigten durchgeführt wurden, zeigen, daß sich <u>informationspolitische Anstrengungen auf Betriebsklima</u> und Arbeitszufriedenheit <u>positiv</u> auswirken. Danach fühlen sich gut informierte Mitarbeiter und Führungskräfte in stärkerem Maße mit "ihrer" Unternehmung und "ihrer" Arbeit verbunden als schlecht informierte Mitarbeiter. Bei ausreichender Information identifizieren sich 48 - 62 % mit ihrer Arbeit und 59 - 75 % mit ihrer Unternehmung.

Es ist ein Irrtum anzunehmen, daß in einem Betrieb nur speziell die unteren Ränge, wie Vorarbeiter, Meister, Gruppenleiter, Sachbearbeiter usw. unter einem Mangel an Information zu leiden haben. Auch Abteilungsleiter und Direktoren geben an, nicht oder nur unzureichend informiert zu werden, ja sogar Inhaber klagen häufig über unzureichende Information. Aus der Verärgerung heraus, wieder einmal nicht informiert worden zu sein, schwören täglich Mitarbeiter Eide, daß dieses vorsätzlich geschehen sei und daß man sich dies nicht gefallen lassen werde.

Andererseits kommt es oft genug vor, daß der Vorgesetzte abends vor dem Fernseher plötzlich erschrickt, weil er eine wichtige Nachricht für seinen Mitarbeiter einfach vergessen hat. So oder ähnlich kann Sand in das Getriebe eines Unternehmens kommen.

Sicher wird hier und da die <u>Information als Waffe</u> im innerbetrieblichen Grabenkrieg eingesetzt. Leider gibt es unter den Unternehmern und Vorgesetzten immer wieder welche, die das Informieren nicht als eine unabdingbare Selbstverständlichkeit, sondern als eine Auszeichnung, Belohnung oder sonstige Gunstbezeugung verstehen. In aller Regel beruht aber die Tatsache, wieder einmal nicht rechtzeitig informiert worden zu sein, auf einer ganz alltäglichen Unzulänglichkeit oder menschlichen Schusseligkeit des Vorgesetzten. Darum sind die Fragen der innerbetrieblichen Information im Betriebsgeschehen ein Dauerthema. Selbst die umfassendsten Informationssysteme (vgl. dazu Kap. 4.3.2) haben daran nicht viel geändert. Die Hektik des modernen Arbeitsalltags ist ebenfalls abträglich.

Wie sollen Mitarbeiter, die nicht informiert sind, sich mit ihrem Unternehmen und dessen Zielen identifizieren? Sie können natürlich auch nicht mit ihrer ganzen Kraft für diese Ziele eintreten, weder nach innen bei der Erfüllung ihrer eigentlichen Aufgaben, noch nach außen bei der Schaffung eines positiven Unternehmensbildes in der Öffentlichkeit oder der Zufriedenstellung von Auftraggebern.

Informationen von seiten des Vorgesetzten unterbleiben häufig, weil die Vorgesetzten glauben,

- daß sie damit den Mitarbeiter belasten würden (wenn dieser etwas wissen will, wird er schon von selbst fragen),

- daß man selbst und/oder auch der Mitarbeiter keine Zeit hat, ständig neue Informationen auszutauschen und

- daß sich der Umsatz doch nicht durch Informationen erhöhen läßt.

Einer der Hauptgründe für das Informationsbedürfnis ist die hochgradige Arbeitsteilung der modernen Arbeitsprozesse. Der spezielle Aktionsbereich des einzelnen trennt ihn von dem Einblick in die Gesamtzusammenhänge seiner Tätigkeit. Wer im Rahmen eines ihm übertragenen Aufgabengebietes verantwortlich handeln soll, muß über seinen Arbeitsbereich und darüber hinaus rechtzeitig informiert sein.

Information und Kommunikation dienen nicht der Befriedigung von Wissensdurst und Neugierde, sondern sind Mittel zum Zweck, um eine zukunftsgerichtete Unternehmensführung sicherzustellen. Die laufende Vermehrung des externen und internen Informationsinhaltes macht eine gründliche Systematik und Methodik notwendig, um die unvermeidlichen Unsicherheiten des Wirtschaftslebens auf ein Minimum zu reduzieren. Information und Kommunikation sind demnach vorbereitende und helfende Maßnahmen für eine größtmögliche Zielsicherheit von Führungsentscheidungen.

Wenn der richtigen und rechtzeitigen Information im Betriebsgeschehen ein hoher Stellenwert eingeräumt wird, müssen hierfür Zeit und Geldmittel im erforderlichen Umfang bereitgestellt werden. Wenn die Information im Krisenfall klappen soll, muß sie unter normalen Bedingungen erprobt und trainiert werden. Die übergreifende Information größerer Gruppen und Einheiten erfolgt in der Regel durch die Geschäftsleitung in Form von Betriebsversammlungen, Geschäftsberichten, Werkzeitschriften und Hausmitteilungen sowie Rundschreiben und Umläufen, Filmen, Tonbildschauen u.a.m.

Die hier angesprochene alltägliche Information soll auf allen Ebenen und weniger formell stattfinden. Das Mitarbeitergespräch, das Dienstgespräch, die beiläufig diktierte Aktennotiz sind gängige Instrumente. Sie dienen der Information von oben nach unten ebenso wie umgekehrt oder auch quer zwischen benachbarten Abteilungen.

5.5.5 Betriebliches Vorschlagswesen als Motivationsmittel

Der Grundgedanke ist, die Mitarbeiter durch Prämien <u>zum Mitdenken</u> anzuregen. Beispielsweise gehen im VW-Werk jährlich 232 Vorschläge pro 1000 Beschäftigte ein, von denen über 21 % angenommen werden. Dies kostet die Werksleitung jährlich 5-6 Millionen DM. Die 152 Unternehmen, die in der Arbeitsgemeinschaft "Betriebliches Vorschlagswesen" zusammengeschlossen sind, haben im Jahr 1980 insgesamt 222.491 Verbesserungsvorschläge aus der Belegschaft erhalten, von denen 73.909 angenommen wurden. Davon wurden 39 % prämiert, was rund 39 Millionen DM erfordert hat.

Kaum ein anderes Führungsinstrument der Betriebsleitung hat durch die Veränderungen in der Unternehmensphilosophie eine so starke Beeinflussung erfahren wie das betriebliche Vorschlagswesen, das inzwischen auf eine mehr als hundertjährige Geschichte zurückblickt.

In einem Betrieb muß das Vorschlagswesen so organisiert werden, daß jedem Mitarbeiter des Betriebes erstens eine objektive Behandlung seiner Verbesserungsvorschläge sicher ist, unabhängig von seiner Stellung im Betrieb und zweitens eine gerechte Bewertung nach einem einheitlichen Maßstab. Nach § 87 BetrVG steht dem Betriebsrat bei der Einrichtung des Vorschlagswesens ein Mitbestimmungsrecht zu. Normalerweise wird in einer Betriebsvereinbarung die Verfahrensweise und das Organ festgelegt. Der Prüfungsausschuß wird paritätisch besetzt. Die Vorschläge gelangen unter Umgehung des direkten Vorgesetzten über spezielle Sachbearbeiter, Berater oder Vorschlags-Briefkästen an die zuständige Stelle, damit die Vorgesetzten nicht die Weitergabe beeinflussen oder einzelne Vorschläge unterdrücken können.

Die Höhe der Prämie kann sich beispielsweise an den Einsparungen orientieren, die in den folgenden zwölf Monaten erwartet werden. Dabei sind degressive Prozentsätze üblich, so daß mit wachsender Einsparung ein immer kleiner werdender Anteil in Prozent der Gesamtsumme ausgeschüttet wird. Die Degression kann beispielsweise folgendermaßen festgelegt werden:

Einsparungen in TDM bis zu										
10	20	30	40	50	60	70	80	100	120	150
Prämie DM 2000	3800	5400	6800	8000	9000	9900	10700	12100	13300	14800
% 20	19	18	17	16	15	14,1	13,4	12,1	11,8	9,9

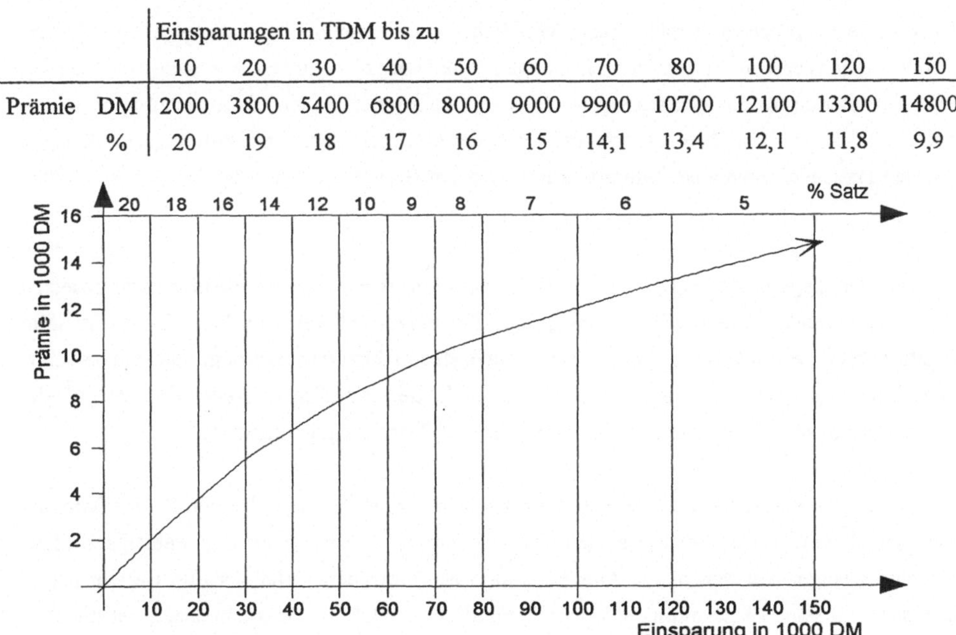

Bild 5.13 Vorschlagsprämien in Abhängigkeit von der erzielten Einsparung.

Es ist wesentlich, auch kleine und wenig bedeutende Vorschläge und Erfindungen durch eine Mindestprämie zu honorieren. Dies löst zum einen beim Empfänger das Bewußtsein aus, daß er einen Beitrag zum Betriebserfolg geleistet hat, und zum anderen fördert es die Aufmerksamkeit zu weiteren und vielleicht bedeutsameren Verbesserungsvorschlägen.

5.6 Personalbeschaffung

Fehlende Mitarbeiter, die nicht durch Qualifikationsmaßnahmen im eigenen Betrieb aufgebaut werden können oder sollen, müssen außerhalb des Betriebes geworben und eingestellt werden. Bei der Mitarbeitersuche gibt es viele Wege. Trotz gleichbleibend hoher Arbeitslosenzahl ist die Besetzung freier Stellen häufig sehr schwierig. Das gilt für qualifizierte Spezialisten ebenso wie für leistungswillige Hilfskräfte am anderen Ende der Skala.

Geeignete Maßnahmen können sein:

- direkte Ansprache geeigneter Kräfte,
- Anzeigenkampagnen,
- Einschaltung von qualifizierten Personalberatern.

Die direkte Ansprache geeigneter neuer Mitarbeiter kann schon bei der materiellen und ideellen Förderung junger Leute (etwa von ehemaligen Praktikanten) beginnen, die nach Absolvierung ihrer Ausbildung für den Betrieb angeworben werden können bis hin zu Ausnutzung bestehender Kontakte, um bewährte Mitarbeiter aus anderen Unternehmen für Führungsaufgaben im eigenen Hause zu gewinnen. Mitunter kann auch ein Branchenwechsel beiden Seiten nützlich sein.

Anzeigenkampagnen sind eigentlich nur dann angezeigt, wenn mehrere Positionen zu besetzen sind oder zumindest mehrere Personen mit dem Ziel eingestellt werden sollen, eine qualifizierte Position mit dem Bewerber zu besetzen, der die beste Qualifikation mitbringt und sich bewährt. Die Anzeigen geben der Konkurrenz und auch der Auftraggeberseite Einblick in die Personalprobleme des Betriebes, so daß eine gewisse Vorsicht angebracht ist.

Der Unternehmensberater ist eine neutrale Institution. Seine Anzeigen bleiben für die Konkurrenz verschlüsselt, seine Dienste stellen eine wirkungsvolle Vorauswahl dar. Fehlentscheidungen sind weniger wahrscheinlich. Allerdings muß ein Vertrauensverhältnis zum Berater bestehen, sonst ist seine Einschaltung etwas problematisch. Er stellt im Zusammenhang mit der Personalbeschaffung eine Reihe indiskreter Fragen und kassiert ein je nach Position nicht unbedeutendes Honorar.

5.6.1 Auswahl eines Bewerbers nach der Profilmethode

Auch bei Einschaltung eines Beraters wird dem Betrieb die Entscheidung über die Auswahl des geeigneten Bewerbers nicht abgenommen. Menschliche Sympathien und Antipathien sind zwar sehr entscheidende Faktoren im Betriebsalltag. Sie treten aber oft erst später auf und sind nicht unbedingt die Entscheidungsmomente bei der Einstellung, sondern der Wunsch nach einer guten Stellenbesetzung.

In manchen dieser Fälle mag die von den Arbeitswissenschaftlern propagierte Profilmethode ein geeignetes Hilfsmittel sein. Sie versucht, das Maximum an Übereinstimmung zwischen den Anforderungen des zu besetzenden Arbeitsplatzes und den Fähigkeiten des Bewerbers aufzufinden.

Auf der Anforderungsseite wird für jeden Arbeitsplatz ein Anforderungsprofil erstellt, das die Anforderungshöhen verschiedener Merkmale wiedergibt. Die Auswahl der Merkmale, aus denen sich das Profil zusammensetzt, soll möglichst schon zukünftig erwartete Anforderungen mit erfassen und unabhängig von den Bewerbern erstellt werden.

Des weiteren wird jedem Kandidaten ein entsprechendes Fähigkeitsprofil erstellt, das nach den gleichen Merkmalen wie das Anforderungsprofil gegliedert ist. Der Vergleich der Anforderungs- mit der Fähigkeitshöhe der beiden Profile ist ein Maß für die Eignung des Bewerbers bei Neueinstellungen (ganz entsprechend auch bei Versetzungen oder Beförderungen). Das FIR hat solche Untersuchungen im großen Umfang für die Stahlindustrie durchgeführt (Prof. Dr. Hackstein).

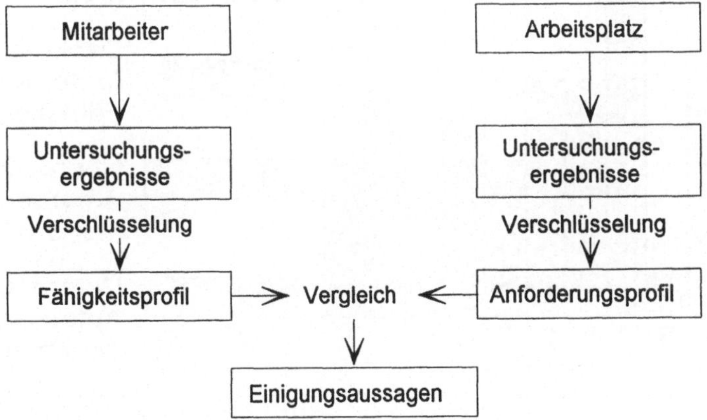

Bild 5.14   Prinzipielle Vorgehensweise bei der Profilmethode.

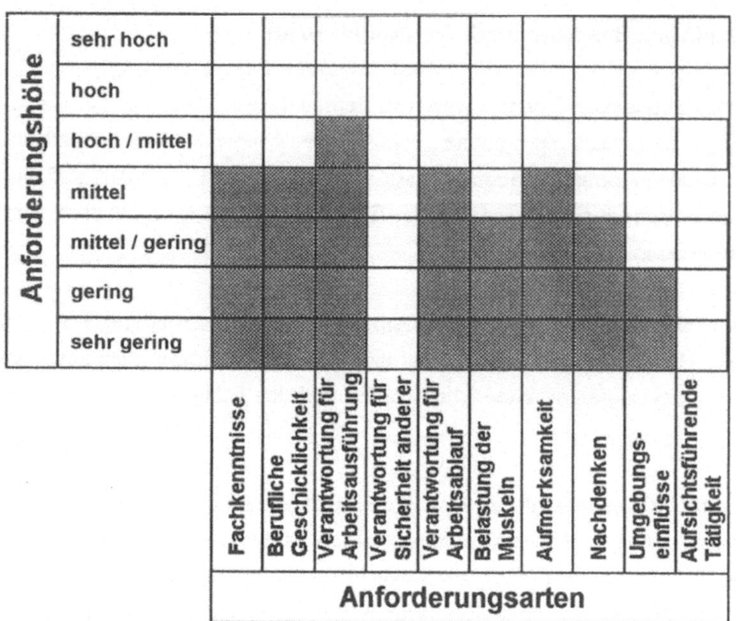

Bild 5.15   Anforderungsprofil für die Tätigkeit "Ziehen auf Ziehbänken mit Hand-
            beschickung und -steuerung".

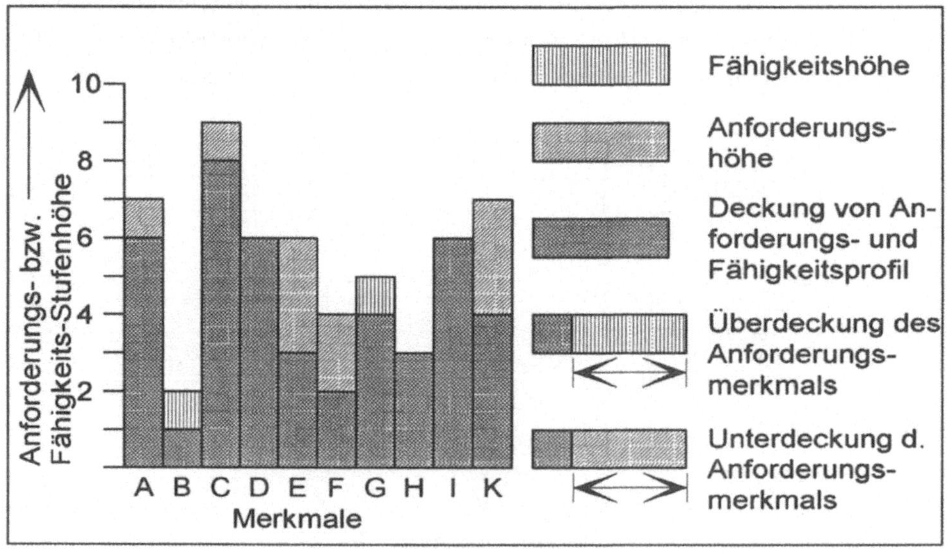

Bild 5.16   Vergleich zwischen einem Anforderungs- und einem Fähigkeitsprofil (schematisch).

5.6.2 Bewerbung und Vorstellungsgespräch

Auch noch so ausführliche Bewerbungsunterlagen können nicht die persönliche Begegnung mit einem neu einzustellenden Mitarbeiter ersetzen. In jedem Fall dient die Vorstellung dazu, Lükken in den Bewerbungsunterlagen zu schließen und weitergehende Rückschlüsse über den potentiellen neuen Mitarbeiter zu ziehen. Derjenige, der im Auftrag des Betriebes dieses Gespräch führt, sollte sich darüber klar sein, daß auch der ungelernte Mitarbeiter eine unverzichtbare Funktion im Unternehmen übertragen erhält. Anderenfalls würde man ihn ja nicht bezahlen. Deshalb sollte auch der "kleine Mann" jede Mühe wert sein.

Ein solches Vorstellungsgespräch darf <u>nicht unter Zeitdruck</u> stehen. Für beide Gesprächspartner gilt, daß jeder eigene Vorstellungen einbringt, die er dem anderen mitteilen will. <u>Vorurteile</u> müssen dabei ausgeräumt werden. Der Arbeitgeber hat zu Beginn des Gespräches in der Regel die bessere Ausgangsposition, weil der Bewerber in den Betrieb kommt und einer fremden Umgebung ausgesetzt ist. Es ist daher zunächst Sache des Arbeitgebers, einen Beitrag für eine <u>vertrauensvolle Atmosphäre</u> zu leisten. Nach einer längeren und strapaziösen Anreise ist sogar eine gewisse Fürsorge geboten, die in einer Tasse Kaffee oder Tee bestehen kann.

Der Arbeitgeber sollte sich auf das Gespräch gut vorbereiten und sich mit dem Inhalt der Bewerbungsunterlagen vertraut machen, gegebenenfalls müssen auch Fachkräfte mit der Prüfung von Angaben in der Bewerbung eingeschaltet werden. In jedem Fall muß die Unterlagenprüfung von dem Vorstellungsgespräch getrennt werden.

Das Sachgespräch im Rahmen der Vorstellung eröffnet immer derjenige, der von dem anderen etwas will. Hat der Bewerber auf eine Stellenanzeige des Arbeitgebers geantwortet, so muß der Arbeitgeber zu Beginn des Gespräches den Bewerber über den Text seiner Anzeige hinaus mit betrieblichen Details bekanntmachen, die das Tätigkeitsfeld des Bewerbers genauer beschreiben.

Ist der Bewerber bei der Stellensuche initiativ gewesen, so ist ihm der erste Teil des Gesprächs zu überlassen. Der Arbeitgeber möchte die Motive kennenlernen, warum er an ihn herangetreten ist.

Die Qualifikation der Mitarbeiter eines Betriebes hängt im hohen Maße von der Qualifikation derjenigen ab, die mit der Personalbeschaffung betraut sind. Besitzt dieser Personenkreis hinreichend Erfahrungen und psychologisches Einfühlungsvermögen, so wird er bei den Vorstellungsgesprächen von den Bewerbern, soweit sie nicht mauern, Informationen bekommen über ihr Anpassungsvermögen, ihre Überzeugungskraft, ihre intellektuelle Leistungsfähigkeit, ihr

Auffassungsvermögen sowie die Belastbarkeit. Dagegen ist es oft sehr schwierig, sich ein Bild über Aktivität und Zielstrebigkeit, Lernfähigkeit und Durchsetzungsvermögen zu verschaffen.

Zweifel oder Widersprüche beider Seiten sollten im Gespräch ausgeräumt werden. Bei Umgehungsversuchen eines Gesprächspartners sollte der andere Aufklärung fordern. Unterschiedliche persönliche Auffassungen, die mit der Verwendung des Bewerbers nichts zu tun haben, sollten diesem nicht schaden, auch wenn dabei der Arbeitgeber kritisiert wird.

Einem aussichtsreichen Bewerber sollte im Anschluß an das Vorstellungsgespräch, also noch vor Vertragsabschluß, der künftige Arbeitsplatz gezeigt werden, damit er sich auch hierzu persönlich äußern kann. Dabei empfiehlt es sich, auch den unmittelbaren Vorgesetzten einzuschalten. Bei jeder Einstellung sollte der Grundsatz gelten, daß nur derjenige eingestellt wird, von dem man erwarten kann, daß man sich nach Ablauf der Probezeit mit an Sicherheit grenzender Wahrscheinlichkeit nicht von ihm trennen wird. Die Probezeit ist nichts anderes als ein vorsorgliches Auffangnetz für die Fälle, in denen man sich gründlich geirrt hat.

Die Mitteilung des Ergebnisses der Bewerber und des Vorstellungsgesprächs, also die Zu- oder Absage, sollte immer schriftlich erfolgen. Während die Zusage keine Schwierigkeiten bereitet und mit "Wir freuen uns..." beginnt, sollte sich der Betrieb bei einer Absage besondere Mühe geben. Die Art und Weise der Rücksendung von Bewerbungsunterlagen kennzeichnet das Format des Personalleiters. Ein freundlich abgefaßtes Begleitschreiben zeigt dem abgewiesenen Bewerber, daß der Betrieb gutes Niveau hat. Dagegen kann sich ein Bewerber nicht über die Absage freuen, wenn er seine Unterlagen ohne Begleitschreiben oder mit einem kopierten Handzettel zurückbekommt.

5.6.3 Die Eingliederung neuer Mitarbeiter

Ganz besondere Aufmerksamkeit verdienen stets neue Mitarbeiter, die in das Unternehmen eintreten und eingewiesen werden müssen. Sie bringen sehr häufig Motivation und Ideen mit, wenn sie von Schulen kommen oder auf einem anderen Weg einen "Job" (vielfach ihren ersten) erhalten. Sie wollen gut verdienen, bringen aber auch Leistungsbereitschaft mit, die für den Betrieb nutzbar gemacht werden muß. Eine Frustration der Neuen in den ersten Tagen und Wochen kann kaum wieder behoben werden. Die Personalabteilung soll dafür sorgen, daß hier zuverlässig vorgegangen wird. Sie kann zur Einweisung eines neuen Mitarbeiters an alle Stellen ein Merkblatt (Checkliste) der folgenden Art herausgeben:

Tab. 5.17   Merkblatt für die Einführung eines neuen Mitarbeiters.

<u>A   Was muß der Vorgesetzte zunächst wissen und überlegen?</u>
- Wie heißt der neue Mitarbeiter?
- Welchen Beruf und welche Arbeitserfahrung besitzt er?
- Wo hat er bisher gearbeitet?
- Wann und um welche Zeit kommt er?
- An welchem Platz wird er eingesetzt?
- Ist der Arbeitsplatz vorbereitet?
- Welche Einarbeitungsmaßnahmen sind vorgesehen?
- Wer kümmert sich in der ersten Zeit um ihn (Pate)?
- Wem muß er vorgestellt werden? (Gruppenleiter, Meister, Vorarbeiter, Arbeitskollegen,
  Arbeitsvorbereitung, Material- und Werkzeugausgabe, Betriebsrat)
- Wo wohnt er? (Falls er neu am Ort ist, erkundigen, ob er sich über die örtlichen Wohn-,
  Einkaufs- und Verkehrsverhältnisse und Dienststellen von Behörden usw. schon auskennt)
- Wie und wann überzeugt sich der Abteilungsleiter, daß der neue Mitarbeiter in allen
  Punkten informiert ist und sich orientieren konnte?
- Schon jetzt daran denken: Schriftliche Beurteilung des neuen Mitarbeiters vor Ablauf der
  Probezeit!

<u>B   Weiß der neue Mitarbeiter Bescheid über:</u>
- Arbeitszeit, Pausen,
- Zeitpunkt und Art der Lohn- und Gehaltszahlung (Gehaltsordnung bzw.
  Entlohnungssystem),
- Büros und Sprechzeiten von Betriebsleitung, Personalabteilung. Lohn- und Gehaltsab-
  rechnung, Betriebsrat, Werksärztlichen Dienst, Erste Hilfe,
- Werkzeug und Materialausgabe, Ausweise, Arbeitsunterlagen, Kantine, Umkleideräume,
  WC, Parkplatz, Fahrmöglichkeiten zum Betrieb,
- Regelungen in bezug auf Rauchen im Betrieb, Frühstück holen, Arbeitskleidung, Unfall-
  vorschriften.

<u>Was muß der Mitarbeiter tun bei:</u>
- Zuspätkommen,
- Erkrankung,
- Vorzeitigem Verlassen des Arbeitsplatzes,
- Unfall, Brandausbruch,
- Gehalts-, Lohn- und Akkorddifferenzen,
- Persönlichen Schwierigkeiten (direkter Vorgesetzter, Personalleiter, Sozialbetreuer,
  Betriebsrat).

5.7 Personalabbau

5.7.1 Das Ausscheiden von Mitarbeitern

Wenn eine ordentliche Kündigung zur Auflösung eines Arbeitsvertrages führt, dann sollte der oder die Betroffene stets einen ehrenvollen Abgang erhalten, gleich aus welchem Grunde die Kündigung erfolgt ist. Jeder Betriebsangehörige hat nämlich unter der Belegschaft Freunde und Bekannte, mit denen der oder die Ausgeschiedene meist noch längere Zeit in Verbindung bleibt. Selbst wenn der Betrieb durch eine überraschende Kündigung von seiten eines Mitarbeiters vorübergehend in Verlegenheit kommt, sollte er dies nach außen hin nicht zeigen. Außerdem ist jeder ehemalige Mitarbeiter auch so etwas wie ein Werbeträger, der den Namen und das Image nach draußen sichtbar macht.

Keinesfalls sollte das auszustellende <u>Arbeitszeugnis</u> zu einem Streitobjekt zwischen dem Arbeitgeber und Arbeitnehmer werden. Das Zeugnis muß den neuen Arbeitgeber über die fachlichen und persönlichen Fähigkeiten des Bewerbers objektiv informieren. Dabei muß der Wahrheitsgrundsatz dominieren, damit keine Schadenersatzansprüche gegenüber dem alten Arbeitgeber geltend gemacht werden können. Wegen der Bedeutung des Zeugnisses für die berufliche Karriere eines Mitarbeiters sollte dieses mit größter Sorgfalt formuliert werden, wobei die Formulierungen auf die Urteilsfähigkeit des Ausstellers schließen lassen. Vier Dinge müssen aus einem Arbeitszeugnis eindeutig hervorgehen:

- Art und Dauer des Dienstverhältnisses,
- Beurteilung der Leistung (global und speziell),
- persönliche Würdigung,
- der Grund des Ausscheidens.

Da bei einer späteren Bewerbung des Mitarbeiters seine verschiedenen früheren Zeugnisse vorgelegt werden müssen, spielen insbesondere krasse Unterschiede zwischen mehreren Stationen seines Arbeitslebens eine große Rolle und erfordern später eine zusätzliche Aufklärung. Etwaige Zwischenzeugnisse, die vor Ablauf des Arbeitsverhältnisses verlangt werden können, dürfen nicht oder nicht ohne Grund besser ausfallen als das spätere Arbeitszeugnis. Daraus könnten ebenso wie aus einer verzögerten Zeugniserteilung Schadenersatzansprüche entstehen, wenn der Arbeitnehmer beweisen kann, daß ihm eine Beschäftigungschance verbaut worden ist.

Bei jeder Kündigung durch einen Arbeitnehmer sollte ein gründliches Einzelgespräch (Abgangsinterview) geführt werden, um die Kausalzusammenhänge des Personalwechsels zu klären. Der Zeitaufwand hierfür kann 1 - 2 Stunden pro Interview betragen. Diese Gespräche sind besonders schwierig, weil

- unbewußte Motive die Kündigungsursache sein können,
- über peinliche Dinge keine Auskunft gegeben wird,
- zwischen Stellensuche und Kündigung Monate liegen, nach denen Ursache und Wirkung verwechselt werden, so daß falsche Motive genannt werden.

Bei diesem Gespräch kann in der Regel bei dem ausscheidenden Mitarbeiter kein Gesinnungswandel bewirkt werden; aber man trennt sich dann mit gegenseitigem Verständnis. Mancher Mitarbeiter ist auch später nach Enttäuschungen am neuen Arbeitsplatz wieder zurückgekehrt.

5.7.2 Rechtliche Schritte zur Beendigung von Arbeitsverhältnissen

Die Arbeitsleistung ist an die Person des ArbN gebunden; stirbt er, so endet das Arbeitsverhältnis. Die Gegenleistungen des ArbG sind an den Betrieb gebunden; stirbt beispielsweise ein Firmeninhaber, so besteht das Arbeitsverhältnis mit dem Rechtsnachfolger, z.B. den Erben, fort. Wehrpflicht und Wehrübungen des ArbN beenden das Arbeitsverhältnis nicht, sondern bewirken, daß es ruht.

Ein Arbeitsverhältnis, das nur auf bestimmte Zeit geschlossen wurde, endet mit Ablauf der vereinbarten Frist (z.B. Dauer der Baustelle, zwei Jahre Auslandsaufenthalt o.ä.). Wird dagegen das Arbeitsverhältnis mit Wissen und ohne Widerspruch des ArbG über den Stichtag hinaus fortgesetzt, so gilt es als auf unbestimmte Zeit verlängert.

Ein Arbeitsverhältnis kann jederzeit durch wechselseitige einvernehmliche Vereinbarung beider Vertragspartner (Aufhebungsvertrag oder Vergleich) in Form einer gütlichen Einigung beendet werden. Die meisten Arbeitsverhältnisse enden jedoch durch Kündigung, das ist eine einseitige, auf Aufhebung des Arbeitsvertrages gerichtete Erklärung (BGB §§ 620 - 627).

Das Arbeitsrecht stellt den ArbN als den sozial Schwächeren unter eine Reihe von Schutzbestimmungen. Diese sind vom ArbG zu beachten, wenn er von sich aus einen Arbeitsvertrag kündigt:

1. Anhörung des Betriebsrates

   Der Betriebsrat muß Gelegenheit erhalten, vor fristgerechten Kündigungen innerhalb von sieben Kalendertagen Stellung zu nehmen.

Die bloße Information des Vorsitzenden oder einzelner Mitglieder des Betriebsrates reicht nicht aus. Erst nach Eingang der schriftlichen Stellungnahme des Betriebsrates darf der ArbG kündigen, unterläßt er die Anhörung des Betriebsrates, so ist die Kündigung unwirksam.

Äußert sich der Betriebsrat innerhalb der festgelegten Fristen nicht, so ist das Mitspracherecht verwirkt oder es wird kein Einspruch geltend gemacht. Verweigert er seine Zustimmung, so kann die Kündigung trotzdem erfolgen; der ArbG muß jedoch binnen drei Tagen beim zuständigen Arbeitsgericht beantragen, die vorläufig vollzogene Maßnahme für berechtigt zu erklären.

2. Es ist zu prüfen, ob ein Kündigungsgrund nach dem Kündigungsschutzgesetz (KSchG) vorliegt:

   a) persönliche Gründe wie z.B. Bummelei, mangelnde Eignung, mangelnde Leistung oder

   b) dringende betriebliche Erfordernisse, wie z.B. Auftragsmangel oder Betriebseinschränkungen.

Das KSchG gilt für ArbN über 18 Jahre mit einer Betriebszugehörigkeit von mindestens sechs Monaten. Besondere Kündigungsvorschriften gelten für Jugendliche, Schwerbehinderte und Betriebsratsmitglieder.

3. Für die Bauwirtschaft gelten nach dem Bundesrahmentarif (§ 12 BRTV) folgende Fristen:

   a) Tägliche Kündigungsfrist:
      Während der ersten drei Arbeitstage beiderseits jeweils bei Arbeitsbeginn zum Arbeitsschluß.

   b) Allgemeine Kündigungsfrist:
      Für Arbeiter 6 Werktage, für Hilfspoliere und Hilfsschachtmeister 14 Tage. Dabei zählen Samstage als Werktage; die Frist beginnt jeweils am Tag nach Empfang der Kündigung.

   c) Verlängerte Kündigungsfrist:
      Wenn der ArbN das 35. Lebensjahr vollendet hat und das Arbeitsverhältnis länger als 5 Jahre besteht, sieht das KSchG die folgenden Fristen vor:

Tab. 5.18 Kündigungsfristen gem. KSchG.

Status des ArbN	Betriebszugehörigkeit (Jahre)	Kündigungsfrist für den Arbeitgeber	Kündigungsfrist für den Arbeitnehmer
Arbeiter	5	1 Monat zum Monatsende	2 Wochen zum Monatsende
	10	2 Monate zum Monatsende	1 Monat zum Monatsende
	20	3 Monate zum Monatsende	6 Wochen zum Quartalsende
Angestellte (einschl. Poliere)	5	3 Monate zum Quartalsende	6 Wochen zum Quartalsende oder nach Vereinbarung
	8	4 Monate zum Quartalsende	
	10	5 Monate zum Quartalsende	
	12	6 Monate zum Quartalsende	

4. Fristlose Kündigung

Nur wenn es dem ArbG unter Berücksichtigung aller Umstände des Einzelfalles und unter Abwägung der Interessen beider Vertragsparteien unzumutbar ist, das Arbeitsverhältnis bis zum Ablauf der ordentlichen Kündigungsfrist fortzusetzen, kommt die fristlose Kündigung in Frage. Derartige wichtige Gründe können sein:

– Diebstahl, Unterschlagung, Betrug,
– beharrliche Arbeitsverweigerung trotz Verwarnung,
– unentschuldigtes Fehlen trotz Verwarnung,
– Tätlichkeiten oder grobe Beleidigung,
– vorsätzliche Sachbeschädigung (auch von Eigentum der Kollegen),
– Schwarzarbeit nach schriftlicher Verwarnung.

Die fristlose Kündigung kann nur innerhalb von zwei Wochen nach Bekanntwerden der Gründe ausgesprochen werden.

5. Kündigungsform

Eine Kündigung muß eindeutig und unmißverständlich formuliert sein. Mündliche Kündigungen sollten in Gegenwart von Zeugen ausgesprochen werden; schriftliche Kündigungen sollten durch Boten oder als Einschreibebrief mit Rückschein übermittelt werden, damit der Empfang durch den ArbN sichergestellt ist.

6. Sozialauswahl bei Kündigungen

Stehen mehrere Betriebsangehörige bei Kündigungen "aus dringenden betrieblichen Erfordernissen" zur Auswahl, so sind soziale Gesichtspunkte wie Lebensalter, Familienstand, Betriebszugehörigkeit usw. mit zu berücksichtigen.

7. Krankheit des Arbeitnehmers

Grundsätzlich sind Krankheiten kein Hinderungsgrund für Kündigungen, unterliegt der ArbN jedoch dem KSchG, so kann ihm wegen seiner Krankheit nur gekündigt werden, wenn im Augenblick der Kündigung folgende Tatbestände erfüllt sind:

- der Arbeitsplatz des Erkrankten muß aus betrieblichen Gründen dringend besetzt werden,

- es findet sich niemand, der den Arbeitsplatz vorübergehend ausfüllen kann oder will,

- mit der Genesung kann nicht in einer dem ArbG zumutbaren Zeit gerechnet werden,

- der ArbG kann den Erkrankten nach dessen Wiederherstellung nicht an anderer Stelle beschäftigen.

8. Massenentlassungen

Nach § 17 KSchG hat der ArbG dem Arbeitsamt Anzeige zu erstatten, bevor er Massenentlassungen vornimmt.

5.8 Modelle für die Personalführung

Führen eines Betriebes heißt

"Das Beste aus der Vergangenheit bewahren, die Gegenwart organisieren und die Zukunft richtig einschätzen und planen."

5.8.1 Autoritärer Führungsstil

Entgegen der weit verbreiteten Meinung, daß kooperativ geführte Unternehmen erfolgreicher sind als autoritär geführte, gibt es viele konservativ geführte Firmen und auch Baufirmen, die sehr leistungsfähig sind. Autoritärer Führungsstil kann jedoch nur erfolgreich sein, wenn die leitenden Personen echte Führungsautorität besitzen.

Die Gefahr für den Betrieb besteht darin, daß bei Betriebsstörungen oder bei Ausfall der Führungsautorität das Betriebsgeschehen zum Erliegen kommen kann. Ganz besonders große Schwierigkeiten haben autoritär geführte Betriebe beim Generationswechsel, an dem sie nicht selten zugrunde gehen.

Bild 5.19 Fachliche und persönliche Voraussetzungen der Führungsautorität.

Sahm [5.05] analysiert die Voraussetzungen für erfolgreiche autoritäre Führung (Bild 5.19). Da viele Punkte Berufs- und Lebenserfahrung beinhalten, ist Führungsautorität neben der Frage der Persönlichkeit auch eine Frage des Alters. Ferner ist autoritäre Firmenleitung nur bis zu einer gewissen Firmengröße praktikabel.

5.8.2 Kooperativer Führungsstil

Was kooperativ Führen heißt, wird in Bild 5.20 spezifiziert:

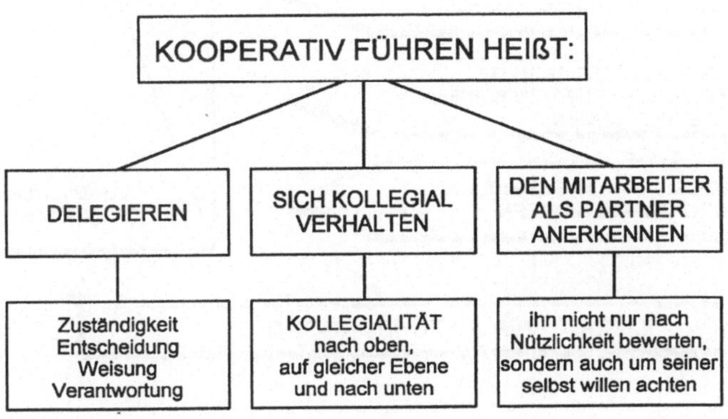

Bild 5.20 Kooperativer Führungsstil

Die Übergangsformen zwischen extrem autoritärer und kooperativer Führung hat Sahm ebenfalls herausgearbeitet (Bild 5.21). Kooperative Führungstechniken sind nur möglich, wenn Verantwortung und Befugnisse in einem gewissen Umfang delegiert werden. Die in der Industrie am weitesten verbreitete Form der kooperativen Führung ist das "Harzburger Modell" oder bestimmte Elemente daraus. Seit Jahren empfehlen die meisten Personalberater den Unternehmen die sog. "Führung im Mitarbeiterverhältnis." Daher ist eine Beschäftigung mit diesen Fragen notwendig, auch wenn manche Einzelheiten nicht ganz up to date sind [5.06]. Dabei kommt es in vielen Dingen auf feine Nuancen und Akzente an.

Kooperation bei der Entscheidungsfindung bedeutet nicht, daß betriebliche Entscheidungen nach demokratischen Mehrheitsprinzipien fallen. Entscheidungen werden wie eh und je durch den letztlich für den Bereich Verantwortlichen getroffen. Insofern bleibt es nach wie vor bei der Verantwortung einzelner. Nur kommt die Entscheidung nach den heutigen Vorstellungen nicht mehr einsam zustande, sondern unter Berücksichtigung der Lösungsansätze der jeweiligen Mitarbeiter, da diese oft über bessere Detailkenntnisse verfügen.

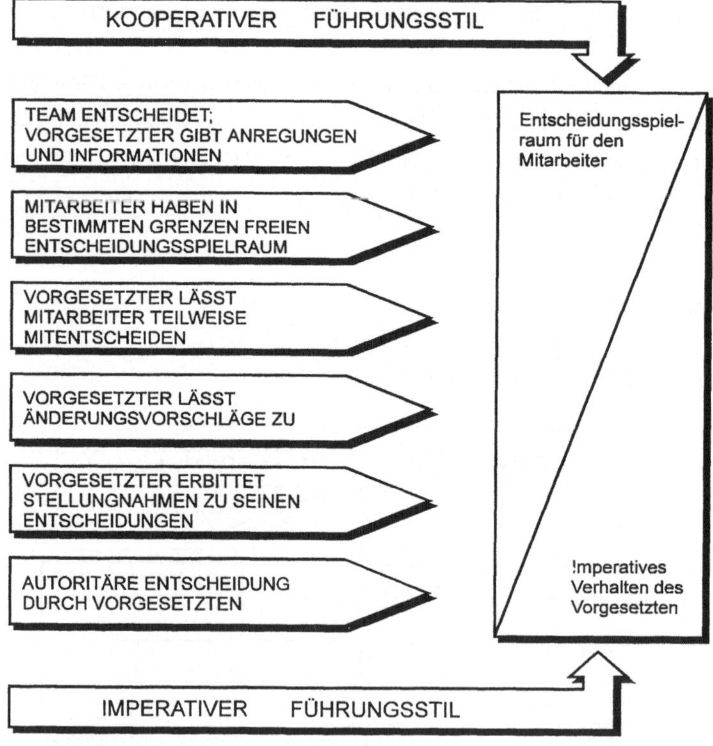

Bild 5.21 Führungsstile und Führungsverhalten

5.8.2.1 Führung im Mitarbeiterverhältnis (Harzburger Modell)

Das Harzburger Modell geht von folgenden Grundsätzen aus:

- Die Mitarbeiter werden nicht mehr durch einzelne Aufträge vom Vorgesetzten geführt. Sie erhalten vielmehr einen festen Aufgabenbereich mit bestimmten Kompetenzen, in dem sie selbständig handeln und entscheiden.

- Die betrieblichen Entscheidungen werden nicht mehr nur von einem oder einigen wenigen Männern an der Spitze des Unternehmens getroffen, sondern jeweils von den Mitarbeitern auf den Ebenen, wo sie sich als notwendig erweisen.

- Die Mitarbeiter müssen ihre Initiative nicht nur im Mithandeln, sondern auch im Mitdenken entwickeln und in ihrem Bereich auch zum Mitverantworten bereit sein.

- Der Vorgesetzte neuer Art soll sich vom Leitbild eines "Patriarchen" frei machen, der stets mehr weiß als die ihm unterstellten Mitarbeiter; er soll sich positiv zu seinen selbständig denkenden und in eigener Verantwortung handelnden Mitarbeitern einstellen.

Es ist das Verdienst der Harzburger Akademie, zu der Konzeption ein geschlossenes System von Führungsmitteln vorgeschlagen und erprobt zu haben, die zumeist aus bekannten Organisationsprinzipien bestehen, aber früher nicht in dieser Vollständigkeit und Konsequenz angewendet worden sind. Hierzu gehören die "Stellenbeschreibung" mit der Klärung der Aufgaben, Befugnisse und Verantwortung jedes Stelleninhabers, die "Mitarbeiterbesprechung" bzw. das "Mitarbeitergespräch", "Kritik und Anerkennung", "Information" und "Kontrolle".

Die <u>Delegation von Verantwortung</u> ist das Kernstück der "Führung im Mitarbeiterverhältnis". Sie setzt voraus, daß bestimmte Aufgabenbereiche mit den dazugehörigen Kompetenzen geschaffen werden, in denen der Mitarbeiter selbständig handelt und entscheidet und für sein Vorgehen voll verantwortlich ist. Damit unterscheidet sie sich grundsätzlich von der Übertragung von Arbeit im traditionellen Sinn, bei der der Vorgesetzte weiterhin die Verantwortung trägt, die notwendigen Entscheidungen trifft und nach Belieben in den Arbeitsablauf eingreift.

Aufgaben, Kompetenzen und Verantwortung werden in der "Stellenbescheibung" eindeutig geklärt. Die Verantwortung ist aufgeteilt, und zwar in die Handlungs- und die Führungsverantwortung:

- Der Mitarbeiter trägt selbst die H a n d l u n g s v e r a n t w o r t u n g, d.h. er hat für das einzustehen, was er in seinem Delegationsbereich tut oder zu tun unterläßt. Der Vorgesetzte ist davon befreit.

- Der Vorgesetzte trägt die F ü h r u n g s v e r a n t w o r t u n g, d.h. er hat dafür einzustehen, daß er seine Pflichten als Vorgesetzter gegenüber seinen Mitarbeitern erfüllt einschließlich der erforderlichen Kontrolle.

Die "Delegation der Verantwortung" ist nur im Innenverhältnis des Betriebes möglich. Für Fehler gegenüber Kunden trägt rein juristisch nicht der jeweilige Mitarbeiter, sondern der Betrieb als Ganzes die Verantwortung.

5.8.2.2 Die allgemeine Pflichten des Mitarbeiters

Wie man sich im Harzburger Modell den Mitarbeiter neuer Art vorzustellen hat, wird durch die Aufzählung der folgenden fünf Punkte deutlich:

- Alle <u>außergewöhnlichen Fälle</u>, die in seinem Delegationsbereich auftreten, zu deren Entscheidung jedoch seine Befugnisse nicht ausreichen, hat er seinem Vorgesetzten zur Entscheidung vorzulegen und ihn entsprechend zu beraten. Er hat ihm dabei offen seine Meinung zu sagen, ohne Rücksicht darauf, ob dies dem Vorgesetzten angenehm ist oder nicht.

- Darüber hinaus ist er verpflichtet, seinen Vorgesetzten in allen Fällen <u>verantwortlich zu beraten,</u> in denen dieser sich seines Rates bedienen will.

- Der Mitarbeiter ist verpflichtet, seinen Delegationsbereich <u>zu intensivieren</u>, d.h. ständig über Verbesserungen nachzudenken, damit optimale Ergebnisse erzielt werden. Er ist also verpflichtet, sich in seinem eigenen Delegationsbereich unternehmerisch zu verhalten. Liegt die Verwirklichung seiner Ideen im Rahmen seiner Kompetenzen, so hat er die Durchführung von sich aus zu veranlassen und den Vorgesetzten lediglich zu informieren. Reichen seine Befugnisse dagegen nicht aus, so hat er das beabsichtigteVorhaben als außergewöhnlichen Fall dem Vorgesetzten vorzutragen.

- Der Mitarbeiter hat seinen Vorgesetzten unaufgefordert über seinen Delegationsbereich soweit <u>zu informieren</u>, daß dieser den Gesamtüberblick behält, die für seine Entscheidungen wichtigen Tatbestände kennt und wiederum seinen eigenen Vorgesetzten über Lage und Entwicklung dieses Bereiches orientieren kann. Ferner sind auch Kollegen oder Stabsstellen über diejenigen Tatbestände unmittelbar zu informieren, soweit sie zur Bewältigung   ihrer eigenen Aufgaben wichtig sind. Diese Querinformation auf die richtige Weise vorzunehmen.

- Der Mitarbeiter ist verpflichtet, sich über die fachliche Entwicklung in seinem Delegationsbereich auf dem Laufenden zu halten. Er muß ständig an seiner Weiterbildung arbeiten, um Wissen und Können auf den neuesten Stand zu bringen und in seiner Leistung nicht abzusinken.

5.8.2.3 Die allgemeinen Pflichten des Vorgesetzten

Dem Pflichtenkatalog des Mitarbeiters entspricht der Pflichtenkatalog des Vorgesetzten.

- Der Vorgesetzte hat dafür zu sorgen, daß die ihm unterstellten Delegationsbereiche mit den geeigneten Personen besetzt sind, die diese Aufgaben fachlich und führungsgemäß in der richtigen Form wahrzunehmen vermögen. Wenn er feststellt, daß dies nicht der Fall ist, muß er die notwendige Umbesetzung vornehmen. Falls dies seine Kompetenzen überschreitet, ist die Umbesetzung von ihm bei der zuständigen Stelle zu veranlassen.

- Der Vorgesetzte muß seine Mitarbeiter selbständig handeln und entscheiden lassen. Er darf also im Delegationsbereich seiner Mitarbeiter nur in Notfällen eingreifen. Dann hat er den betreffenden Mitarbeiter nachträglich darüber zu informieren. Der Vorgesetzte soll die Handlungs- und Entscheidungsfreude seiner Mitarbeiter fördern. Jedem Versuch, insbesondere von zaghaften oder ängstlichen Mitarbeitern, die übertragene Verantwortung zurückzugeben (Rückdelegation) ist entgegenzuwirken.

- Im Rahmen der Zielsetzung der Stelle hat der Vorgesetzte die Einzelziele festzulegen, die die Mitarbeiter in einem gewissen Zeitraum zu erfüllen haben. Er hat die Schwerpunkte für ihre Arbeit zu bestimmen und hat die Tätigkeit seiner Mitarbeiter im Sinne der Gesamtzielsetzung des Bereiches zu koordinieren.

- Der Vorgesetzte hat alle außergewöhnlichen Fälle in den Delegationsbereichen der Mitarbeiter mit dem betroffenen Mitarbeiter zu erörtern und erst danach zu entscheiden.

- Der Vorgesetzte hat seine Mitarbeiter über alles zu informieren, was sie wissen müssen, um die ihnen übertragenen Aufgaben ordnungsgemäß wahrnehmen zu können.

- Gegenüber den Delegationsbereichen übt der Vorgesetzte Dienstaufsicht und Erfolgskontrolle aus. Dies erstreckt sich auf die den Mitarbeitern übertragenen fachlichen Aufgaben sowie auf die für eine Führung mit Delegation von Verantwortung geltenden Grundsätze, damit nicht etwa das Prinzip um sich greift: demokratisch nach oben/autoritär nach unten.

- Stellt der Vorgesetzte <u>Mängel</u> fachlicher oder führungsmäßiger Art bei den ihm unterstellten Mitarbeitern fest, so hat er den Tatbestand eingehend mit ihnen durchzusprechen und <u>für Abhilfe zu sorgen</u>. Die Kritik hat er dabei so zu gestalten, daß Initiative, Mitdenken und Mithandeln der Mitarbeiter nicht beeinträchtigt werden, sondern eine weitere positive Zusammenarbeit gewährleistet bleibt.

- Erfolgt trotzdem keine Änderung im Verhalten des Mitarbeiters, so muß der Vorgesetzte nach wiederholten Kritikgesprächen daraus die Konsequenzen ziehen und dessen Versetzung oder Kündigung veranlassen. Im Einzelfall ist der Vorgesetzte berechtigt, bei Weigerung des Mitarbeiters, seine Anordnung durchzuführen, selbst in dessen Delegationsbereich zu handeln bzw. die entsprechenden Anweisungen an dessen Mitarbeiter zu geben.

- Der Vorgesetzte ist verpflichtet, eine überdurchschnittliche Leistung oder ein besonderes Bemühen in fachlicher wie führungsmäßiger Hinsicht <u>anzuerkennen</u>.

- Der Vorgesetzte hat seine Mitarbeiter in jeder Weise zu fördern und für eine angemessene, leistungsgerechte Bezahlung, gegebenenfalls durch Anträge oder Vorschläge bei der zuständigen Stelle einzutreten.

- Der Vorgesetzte darf den festgelegten Aufgabenbereich seiner Mitarbeiter nicht verändern. Dies ist allein Sache der Unternehmensführung bzw. der von ihr beauftragten zentralen Stelle.

5.8.2.4 Das Instrumentarium zur Führung im Mitarbeiterverhältnis

Die <u>Stellenbeschreibung</u>, in § 81 BetrVG indirekt vorgeschrieben, ist das wichtigste organisatorische Mittel für die Führung im Mitarbeiterverhältnis. Es ist eine Festlegung der Ziele, Aufgaben, Befugnisse und Verantwortung des Stelleninhabers.

25 Stellenbeschreibungen auf allen Ebenen des Baubetriebes hat Toffel für eine Bauunternehmung mit einer Stab-Linien-Struktur veröffentlicht [5.07].

Die <u>Mitarbeiterbesprechung</u> als Diskussion des Vorgesetzten mit mehreren seiner Mitarbeiter ist ein weiteres wichtiges Führungsmittel, das durch "Mitarbeitergespräche" (Aussprachen mit jeweils nur einem Mitarbeiter) ergänzt wird. Interne Konferenzen dieser Art sind heute in jeder Unternehmung üblich, zumeist werden sie allerdings nicht in der geforderten Form vorbereitet, geführt und ausgewertet.

Für den Teilnehmerkreis, die Wahl von Ort und Zeit sowie für die thematische Vorbereitung liefert das Harzburger Modell gute Hinweise, ebenso für die Eröffnung, die Diskussionsleitung, Gesprächsführung und den Abschluß, einschließlich Protokollführung und Auswertung.

Der Zweck der Mitarbeiterbesprechung ist vor allem in der Information in beiden Richtungen sowie in der Querinformation zu sehen; sie dient zur Entscheidungsvorbereitung durch den Vorgesetzten, dessen Motto sein soll: "Hören, hören und nochmals hören". - Tatsächlich ist es für den Wert einer Mitarbeiterbesprechung entscheidend, daß die Teilnehmer bereit sind, offen ihre Meinung zu sagen, auch wenn sie damit gegen die Auffassung des Vorgesetzten sprechen oder ein "heißes Eisen" aufgreifen.

Anders dagegen das Mitarbeitergespräch, das als Dienstgespräch zwischen dem Vorgesetzten und einzelnen Mitarbeitern vorgesehen ist, z.B. zur Mitteilung und Erläuterung von Entscheidungen, die vom Vorgesetzten oder von einer höheren Instanz getroffen worden sind, zur Erteilung von Anweisungen oder für Kritik und Anerkennung usw.

<u>Kritik und Anerkennung</u> sind wichtige Führungsmittel. Sie sollten in jedem Betrieb anstelle der früher üblichen Form von Lob und Tadel verwendet werden. Während sich z.B. Tadel auf die Person bezieht, richtet sich Kritik auf die sachliche Leistung des Mitarbeiters oder auf einen Fehler in seinem Verhalten mit dem Ziel der Korrektur. Nicht strafen, sondern verbessern heißt die Devise. Man will bewirken, daß sich der Mitarbeiter in seinem Verhalten ändert und die ihm übertragenen Aufgaben in fachlicher wie führungsmäßiger Hinsicht besser erfüllt.

Für das <u>Kritikgespräch</u> können folgende Hinweise gegeben werden: Es soll möglichst unter vier Augen stattfinden. Zuerst ist eine Kontaktbrücke herzustellen, die so stark sein muß, daß sie die nachfolgende Kritik tragen kann. Dann erfolgt die Klärung des Tatbestandes, die Entgegennahme der Entschuldigungsgründe und das Urteil des Vorgesetzten, das auf Wertung des festgestellten Tatbestandes, auf Würdigung der Entschuldigungsgründe und schließlich auf der Gesamtbeurteilung von Leistung und Verhalten des Mitarbeiters beruht.

Das Urteil muß eindeutig festlegen, was der Vorgesetzte an dem bisherigen Verhalten des Mitarbeiters zu bemängeln hat. Er darf sich dabei nicht mit vagen Andeutungen begnügen oder "durch die Blume" sprechen. Das Urteil darf sich auch nicht im Negativen erschöpfen, sondern muß den Weg aufzeigen, der künftig zu einem besseren Ergebnis führen soll. Es hat zukunftsweisenden Charakter.

Leider wird die <u>Anerkennung</u> als Führungsmittel in der Praxis viel seltener gebraucht als die Kritik. Anerkennung hebt die Arbeitsfreude, ist ein wichtiger Ansporn zur Leistungssteigerung und beeinflußt das gesamte Betriebsklima positiv. Nicht ausgesprochene Anerkennung ist vorenthaltener Lohn. Die Mitarbeiter brauchen diese offen ausgesprochene Anerkennung. Sie ist eine wichtige Voraussetzung dafür, daß sie sich in ihrem Wirken im Betrieb bestätigt fühlen. Die Anerkennung erhöht ihr Selbstwertgefühl, ihre Sicherheit im Auftreten und die Zufriedenheit in ihrem Arbeitsbereich.

<u>Das Informationswesen</u> ist dem Prinzip der Delegation von Verantwortung anzupassen. Der Vorgesetzte gibt seinem Mitarbeiter so viel Information, wie dieser zur Erfüllung seiner Aufgaben benötigt. Hierbei ist die einmalige Grundinformation über das Unternehmen, den fachlichen Aufgabenbereich sowie den Führungsstil und die Organisation der Firma zu unterscheiden von der laufenden Information über neue Entscheidungen, Terminabsprachen, Besprechungsergebnisse usw.

Umgekehrt ist der Mitarbeiter zur Information des Vorgesetzten verpflichtet. Diese soll aus dem Delegationsbereich über den dafür verantwortlichen Mitarbeiter erfolgen, und zwar übergreifend und zusammenfassend, wie z.B.:

- vom Krankenstand des Unternehmens (nicht von einer einzelnen Krankmeldung),
- von der Fluktuation in einem gewissen Zeitabschnitt und von Abwerbungsmaßnahmen (nicht von einer einzelnen Kündigung),
- von Stand, Entwicklung und Qualifikation der Mitarbeiter (nicht vom Versagen eines einzelnen Mitarbeiters),
- von Schwierigkeiten in der Belegschaft (nicht von einer einzelnen Beschwerde).

Die Bedeutung von Information und Kommunikation für den reibungslosen Ablauf des Betriebsgeschehens kann nicht hoch genug eingeschätzt werden.

Die <u>Kontrolle</u> wird zum entscheidenden Mittel, um die Führung des an den Mitarbeiter delegierten Bereiches sicherzustellen. Das Prinzip lautet:

<u>Alles was delegiert worden ist, muß auch kontrolliert werden.</u>

Die Kontrolle über den einzelnen Stelleninhaber erstreckt sich nicht nur auf seine fachlichen Leistungen, sondern auch auf sein führungsmäßiges Verhalten als Mitarbeiter und Vorgesetzter. Ein Großteil der Widerstände der Vorgesetzten gegen die Delegation von Verantwortung verschwindet, wenn sie die Bedeutung der Kontrolle erkannt haben.

Zur Kontrolle gehören die "Dienstaufsicht" als Kontrolle durch Stichproben oder ggf. die verschärfte Dienstaufsicht in kürzeren Zeitabständen mehrmals hintereinander sowie die "Erfolgskontrolle", mit deren Hilfe der Vorgesetzte feststellt, was im Laufe der Zeit in positiver oder negativer Hinsicht erreicht worden ist. Die Dienstaufsicht soll eine systematische Auswertung der Stichproben liefern. Der Mitarbeiter ist über das Ergebnis der Dienstaufsicht durch den Vorgesetzten zu informieren, d.h. er soll erfahren, ob der Vorgesetzte mit seinem Verhalten und seinen Leistungen zufrieden ist oder ob ihm Fehler unterlaufen sind.

Die Dienstaufsicht ist keine Frage des Mißtrauens zwischen Vorgesetzten und Mitarbeitern, sondern eine Führungsaufgabe, zu deren Erfüllung der Vorgesetzte verpflichtet ist. Den Mitarbeitern muß bewußt gemacht werden, daß dem Recht, in ihrem Delegationsbereich selbständig zu handeln und zu entscheiden, die Notwendigkeit der Überwachung durch den Vorgesetzten gegenübersteht.

Insgesamt ist die "Führung im Mitarbeiterverhältnis" nach diesem Modell eine Institutionalisierung gewisser demokratischer Formen der Mitarbeiterführung. Die Anforderungen an den einzelnen sind höher als in jedem anderen Modell, in dem er weniger Verantwortung trägt und mehr geführt wird.

5.8.2.5 Kritik am Harzburger Modell

Nachdem in einem Zeitraum von über 25 Jahren etwa 300 000 Fach- und Führungskräfte aller Ebenen mit diesem Führungsmodell vertraut gemacht worden sind, ist es praktisch zu einem Markenartikel geworden. Kritik und Vorbehalte sind jedoch nicht zu übersehen und lassen sich in den folgenden Hauptpunkten zusammenfassen:

- zu bürokratisch und formalistisch, daher praxisfremd,
- zu dogmatisch, daher werden firmenspezifische Anpassungen erschwert,
- Dienstaufsicht und Erfolgskontrolle sind zu theoretisch und zu aufwendig (Kontrollakte, Kontrollplan),
- die totale Stellenbeschreibung führt zu Überorganisation und Schubladen-Denken,
- zu wenig Verhaltenstraining, nur Dozieren von Thesen,
- Vernachlässigung von Gruppendynamik, Führung mit Zielen, Planungs-Systematik, Motivation etc.,
- überzogener Anspruch auf Alleingültigkeit (Dogma).

Die Verdienste des Harzburger Modells sind jedoch unbestreitbar: Durch die sehr frühe und weitreichende Verbreitung wurde die Diskussion über die Führungsprobleme eröffnet und das Verständnis für derartige Notwendigkeiten geweckt.

5.8.3 Bildung und Arbeitsweise eines Teams

In der Umgangssprache sagt man: "Das ist Teamarbeit" oder "unser Team ist erfolgreich" und meint damit, daß man eine Sache gemeinsam bewältigt hat. Anders dagegen das <u>institutionalisierte</u> Team, das nach der Vorstellung der Experten für eine größere Sonderaufgabe formal für eine begrenzte Zeit gebildet werden soll, wenn eine Aufgabe für einzelne Mitarbeiter zu komplex und nicht in akzeptabler Zeit lösbar ist. Dieses Team wird aus geeigneten Spezialisten im Hinblick auf das vorliegende Problem zusammengestellt.

<u>Grundsätzliches über die Organisation von Teams</u>

Das Team genießt in der Betriebsorganisation eine Sonderstellung, da es seine Aufgabe nicht in der üblichen Linienfunktion auszuführen hat. Am ehesten ist es mit einer Stabsstelle in seiner Arbeitsweise und Entscheidungsvorbereitung zu vergleichen, unterscheidet sich jedoch durch Zusammensetzung und die Beschränkung auf ein konkretes Problem, also durch eine zeitliche Befristung.

Die Mitglieder können verschiedenen hierarchischen Ebenen des Unternehmens angehören. Sie sind im Team gleichgestellt. Nach angelsächsischem Vorbild dürfen Rang und Dienststellung im Team nicht beachtet werden. Eine hierarchische Ordnung kennt das Team nicht. Der Teamleiter ist kein Vorgesetzter, sondern fungiert als Sprecher und Koordinator der Teamarbeit. Die Mitglieder haben folgende Rechte und Pflichten:

- Jedes Mitglied soll sich mit seinem Wissen und Können vorbehaltlos für die dem Team gestellte Aufgabe einsetzen.

- Jedes Mitglied soll nach bestem Wissen seine eigene Meinung vertreten. Weisungen von Vorgesetzten sind ebenso unzulässig wie Ressortinteressen.

- Jedes Mitglied muß loyal zum Team und den übrigen Mitgliedern stehen. Die Arbeit gedeiht nur im gegenseitigen Vertrauen, d.h. geäußerte Meinungen dürfen nicht nach außen getragen werden.

- Jedes Mitglied erkennt die übrigen als gleichberechtigte Partner an. Daraus folgt, daß es zu Ansichten und Vorschlägen vorbehaltlos Stellung nehmen kann, aber auch ohne Resignation akzeptieren muß, daß sich die Mehrheit ggf. seine Ansicht nicht zu eigen macht.

Die Stellung und Aufgaben des Teamleiters

- Der Teamleiter ist gleichberechtigtes Teammitglied ohne besondere Befugnisse.

- Er erledigt die Formalitäten wie Terminfestlegungen, Informationsbeschaffung für die Teammitglieder, Einsatz von Hilfskräften usw.

- Er hat für einen reibungslosen Ablauf der Arbeit des Teams zu sorgen, indem beispielsweise eine vom Team beschlossene Geschäftsordnung eingehalten wird. Falls einzelne Mitglieder die Arbeit des Teams fachlich oder psychologisch blockieren, ist dies der Aufsichtsstelle vom Teamleiter mitzuteilen. Abberufungen obliegen jedoch ebensowenig dem Teamleiter wie Neubesetzungen offener Stellen.

- Er vertritt das Team als Sprecher nach außen, insbesondere gegenüber der Geschäftsleitung. Alle schriftlichen Berichte sollen jedoch vom Team gebilligt sein, gegensätzliche Meinungen im Team werden dabei mit zu Protokoll gegeben.

Die Stellung und Aufgaben des unmittelbaren Vorgesetzten eines Teams

- Ihm obliegt die Auswahl der Teammitglieder. Sie sollen sachverständig sein und persönlich miteinander harmonieren.

- Es ist ihm verwehrt, in die Arbeit des Teams einzugreifen und u.U. dort seine Ansichten durchzusetzen, es sei denn zur Abwendung von unmittelbaren Gefahren.

- Als Dienstvorgesetzter hat er sowohl die Dienstaufsicht als auch die Erfolgskontrolle über das Team auszuüben. Das beinhaltet u.a., Kritik und Anerkennung über das Team auszusprechen.

- Er hat auch nach Erteilung des Auftrages an das Team Informationspflicht und muß über alle wichtigen Vorkommnisse laufend unterrichten.

<u>Vor- und Nachteile der Teams</u>

Zunächst einige Vorteile:

- Schwierige Aufgaben, die auf andere Weise unlösbar waren, können einer Lösung zugänglich gemacht werden.

- Wenn Fachleute verschiedener Unternehmensbereiche oder sogar externe Experten im Team zusammenarbeiten, ist die Gewähr gegeben, daß keine einseitigen Interessen verfolgt werden.

- Im Team findet eine Versachlichung des anstehenden Problems statt, so daß das Risiko von Fehlentscheidungen verringert wird.

- Die Betriebsblindheit, unter der alle Mitarbeiter leiden, die langfristig an der gleichen Stelle tätig sind, wird im Team "ausgeglichen."

- Das Team kann sich, von Anlaufschwierigkeiten abgesehen, zeitsparend auswirken, da alle Alternativen sofort beraten und viele Zwischenentscheidungen ohne Instanzenweg und externe Stellungnahmen sofort getroffen werden können.

- Die Teamarbeit zwingt zu Toleranz und Achtung anderer Meinungen, sie erzieht zu aufgeschlossener und zielgerichteter Diskussion. Die Mitglieder lernen andere Arbeitsbereiche genauer kennen. Dadurch wird die Bereitschaft zur Zusammenarbeit im Betrieb gestärkt, was sich vorteilhaft für das Gesamtunternehmen auswirkt.

- Das Team erschließt das Intelligenzpotential der Mitarbeiter. Es kann den für Mittelbetriebe bisweilen zu kostspieligen Spezialisten ersetzen.

<u>Den Vorteilen stehen aber auch erhebliche Gefahren, Nachteile oder Risiken gegenüber:</u>

- Teamarbeit ist aufwendiger als Einzelarbeit, zumal oft beträchtliche Anlaufzeiten in Kauf genommen werden müssen, während der sich die Mitglieder aufeinander einstellen. Fehlschläge sind insbesondere dann zu erwarten, wenn das Team zu groß ist oder die Mitglieder nur nebenamtlich freigestellt werden.

- Diskussionen im Team kosten viel Zeit, namentlich dann, wenn die geeignete Diskussionsform (das Rundgespräch) nicht geübt ist. Der Verhandlungsführer muß geschickt vorgehen, damit weitschweifige Auseinandersetzungen unterbleiben und die Argumente klar vorgetragen werden.

- Das Team kann zur Verzögerung von Entscheidungen mißbraucht werden oder selbst aus taktischen Erwägungen solche Verzögerungen herbeiführen (sog. "Beruhigungs-, Verschleierungs- oder Beerdigungsausschüsse"). Durch gegensätzliche Ansichten der Teammitglieder kann ebenfalls eine Pattsituation eintreten.

- Der sog. "Teamgeist" verlangt, daß die einzelnen Mitglieder des Teams ihr Wissen und ihre Ideen anonym einbringen. Nur dann funktioniert ein Team. Stars haben keinen Platz im Team! Andererseits können sich Teammitglieder vor eigenen Beiträgen drücken und sich hinter den Leistungen anderer verstecken.

- Wenn beim Eintritt in das Team keine Leistungsmotivation vorhanden ist, wird sie kaum während der Mitgliedschaft entstehen. Persönliche Anerkennung für einzelne Teammitglieder kommen als Leistungsanreiz nicht in Betracht.

Eine autoritäre Firmenorganisation schließt eine erfolgreiche Teamarbeit von vornherein aus. Vorgesetzte, die gewohnt sind, das, was sie für richtig halten, durchzuführen, sind nicht in der Lage, ihre Ansichten plötzlich nur als Diskussionsbeitrag zu betrachten. Sie haben Schwierigkeiten, von einer einmal geäußerten Ansicht wieder abzugehen, selbst wenn andere Lösungen besser geeignet sind. Auch der Untergebene, der gewohnt ist, die Aufträge seines Vorgesetzten ohne Widerspruch auszuführen, bringt Schwierigkeiten für das Team, da er sich den Ansichten von ranghöheren Mitgliedern automatisch unterwirft.

In Unternehmen, wo Führung im Mitarbeiterverhältnis praktiziert wird, wo durch Delegation von Verantwortung vom Untergebenen selbständiges Denken und Handeln erwartet wird, ist der Boden gut vorbereitet für den Einsatz spezieller Teams.

Das eigentliche Erfolgsgeheimnis liegt außer in der richtigen Weichenstellung (wie in allen Personalfragen) auch in den menschlichen Gegebenheiten begründet. Wenn die geistige Reife für diese Form der Zusammenarbeit bei den Mitarbeitern nicht vorhanden ist und das Interesse dafür nicht geweckt werden kann, dann sollte die Geschäftsleitung die Idee des Teams nicht weiter verfolgen. Da das Instrument jedoch erfolgreich erprobt ist, sollte man sich aber durch einen einmaligen Mißerfolg nicht abschrecken lassen.

Natürlich sind institutionalisierte Teams nur für Unternehmen von einer gewissen Größe an tragbar, etwa für die Ausarbeitung eines Sondervorschlages für ein Großprojekt.

5.8.4 Besonderheiten bei der Schaffung von Stabsstellen

Auf das Stab-Liniensystem als eine im Baubetrieb wichtige Organisationsstruktur wurde im Abschnitt 4.2.1.3 hingewiesen. Stabsstellen sind Hilfsstellen für überlastete Aufgabenträger im Liniensystem. Sie besitzen kein Weisungsrecht, sondern bereiten betriebliche Maßnahmen vor, beschaffen Informationen, beraten, arbeiten Empfehlungen aus usw. Mit zunehmender Betriebsgröße, Technisierung und Marktverflechtung entsteht die Gefahr, daß die Linienstelle die Detailkenntnisse mancher Spezialprobleme verliert. Die gründliche Entscheidungsvorbereitung ist daher die Hauptaufgabe der Stäbe. Sie bringen Kontinuität in die Arbeit des Unternehmens.

Die Arbeit von Stabsstellen ist behindert, wenn die Spannungen zwischen Linien- und Stabsstellen auftreten, die durch die Trennung von Entscheidungsvorbereitung, Entschlußfassung und Plandurchsetzung entstehen können.

Von besonderem Interesse sind die Anforderungen, die auf die Mitarbeiter in Stäben zukommen:

- Der Stabsmann bemüht sich, für bestehende Probleme mit Hilfe seines Fachwissens Lösungen zu entwickeln und unterbreitet seinem Vorgesetzten entscheidungsreife Vorschläge.

- Der Stabsmann weiß, daß er auf seinem speziellen Gebiet über bessere Fachkenntnisse verfügt als sein Vorgesetzter, der über die Vorschläge des Stabes zu entscheiden hat.

- Die Ergebnisse eines Stabes sind nicht namentlich gekennzeichnet, sondern bleiben anonym.

- Der Stabsmann kann nicht durch seine Dienststellung oder Autorität überzeugen, sondern nur durch die Kraft seiner Argumente.

- Der gewissenhafte Stabsmann hat stets kritisch zu prüfen, ob seine Lösungsvorschläge dem neuesten Stand entsprechen. Es wird erwartet, daß er bereit ist, den eigenen Standpunkt zu korrigieren, wenn sich in der Diskussion neue Gesichtspunkte ergeben.

- Stabsleute müssen mit anderen Spezialisten des Unternehmens zusammenarbeiten, ggf. mit anderen Stabsstellen. Kontakt- und Anpassungsfähigkeit sind wichtige Voraussetzungen für den Erfolg dieser Zusammenarbeit.

Bei Beachtung dieser Grundregeln für die Besetzung von Stabsstellen können Fehlschläge weitgehend vermieden werden. Häufig werden Stabsstellen für erfolgversprechende Nachwuchskräfte geschaffen, die von diesen Positionen aus die Unternehmensorganisation sehr genau kennenlernen und zu gegebener Zeit in Linienpositionen einrücken können.

5.9 Die Motivation als Führungsaufgabe

Der Begriff Motivation hat viele verhaltenspsychologische Theorien ausgelöst und ist eines der meistbenutzten Schlagworte im Rahmen von Manager-Seminaren. Deshalb ist es besonders schwer, für einen so vielfältig gebrauchten Begriff eine endgültige Definition zu finden. Die vielleicht klarste und kürzeste Definition hierfür könnte beispielsweise lauten:

<u>Motivation ist die Bereitschaft, Ziele verwirklichen zu wollen</u>

oder anders ausgedrückt: Alles, was der Entwicklung eines positiven Betriebsklimas dient, ist Motivation im weitesten Sinne. Dies läßt sich auf vielerlei Weise - je nach Charakter und Temperament der Beteiligten - erreichen. Die Motivation darf nicht als Kompensation für unbefriedigende Zustände auf anderen Sektoren des Betriebes mißverstanden werden. Die Mittel zur Motivation sind einem ständigen Wandel unterworfen. Die Motivation gehört in die "industrielle Landschaft", darf aber nicht als alleiniger Aspekt überbewertet werden.

Je niedriger das Niveau der im Betrieb zu verrichtenden Tätigkeit ist, desto schwieriger ist die Motivation des Mitarbeiters. Die rein manuelle Tätigkeit wird in der Regel nur zur Erlangung des dafür angesetzten Lohnes verrichtet. Wenn der Betreffende seine Tätigkeit etwas effektiver durchführen uns seine Produktivität steigern soll, dann muß der Chef oder unmittelbare Vorgesetzte dafür durch Motivation einen Anreiz schaffen.

Leitende Mitarbeiter sind viel leichter durch die an sie gestellten Aufgaben zu motivieren, da ihnen die Erfüllung das Gefühl der eigenen Leistung, der persönlichen Verantwortlichkeit und in vielen Fällen auch der verdienten Anerkennung gibt. Die Ziele des Unternehmens werden dann am besten erreicht, wenn möglichst viele Mitarbeiter Gelegenheit haben, sich mit den gestellten Aufgaben persönlich zu identifizieren.

Die Ansichten über Motivation und Führung im Betrieb wechseln, da sie Zeitströmungen und gesellschaftlichen Veränderungen unterworfen sind. Der Erfolg von solchen Maßnahmen hängt in hohem Maße auch von den zu führenden Personen ab. Daher kommt es stets auf eine geeignete Mischung der Mittel an. Hauptsächlich können die sechs folgenden Bereiche für die Motivation nutzbar gemacht werden:

1. Motivation durch monetäre Anreize:
   - gerechte Entlohnung,
   - Ergebnisbeteiligung,
   - betriebliches Vorschlagswesen.

2. Motivation durch gute Arbeitsbedingungen:
   - vorbildliche Arbeitsplatzgestaltung,
   - erträgliche Arbeitszeitregelungen,
   - angenehmes Betriebsklima.

3. Motivation durch gute menschliche Kontakte:
   - zu dem oder den Vorgesetzten,
   - zu Kollegen und Mitarbeitern.

4. Motivation durch Weckung von Ehrgeiz:
   - Aufstieg und Karriere,
   - Wettkampfprinzip (Wettbewerb gleichstarker Gruppen).

5. Motivation durch Information:
   - ausreichende und regelmäßige Informationsversorgung am Arbeitsplatz,
   - übergreifende Informationsversorgung über Ziele und Ergebnisse des Unternehmens und seiner Bereiche,
   - Verbesserung des Spezialwissens durch Schulung.

6. Motivation durch Tradition und Firmenstil:
   - Traditionspflege,
   - einheitliches Firmenzeichen sowie Farbgebung,
   - Stil bei geselligen Veranstaltungen, Schulungen etc.

Die Motivation von Mitarbeitern ist in einer Wohlstandsgesellschaft weit schwieriger als in einer Bedürfnisgesellschaft. Sie stellt die wohl größte Herausforderung unserer Tage für das Leitungspersonal auf allen Ebenen der Betriebe dar. Einige Ideen hierzu werden im folgenden näher erläutert.

Wo immer es möglich ist, sollten konkurrierende Arbeitsgruppen eingesetzt werden. Dies ist auf Baustellen sehr häufig möglich, weil ohnehin in kleinen Gruppen gearbeitet werden muß. Es hat sich immer wieder gezeigt, daß sich die einzelnen Gruppen gerne mit ihresgleichen messen lassen und dabei bestrebt sind, besser zu sein als ihre Mitbewerber.

Natürlich kann man das nur erreichen, wenn die Rahmenbedingungen für alle konkurrierenden Gruppen völlig gleich sind, da sonst die schlechter ausgestattete Gruppe in der Regel die Lust verliert und aufgibt.

Bereits die Arbeitsvorbereitung kann dafür sorgen, daß später auf der Baustelle konkurrierende Gruppen arbeiten können, etwa durch den Einsatz von zwei gleichartigen Schalwagen oder Schalungseinrichtungen. Wenn man einmal einen Schichtwechsel auf der Baustelle miterlebt hat, so weiß man, daß die nachfolgende Schicht als erstes einmal prüft, um wieviel die vorangegangene Schicht weitergekommen ist. Mit kleinen Prämien läßt sich der edle Wettstreit natürlich noch viel attraktiver gestalten.

Tradition und Firmenimage zur Festigung der Betriebsbindung

Alte Familienunternehmen pflegen gerne ihr Tradition durch Firmenschriften zur eigenen Entwicklungsgeschichte. Man versucht, den Stolz auf die Erfolge in der Vergangenheit auf die gegenwärtige Firmenmannschaft zu übertragen und dies als eine Herausforderung darzustellen, um Ansehen und Marktstellung zu erhalten.

Jüngere Unternehmen, die auf keine nennenswerte Tradition zurückgreifen können, versuchen durch einheitliches Verhalten und Auftreten der Mitarbeiter und Vertreter das Selbstbewußtsein der Belegschaft zu stärken.

5.10 Zusammenfassung

Schwerpunkt der Ausführungen waren die Fragen der Personalführung, angefangen bei organisatorischen Dingen bis hin zu den Möglichkeiten der Motivation der Mitarbeiter. Die alltäglichen Routineaufgaben der Personalabteilung wie Einstellung und Entlassung, die Fragen des Betriebsverfassungsgesetzes oder des Arbeitsförderungsgesetzes wurden dabei bewußt mehr am Rande behandelt.

Die Personalpolitik ist nur eine der sechs wichtigsten Unternehmerfunktionen, aber es ist ein besonders vielseitiges und schwieriges Gebiet. Es ist derjenige Bereich, der wirtschaftlich sehr langfristige Auswirkungen hat und der die gesellschaftspolitische Verantwortung des Unternehmens evident werden läßt, handelt es sich doch bei der Führung von Mitarbeitern stets um Eingriffe in Einzelschicksale.

Die Besonderheiten der Bauindustrie haben Auswirkungen bis tief in den Personalbereich hinein. Es muß größtmögliche Flexibilität der Betriebsstruktur und des Personals angestrebt werden. Für fast jede Bauaufgabe wird eine neue Mannschaft zusammengestellt. Da viele Bauaufgaben in Arbeitsgemeinschaften abgewickelt werden, sind sogar Abstimmungen mit anderen Unternehmen unvermeidlich.

Allgemein gültige Regeln für alle Betriebsgrößen und Betriebsstrukturen sind im Personalbereich schwer aufzustellen. Die dargelegten Grundsätze sind in weiten Bereichen auf die jeweilige betriebliche Situation anzupassen. Es gibt keine nach betriebswirtschaftlichen Gesichtspunkten lupenreinen Organisationsstrukturen und Führungsprinzipien im Baubetrieb, weil der Kompromiß im Vordergrund stehen muß.

Führungsphilosophie, Führungsstil und alle daraus resultierenden Folgerungen unterliegen Zeitströmungen und Geschmackstrends, sie sollten aber stets erkennbar und für die Belegschaft nachvollziehbar sein. Die wichtigsten Schritte und Ziele der Menschenführung sind in Bild 5.22 nochmals zusammengefaßt.

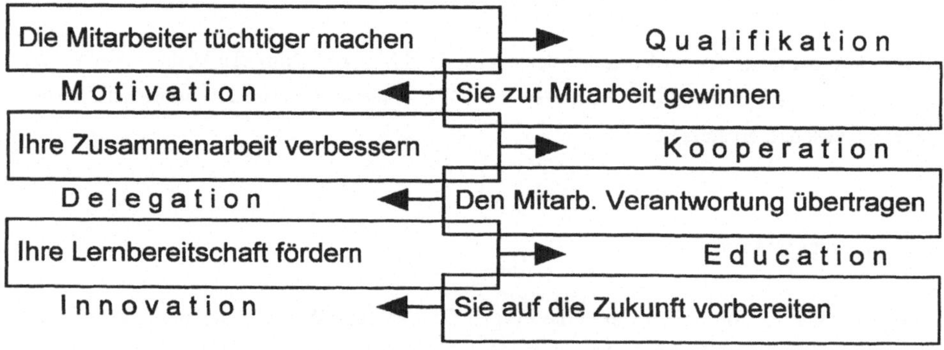

Bild 5.22 Sechs-Punkte-Programm für die berufliche Menschenführung.

Abkürzungsverzeichnis

Afa	- Absetzung für Abnutzung
AG	- Aktiengesellschaft
AG	- Auftraggeber
AHB	- Allgemeine Haftpflicht Bedingungen
AktG	- Aktiengesetz
AN	- Auftragnehmer
ArbG	- Arbeitgeber
ArbN	- Arbeitnehmer
AV	- Arbeitsvorbereitung
BAS	- Bauarbeitsschlüssel
BetrVG	- Betriebsverfassungsgesetz
BiRiLiG	- Bilanzrichtliniengesetz
BKR	- Baukontenrahmen
BL	- Bundesländer
BMWi	- Bundesministerium für Wirtschaft
BWL	- Betriebswirtschaftslehre
CAD	- computer aided design
CAM	- computer aided manufacturing
CIM	- computer integrated manufacturing
Est(Spl.)	- Einkommenssteuer(splitting)
G + V	- Gewinn- und Verlustrechnung
GmbH	- Gesellschaft mit beschränkter Haftung
HGB	- Handelsgesetzbuch
IMIS	- Integriertes Management-Informationssystem
ISO	- International Standard Organisation
KG	- Kommanditgesellschaft
KSchG	- Kündigungsschutzgesetz
LV	- Leistungsverzeichnis
MAPI	- Machinery and Allied Products Institute
OHG	- Offene Handelsgesellschaft
QS	- Qualitätssicherung
REFA	- Verband für Arbeitsstudien (seit 1948); früher Reichsausschuß für Arbeitszeitermittlung (seit 1924)
VOB	- Verdingungsordnung für Bauleistungen
ZVB	- Zusätzliche Vertragsbedingungen

Literaturverzeichnis

<u>zu Kapitel 1.1 und 1.2</u>

[1.01]   Bahner, A.: Marktforschung für Bauunternehmen und Fertigteilwerke. Wiesbaden-Berlin: Bauverlag 1976.

[1.02]   Harre, H.: Marktstrategie und optimaler Angebotspreis in der Praxis der Bauunternehmung. Wiesbaden-Berlin: Bauverlag 1970.

[1.03]   Goebel, M.: Marketing im Hochbau. baupraxis 4/1971, S. 55-58 und 109.

[1.04]   Hedfeld, K.P.: Marketing für baugewerbliche Betriebe - Schlagwort oder mehr? Beilage zum Baugewerbe Nr. 22 (Okt. 1975).

[1.05]   Frey, H.: Notwendiges aktives Marktverhalten der Bauunternehmen. rationeller bauen, 13 (1975).

[1.06]   RKW-Checkliste (Möglichkeiten aktiven Marktverhaltens des Bauunternehmens).

[1.07]   Paasch, R.G.: Marketinganwendung für den individualen Baubereich in Unternehmungen der Beton- und Fertigteilindustrie. Betonwerk + Fertigteil-Technik, 12/1978, S. 757-758.

[1.08]   Feickert, R.: Dem Kunden auf der Spur. Baumarkt 15/87, S. 790-792.

[1.09]   Matheis, Richard,: Praxis der marktorientierten Unternehmenssteuerung. VDI-Verlag, Düsseldorf (1973).

[1.10]   Rembeck, Max; Eichholz, Günther: Markterkundung für Klein- und Mittelbetriebe. Handbuch der Rationalisierung, RKW-Schriftenreihe Nr. 27, Stollfußverlag Bonn (1972).

[1.11]   Salcher, Ernst: Durch Marktforschung zur Markterschließung. Handbuch der Rationalisierung, RKW-Schriftenreihe Nr. 33, Stollfußverlag, Bonn (1975).

[1.12]   Schiffers, Karl-Heinz: Untersuchungen zum Preiswettbewerb auf dem Baumarkt. Westd. Verlag, Opladen (1973).

[1.13]   Schlenke, E.H.: Wettbewerb auf schrumpfenden Märkten. Bauwirtschaft 27/1980, S. 1256-1260.

<u>zu Kapitel 1.4 und 1.5</u>

[1.21]   Magnus/Radtke: Große betriebswirtschaftliche Formelsammlung. Verlag Moderne Industrie. München.

[1.31]   Haustein, W.: Sinn und Zweck der Bildung von Bieter- u. Arbeitsgemeinschaften. Bauindustrie-Report 1980 (Hrsg. Wirtschaftsvereinigung Bauindustrie NW, Düsseldorf) S. 39-41.

[1.32]   Jurecka, W. u. M. Staube: Einige Bemerkungen zur Frage der Bildung von Arbeitsgemeinschaften in der Bauwirtschaft. Wiener Baubetriebsberichte 9/78,S. 1-7.

[1.33]   Refisch, B.: Gründung und Abwicklung von Argen. Bauwirtschaft 17/1978, S. 682.

[1.34]   Weber: Formen und Möglichkeiten überbetrieblicher Rationalisierung (Teil eines Forschungsberichtes des Institutes für Industrialisierung des Bauens). Informationen zur Baurationalisierung der RG Bau im RKW 11/77, S.4-9.

[1.35] Brandt, T.: Kooperation in der Bauwirtschaft mit Hilfe von Verbundbetrieben. Forschungsbericht der Gesellschaft für Wohnungs- und Siedlungswesen im Auftrag des BMBau. 1976 (vgl. Kurzbericht aus der Bauforschung 7/77-103).

[1.36] Breidenbach, P.: Kooperationsmöglichkeiten im Bau- und Ausbaugewerbe. rationeller bauen 9/74, S. 17-18.

[1.37] Hampe, K.-H.: Organisationsmodelle für Kooperationsgemeinschaften. Baugewerbe 20/78, S. 21-24.

[1.38] Hedfeld, K.-P.: Gemeinschaftliche Geräte- und Materialwirtschaft für kleinere und mittlere Betriebe. rationeller bauen 9/75, S. 21-22.

[1.39] Bergdoll, R.E.: Kooperation unter bestimmten Voraussetzungen. rationeller bauen 12/80, S. 22-26.

[1.40] Breidenbach, H.J.: Aufgaben und Probleme einer modernen Betriebsleitung. Betonwerk + Fertigteil-Technik 2/82, S. 97-102.

[1.41] Zentralverband des Deutschen Baugewerbes (Hrsg.): Jahrbuch des Deutschen Baugewerbes 1982.

[1.42] -.-: Die Bau-Arbeitsgemeinschaft; eine Kooperationsmöglichkeit auch für Klein- und Mittelbetriebe. Merkblatt Stand Herbst 1987.

zu Kapitel 2

[2.01] Triebel u. Mayerhoff: Elemente und Maßstäbe der Produktivität. Forschungsber. NRW Nr. 1321. Köln/Opladen 1964: Westdeutscher Verlag.

[2.02] Autorenkollektiv: Praktische Kosten- und Leistungskontrolle im Baubetrieb. Düsseldorf 1980: Wibau-Verlag.

[2.11] Zentralverband des Dt. Baugewerbes: Arbeitszeit-Richtwerte-Hochbau (ARH). Dreieich 1982: Zeittechnik.

[2.12] Olesen, G.: Kalkulationstabellen Hoch- u. Ingenieurbau, Teil 12: Hochbau, Berlin 1981: Schiele + Schön.

[2.13] Levsen, P.: Kalkulation Bauwesen, Band 3: Straßen- und Tiefbau. Berlin 1985: Schiele + Schön.

[2.14] Autorengemeinschaft Hochbau: Bau Handbuch Arbeitsorganisation, Band 1: Erd-, Band 3: Schal-Band 4: Bewehrungs-, Band 5: Beton-, Band 6: Mauerarbeiten. Dreieich 1981: Zeittechnik-Verlag.

[2.15] Meier, E.: Zeitaufwandstafeln Hochbau und Stahlbetonarbeiten (2. Aufl.).Wiesbaden / Berlin 1984: Bauverlag.

[2.16] Meier, E.: Zeitaufwandstafeln Straßen- und Tiefbau (3. Auflage). Wiesbaden / Berlin 1982: Bauverlag.

[2.17] Drees, G. u. T. Kurz: Aufwandstafeln f. Lohn- u. Gerätestunden im Ingenieurbau. Wiesbaden / Berlin 1979: Bauverl.

[2.18] Drees, G. u. T. Kurz: Leistungsmengen und Aufwandswerte ausgeführter Objekte. Wiesbaden / Berlin 1982: Bauverl.

[2.19] Pluemecke, K.: Preisermittlung (21. Aufl.). Köln- Braunsfeld 1982: Rud. Müller-Verlag.

[2.20] Fleischmann, H.: Kalkulationswerte. Düsseldorf 1975: Werner-Verlag.

[2.21] Hoffmann / Kremer: Zahlentafeln für den Baubetrieb (3. Aufl.). Stuttgart 1992: Teubner.

[2.22]   Winkler u. Schwarzenberger: Normengerechte Kosten- und Preisermittlung von Bauleistungen. Braunschweig 1978: Vieweg & Sohn.

[2.31]   KLR-Bau. Bauverlage 1978 (1.Aufl.) und 1990 (5.Aufl.)

[2.32]   Behrendt, D.: Baubetriebliches Rechnungswesen. Köln 1982: R. Müller-Verlag.

[2.33]   Behrendt u. Schmidt: Erfolgreich mit Deckungsbeitragsrechnung. Köln 1980: R. Müller-Verlag.

[2.34]   Hedfeld u. Mausch: Baubetriebsrechnung/Betriebsbuchhaltung. Köln 1984: R. Müller-Verlag.

[2.35]   Schiffers, K.H.: Grundlagen der Kostenrechnung. Wiesbaden 1983: Bauverlag.

[2.36]   Keil u. Martinsen: Einführung in die Kostenrechnung für Bauingenieure (3.Aufl.). Düsseldorf 1976: Werner-Verl.

[2.37]   Schmidt, H. Th.: Grundlagen der Baubetriebslehre.1977, Bauverlag und R. Müller-Verlag.

[2.38]   Märki, A.: Buchhaltung richtig lernen (5. Aufl.). Zürich 1982: Verlag Schweizer Kaufm. Verband.

[2.39]   Leimböck u. Schönnenbeck: KLR-Bau und Baubilanz. Bauverlag 1992.

zu Kapitel 2.6

[2.61]   Triebel / Meyerhoff: Elemente und Maßstäbe der Produktivität. Forsch.-Ber. NW. Nr. 1321. Köln / Opladen 1964: Westdeutscher Verlag.

[2.62]   Frey, H.: Kurzfristige Chefinformation - Führungskennzahlen auf dem Gebiet der Kosten- und Leistungsrechnung in: Prakt. Kosten- und Leistungskontrolle im Baubetrieb. Wibau-Verlag, Essen 1980.

zu Kapitel 2.7

[2.71]   Schönnenbeck, H.: Finanzierungspraxis der Bauunternehmen. Heft 10 Schriftenreihe der RG-Bau im RKW. Frankfurt 1979.

[2.72]   Geisbüsch, H.-G.: Die Finanzierung der Unternehmung. Köln 1979: Rud. Müller Verlag.

zu Kapitel 3

[3.01]   Wöhe, G.: Einführung in die allg. BWL. München 1981.

[3.02]   Heinen, E.: Industriebetriebslehre. Wiesbaden 1976.

[3.03]   N.N.: Gablers Wirtschaftslexikon. Wiesbaden 1979.

[3.04]   Vormbaum, H.: Unterlagen zur Vorlesung Kostenrechnung. Aachen 1981.

[3.05]   Merson, G.: Baugewerbe 20/82.

[3.06]   Merkblatt Nr. 81 des Baugewerbes: Betriebsaufspaltung als Unternehmensrechtsform im Baugewerbe Nov. 1988.

zu Kapitel 4.1

[4.01]   Simon, H.: Wenn Unternehmer die eigenen Probleme nicht erkennen. Ind. Org. 49 (1980), S. 297-301.

[4.02]   Schneider, G.: Grundlagen der Unternehmenszielsetzung. Teil 1: baupraxis 12/74, S. 23-26 und Teil 2: baupraxis 1/75, S. 15-18.

[4.03]   Dressel, G.: Ist heute noch die Maximierung des Gewinns das höchste Ziel unternehmerischer Tätigkeit? IfA-Nachrichten 8/79.

[4.04]   Schneider, G.: Flexible Unternehmenspolitik in der Bauwirtschaft. Teil 1: baupraxis 9/79, S. 47-50 und Teil 2: baupraxis 10/79.

[4.05]   Steinle, C.: Führen durch Ziele - nötiger denn je. Industrielle Organisation 49 (1980), S. 87-90.

[4.06]   Schneider, G.: Die Konzeption einer Bauunternehmung. Baugewerbe 11/81, S. 22-23 und 13/81, S. 15-16.

[4.07]   Dressel, G.: Alte und neue Unternehmensziele in der sozialen Marktwirtschaft. Baugewerbe 9/81, S. 26-28.

[4.08]   Malik, F. und L. Fopp: Workshop für die Einführung einer Unternehmenspolitik im Mittelbetrieb. Industrielle Organisation 49 (1980) 11, S. 500-503.

[4.09]   Feickert, R.: Unternehmensziele als Basis gemeinsamen Handelns. Baumarkt 9/89, S. 619-21.

zu Kapitel 4.2

[4.21]   Frese, E.: Grundlagen der Organisation. Die Organisationsstruktur der Unternehmung. Wiesbaden 1980: Gabler.

[4.22]   Dietel, V.: Das Organisationshandbuch. Die Bauwirtschaft 20/1982, S. 759-761.

[4.23]   Toffel, R.F.: Die Organisation der Bauunternehmung. Die Bauwirtschaft 17/1983, S. 648-656.

[4.24]   Wolff, P.: Zentral oder dezentral gesteuerter Baubetrieb? Hoch- und Tiefbau 12/74, S. 14-22.

[4.25]   N.N.: Neustrukturierung der Firmenspitze. Heitkampmitteilungen 1982, S. 9-12 (Firmenschrift).

[4.26]   Mellerowicz, K.: Unternehmenspolitik (Bd. 1). Freiburg i. B. 1963, Haufe.

[4.27]   Heitkamp E.: Das Funktionen-Diagramm als Organisations- Führungshilfsmittel der bauindustriellen Unternehmung. Schriftenreihe Baubetrieb, Bd. 30 (Hrsg. Prof. Dr.-Ing. R. Seeling), Aachen 1985.

[4.28]   Berg, G.: Grundbegriffe der Organisation im Baubetrieb. REFA in der Baupraxis (Teil 1), Frankfurt 1984, ZTV-Verl.

[4.29]   Drees, G.: Organisation von Bauunternehmungen. Hütte Bautechnik I, 29. Aufl., S. 143-173. Springer 1974.

[4.30]   Seeling, R.: Geeignete Organisationsformen für Bauunternehmen. Baumarkt 10/84, S. 467-474.

zu Kapitel 4.3

[4.41]   Volk, H.: Das Führungsinstrument "innerbetriebliche Information". Baumarkt 23/1980, S. 1553-1563.

[4.42]   Wissmann, W.: Informationswissenschaften im Bauwesen. Bauingenieur 50 (1975), S. 322-325.

[4.43]   Dressel, G.: Organisationsmittel der Bauunternehmung. Köln 1973: Rud. Müller-Verlag, S. 52-76.

[4.44]   Dworatschek, S.: Management-Informations-Systeme. Berlin - New York 1971: de Gruyter & Co.

[4.45]   Ebert / Koinecke / Peemüller (Hrsg. Preißler): Controlling. Verlag moderne industrie (2. Aufl. 1989).

[4.46]   Preißler, P.R.: Controlling, 3. Aufl., München 1988.

[4.47]   Bramsemann, R.: Handbuch Controlling-Methoden und Techniken (2. erw. Aufl.) München 1990: Carl Hanser Verlag.

[4.48]   Termühlen, B.: Controlling als Wertinformationssystem und Führungsinstrument der Bauunternehmung. Diss. RWTH Aachen 1982.

[4.49]   Gehri/Lessmann: PC-Einsatz für die Baustellenkontrolle. ETH-Pilotprojekt "PC als Hilfsmittel für Planen und Bauen" (2. Arbeitsbericht) Zürich-Hönggerberg 1987.

[4.50]   Wirth u.a.: Baustellen-Controlling - EDV-gestützte Planung, Kontrolle und Informationsversorgung von Baustellen unter Berücksichtigung des Unternehmens Controlling. Ehningen 1989: Expert-Verl.

[4.51]   Seeling, R.: Projektsteuerung im Bauwesen (2. Aufl.). Bd. 3 der Schriftenr. Baubetrieb Aachen 1984: Selbstverlag.

[4.52]   Scheifele, D.R.: Bauprojektablauf. Köln 1991: Verlag TÜV Rheinland.

[4.53]   Talaj, R.: Operatives Controlling für bauausführende Unternehmen. Bauverlag 1993

zu Kapitel 4.4

[4.61]   Danzer, H.H.: Quality-Denken stärkt die Schlagkraft des Unternehmens. Verl. Ind. Organisation Zürich und Verl. TÜV Rheinland Köln. 1990.

[4.62]   Steigerwald, H.J.: Quality Circles: Instrument zur Förderung von Produktivität, Innovation und Arbeitszufriedenheit. RKW-Verl. Eschborn und Verl. TÜV Rheinland Köln. 2. Aufl. 1989.

[4.63]   VDI-Gemeinschaftsausschuß Ind. Systemtechnik: Qualität erzeugen und sichern. Tagung Dortmund 22./23. Nov. 90. Düsseldorf 1990: VDI-Verl.

[4.64]   Graffi, H.: Qualitätssicherung in der Bauunternehmung. Diplomarbeit (unveröffentlicht) am LuF. Planungsverfahren im Baubetrieb. RWTH Aachen 1991.

[4.65]   Thielen, G.: Qualitätssicherung im Betonbau. beton 7/1990, S. 291-96.

[4.66]   Kilian, G.: Maschinentechnik, Faktor der Qualitätssicherung (im Ortbetonbau). BMT 5/1990, S. 248-51.

[4.67]   Nakkel, E.: Qualitätssicherung im Straßenbau. Straße + Autobahn 5/1985, S. 177-82.

[4.68]   Urban, R.: Verbesserung der Qualitätssicherung im Straßenbau. Straße + Autobahn 11/1986, S. 486-89.

[4.69]   Ruffert, G.: Qualitätssicherung bei der Instandsetzung von Stahlbeton. TIS. 6/1987, S. 336-42.

[4.70]   Maidl, B. u. F.v. Gersum: Qualitätssicherung im Bauwesen - ein Thema, dem wir uns stellen müssen. Bauing. 64 (1989), S. 571-77.

[4.71]   Pause, H.: Dauerhafte Betonbauwerke und Qualitätssicherung - Folgerungen für Planung, Ausschreibung, Vergabe. Düsseldorf 1984: Wibau-Verl.

[4.72]   Bornemann, F.O.: Mitdenkende Mitarbeiter. Baumarkt 10/1989, S.702-705.

[4.73]   Köhler, R.: Qualitätssicherung im Rohrleitungsbau für die Fernwärmeversorgung. bbr 4/1988, S. 176-80.

[4.74]   Schub, A: Qualitätssicherung als Aufgabe des Baumanagements. IABSE JOURNAL J - 24 / 84, S. 29 - 38.

<u>zu Kapitel 4.5</u>

[4.81]   Kulick, R.: Versorgung von Auslandsbaustellen. Bauwirtschaft 48/1979, S. 2135-42.

[4.82]   Kolbe, P.: Projekt-Management im Auslandsbau. Baumarkt 2/1980, S. 77-82.

[4.83]   Leufert, W.: Bau- und Baustoff-Maschineneinsatz im Auslandsbau unter Berücksichtigung der Probleme des Baumaschinenpersonals. Tiefbau-BG 6/1977, S. 424-441.

[4.84]   Simons, K.: Darauf kommts an beim Bauen in Entwicklungsländern. Baumaschine und Bautechnik 11/1977, S. 781-83.

[4.85]   Feil, F.: Geräte und Baustelleneinrichtungen für den Bau des neuen Hafens Arzew el Jedid in Algerien. Baumaschine und Bautechnik 8/1977, S. 487-96.

[4.86]   Mittelmann, G.: Über das Anlaufen einer Großbaustelle im Ausland unter besonderer Berücksichtigung des Geräteeinsatzes. Baumaschine und Bautechnik 20/1973, S. 85-92 und 149-56.

[4.87]   Mittelmann, G.: Werkstattkapazität und Geräteverfügbarkeit. Bauingenieur 48/1973, S. 138-40.

[4.88]   Seeling, R.: Systemtechnik und Optimalplanung im Baubetrieb. Rationalisierungs-Gemeinschaft "Bauwesen" im RKW. Merkblatt Nr. 47 Eschborn 1980: RKW-Bestell-Nr. 686.

[4.89]   Flade, M.: Die Bedeutung der Betriebslogistik für die BW. Diplomarbeit Nr. 274. Planungsverfahren im Baubetrieb. RWTH Aachen 1989.

[4.90]   Link, R.: Gerätereparaturwerkstätten in der Bauunternehmung. Schriftenreihe Baubetrieb TU Stgt, (Teil 1). Wiesbaden, Berlin 1967: Bauverlag.

[4.91]   Rupper, Scheuchzer u.a.: Produktionslogistik - Gestaltung von Material- und Informationsflüssen in der Produktion. Zürich 1985: Verl. Ind. Org.

[4.92]   Rinschede/Wehking: Entsorgungslogistik I. Berlin/Bielefeld/München 1991: Erich Schmidt-Verlag.

<u>zu Kapitel 4.6</u>

[4.101]   Merk, M.: Unternehmerische Planung in Baubetrieben. Köln 1983: Verl. Rud. Müller.

[4.102]   Brandt: Investitionspolitik des Industriebetriebes. Verlag Gabler, Wiesbaden.

[4.103]   Pfarr: Die Bauunternehmung. Wiesbaden, Bauverlag.

[4.104]   RKW. Investitionsüberlegungen für gewerbliche Betriebe (Merkblatt).

[4.105]   Engel, K.H.: 37 Musterbeispiele zur Absicherung von Investitionsentscheidungen. Weka-Verlag, Kissingen.

<u>zu Kapitel 4.7</u>

[4.121]   Schubert, E.: Die Erfaßbarkeit des Risikos der Bauunternehmung bei Angebot und Abwicklung einer Baumaßnahme. Hannover 1971.

[4.122] Habison, R.: Risikoanalyse im Bauwesen. Dissertation Wien 1975.

[4.123] Locher & Cie AG (Hrsg.): Risiken erkennen und meistern. Zürich 1980.

[4.124] Brühwiler, B.: Risiko-Management. io Management-Zeitschrift 48 (1979), S. 353-357.

[4.125] Brühwiler, B.: Methoden der Risikoanalyse. io Management-Zeitschrift 52 (1983), S. 257-261.

[4.126] Voigt, H.: Die wichtigsten Versicherungen für den Baubetrieb. Betriebswirtschaft für Bauunternehmer. Mai 1984 (Beilage Nr. 51 zum Baugewerbe).

[4.127] Geisbüsch, G.-G.: So versichern Sie sich richtig. Baugewerbe 1-2/83, S. 10-16.

[4.128] Pape, H.: Versichern heißt: Das Risiko mindern. Baugewerbe 1-2/83, S. 16-20.

[4.129] Schumann, U.: Eine Baugeräte- und Maschinenversicherung schützt vor Verlusten. bd baumaschinendienst 9/83, S. 603-605.

[4.130] Bätscher/Dubach: Ganzheitliches Versicherungsmanagement auch im Klein- und Mittelbetrieb. io Management-Zeitschrift 2/1986, S. 94-97.

[4.131] Herold, B.: Risikomanagement im Baubetrieb. Dissertation GH Uni Essen 1987.

[4.132] Fischer, H.: Guter Rat ist nicht teuer / Richtig versichert? 5-teilige Serie in Baugewerbe 16/1985 bis 20/1985.

zu Kapitel 4.8

[4.141] Horchler, D.: Was muß ein Betriebsnachfolger wissen? Baugewerbe 23/87, S. 16-20 und 1/88, S. 22-24.

[4.142] Bürgi, A.: Die Führungsübergaben an den jungen Nachfolger besser planen. Management-Zeitschrift io 9/1983, S. 331-334.

[4.143] Diez / John / Rechenbauer / Weber: Familienunternehmen sichern und weiterentwickeln. RKW - Nr. 1029, Eschborn 1990.

[4.144] Stehle, H.: Familienunternehmen gestalten, erhalten, vererben. Stgt. 1993: Boorberg

zu Kapitel 5

[5.01] Kramer, F.: Erfolgreiche Unternehmensplanung (Schriftenreihe REFA: Arbeitsstudium - Industrial Engineering, Bd. 22) Berlin, Köln, Frankfurt 1974: Beuth-Verl.

[5.02] Thom, N.: Zur Leistungsfähigkeit der Projektmatrix-Organisation. Industrielle Organisation 42 (1973) 3, S. 123-128.

[5.03] Refisch, B.: Probleme der Führung und Organisation von Bauunternehmungen. S. 239-276 in "Betriebswirtschaftliche Unternehmensführung" (Hrsg. Kortzfleisch/Berger) Berlin: Duncker & Humblot.

[5.04] Schmidt, P.: Matrixorganisation als geeignete Organisationsform für Mehrproduktunternehmen. Zeitschrift für Org. 41 (1972) S. 189.

[5.05] Sahm, A.: Der Mitarbeiter im Betrieb. S. 15-116 in: Betriebsleiter Handbuch (Hrsg. Paul Volk). München 1974: Verlag Mod. Ind. (4. Aufl.).

[5.06]   Höhn, R.: Führungsbrevier der Wirtschaft. Bad Harzburg 1974 Verl. für Wissenschaft, Wirtschaft und Technik (8. Aufl.).

[5.07]   Toffel, R.: Die Gesamtorganisation einer Bauunternehmung Straßen- u. Tiefbau   7/1972, S. 486-490, 8/1972, S. 563-566, 9/1972, S. 627-635, 10/1972, S. 696-708, 11/1972, S. 765-773.

[5.08]   N.N.: Personalinventur nur für Konzerne?   baumaschinendienst 13/1975, S. 503-504.

[5.09]   Schneider, G.: Das Vorschlagswesen in der Bauwirtschaft. baupraxis 6/71, S. 37-40 und 7/71, S. 35-37.

[5.10]   Lauterburg, Ch.: Die Personalfluktuation eindämmen! Ind. Org. 42 (1973) 1, S. 3-6.

[5.11]   Gressbach, R.: Die Personalplanung in einem Management-Informationssystem (MIS). Ind. Org. 39 (1970), S. 375- 378.

[5.12]   Huber, P.: Planung der Mitarbeiterschulung - ein Beisp. aus der Praxis. Ind. Org. 41 (1972) 8, S. 335-336.

[5.13]   Schneider, G.: Ergebnisbeteiligung der Mitarbeiter. baupraxis 9/1971, S. 53-56.

[5.14]   N.N.: Die Unternehmensorganisation in der Bauindustrie. Wiesbaden 1965: Bauverlag.

[5.15]   Demmer, K.H. u.a.: (Sammelband) Die neuen Management Techniken. München: Verlag mod. ind. 1972 (6. Aufl.).

[5.16]   Scheitlin, V.: Wir müssen im Betrieb wirksamer ausbilden! Zeitschrift IO 49 (1980), S. 197-199.

[5.17]   Hackstein/Nüägens/Uphus: Personalwesen als eine primäre Führungsaufgabe. Fortschrittl. Betriebsführung 19 (1970), S. 88-96 sowie weitere Beiträge über Personalwesen in den Folgejahrgängen der gleichen Zeitschrift.

[5.18]   Volk, H.: Führung durch Zielvereinbarung. Baumarkt 23-24/1985, S. 1030-33.

[5.19]   Scheitlin, V.: Neue Mitarbeiter besser einführen. Ind. Organisation 56 (1987), S. 112-14.

[5.20]   N.N.: Arbeitsrechtliche Probleme bei Betriebsstillegung und Betriebsübergang. Baugewerbe. Merkblatt Nr. 22 (März 1988).

[5.21]   N.N.: Die Änderungskündigung. Baugewerbe. Merkblatt Nr. 23 (Okt. 1988).

[5.22]   Knoblauch, R.: Personalentwicklung und -förderung. Baugewerbe 13/1984, S. 10-17.

[5.23]   Wohlgemuth, A.: Human Resources Management bringt eindeutig Wettbewerbsvorteile. Ind. Organisation 56 (1987), S. 3-6.

[5.24]   Volk, H.: Leistungshemmnisse im Betrieb abbauen. Baumarkt 10/1990, S. 750-52.

[5.25]   Mertens: Unternehmerische Personalpolitik - Analyse der Arbeitsbedingungen und personalpolitische Schwerpunktaufgaben. Bundesvereinigung der Dt. Arbeitgeberverbände. (Hrsg.) 1979.

Sachverzeichnis

Abgangsinterview 224
Abgrenzungsrechnung 46
Ablauforganisation 105, 113ff
Absatzmarkt 2, 37
Absatzziele 102
Abschreibungen 42, 49, 53, 69
Abweichungsanalysen 119, 120
AG 86
Akkordlohn 213
Aktivseite 44
Altersstruktur 196
Amortisationsrechnung 157
Anforderungsprofil 219, 220
Angestelltenquote 71
Anlagenintensität 65
Anlageinvestitionen 154
Annuitätendarlehen 78
Arbeitsgemeinschaften 25, 44, 113
Arbeits-
  - klima 187
  - markt 12
  - vertrag 224, 225
  - vorbereitung 32, 40
  - zeit, gleitende 210, 211
  - zeitregelungen 210
  - zeugnis 224
Außenstandszeit 151
Audits 133
Aufbauorganisation 105ff
Aufgaben
  - auftragsgebundene 103
  - unternehmensgebundene 103
Aufsichtsrat (AR) 87, 88, 89, 90, 91
Aufspaltung 94
Aufträge 42
  - Haupt- 42
  - Zusatz- 42
  - Nachtrags- 42
  - Stundenlohn- 42
Auftragsstruktur 71
Aufwand, neutraler 42
Ausbildung 205
Ausgaben 42, 150
Ausschreibung 57
Avalkredit 79, 81

Bauarbeitsschlüssel 124
Baubetriebsrechnung 46ff, 56
Baugeräteversicherung 173
Bauherrenrisiko 168
Baukontenrahmen (BKR) 45, 46
Bauleistung 35
  - unfertige 51, 56
Bauleistungsversicherung 168
Baumaschinenmarkt 14
Baustellenabfälle 143
Baustellencontrolling 122ff
Baustelleneinrichtung 57
Baustoffmarkt 13
Bauwesenversicherung 168
Bereichscontrolling 121
Bereitschaftskosten 58
Beschäftigtenstruktur 182

Beschaffungslogistik 137, 138ff
Beschaffungsmarkt 2, 37
Bestandszahlen 63
Betriebs-
  - buchhaltung 46
  - ferien 211, 212
  - haftpflichtversicherung 170, 171
  - informatik 23
  - klima 208, 212, 214
  - logistik 137, 139ff
  - organisation 104, 105
  - rat 225, 226
  - statistik 61
  - übergabe 179
  - verfassungsgesetz 89, 210
Bewerbung 221
Bewertungssysteme 197
Bietergemeinschaften 25, 26
Bilanz 41, 50ff, 65, 76
  - analyse 76
  - gewinn 69
  - kennzahlen 64
  - kritik 76
  - politik 54
  - schema 52
  - stichtag 44
BiRiLig 50ff
Blockzeit 210
Bonität 76
break-even-point 61
Brutto-Methode 51
Bürgschaft 79
Bürgschaftsversicherung 175

cash flow 69
Controlling 119
  - operatives 119, 122
  - strategisches 120, 121
  - systeme 115

Darlehen 78, 79, 81
Dauerkapitalbedarf 67
Debitoren 146
Deckungsbeitrag 57, 58, 70
Dezentralismus 110, 111
Dienstaufsicht 237, 239
Disagio 78
Diskont 79, 80
  - kredit 79, 81, 82
  - satz 80
Durchschnittszahlen 63

Effektivverzinsung 76, 78
Effizienzmessung 35
Eigenfertigung 24
Eingliederung 222
Einkauf 139
Einkreisprinzip 47
Ein-Mann-Gründung 89
Einnahmen 43
Einzelkosten 56, 57
Einzelrechtsnachfolge 93
Einzelunternehmung 84

Entlohnung 212
Entschädigung 174
Entsorgungslogistik 143ff
Entwicklungstendenzen 76
Erfolgskontrolle 233, 237
Erfolgsrechnung 42
Erfüllungsansprüche 172
Ergebnisbeteiligung 212
Ergebnisrechnung 44
Ersatzinvestitionen 154
Erträge 43
Erweiterungsinvestitionen 154
Eventualverbindlichkeiten 66, 79

Fähigkeitsprofil 219, 220
Fälligkeitsdarlehen 78
Fertigungsintensität 70
Finanzbuchhaltung 46
Finanz-
  - grundplan 146
  - markt 15
  - plan 75
  - planung 146ff
  - strom 40
  - ziele 101, 102
Finanzierung 66, 72ff
Fischgrätdiagramm 134
Flexibilität 97, 108
Fluktuation 202, 208
Forderungen 44, 67
Fremdbezug 24
Fremdkapitalstruktur 67
Führungs-
  - aufgaben 181
  - fehler 183ff
  - konzepte 188
  - kraft 183
  - prinzipien 186ff
  - stil 178, 228, 229, 230
  - verantwortung 231
Funktionensystem 107
Fusion 193

Gemeinkosten 56f.
Generalversammlung 91
Generationswechsel 178
Genossenschaft 90
Genossenschaftsregister 90
Geräteausnutzung 70
Gesamtcontrolling 121
Geschäftsdynamik 71, 74
Geschäftsführer 74, 89
Gesellschaft
  - bürgerlichen Rechts 82
  - stille 85
Gesellschafter 74
Gesellschafterdarlehen 89
Gesellschafts-
  - form 82
  - recht 83
  - versammlung 90
  - vertrag 84, 85, 86
Gestaltungsprinzipien 108

Gewinn 44
- verwendung 72
Gewinnbeteiligung 214
Gleitzeit 210
Gliederungszahlen 63
GmbH 50ff, 89
GmbH & Co. KG 91, 92, 93
Grenzkostenvergleich 157
Grundkapital 88
Grundschuld 81, 82
Güterstrom 40
G + V 44, 50, 53ff

Haben 44
Handelsregister 83, 84, 89
Handelswechsel 79
Handlungsverantwortung 231
Hauptversammlung (HV) 89
Harzburger Modell 231ff
Hermes-AG 175, 176
Hochbeschäftigungszeit 152
Hypothek 80, 81
- Brief- 81
- Höchstbetrags- 81
- Sicherungs- 81
- Verkehrs- 81

Indexzahlen 62
Indossament 93
Information 214, 215, 216, 236
Informations- 116ff
- austausch 106
- fluß 117, 118
- systeme 115ff
- verluste 106
- wege 188
- wesen 18, 31, 241
Inhaber 74
Inventar 41
Investitionen 42, 146, 154ff, 182
Investitions-
- grad 69
- finanzierung 76
- planung 146, 155
- rechnung 155

Jahresabschluß 50, 51
Jahresbauleistung 67
Jahresfinanzplan 151ff
job-rotation 18, 196, 202
Just-In-Time-Prinzip 137

Kalkulation 40, 67
Kalkulationshandbücher 40
Kapital-
- ausstattung 66
- bindung 67
- gesellschaften 53ff, 75
- kurzfristiges 67
- langfristiges 65
- rendite 69
- rentabilität 69
- struktur 65, 76
- umschlag 67
- wertmethode 157
Kartellgesetz 33
Kaskadenverfahren 100

Kassenbücher 41
Kautionsversicherung 175
Kennzahlen 62ff, 194
KFZ-Haftpflichtversicherung 174
KG 74, 86
Kommanditgesellschaft auf Aktien 91
Kommanditeinlage 85
Kommanditisten 85
Kommunikation 214, 236
Komplementär 85
Konten 45
- Aktivkonten 45
- Bestandskonten 45
- Erfolgskonten 45
- gemischte Konten 45
- Passivkonten 45
- plan 45
- rahmen 45
- form 52
Kontokorrentkredit 77, 81
Kontrolle 236, 237
Kooperation
- horizontale 29
- vertikale 29
Kooperationsformen 25ff
Kosten 41, 42
- analyse 67
- artenrechnung 43
- degression 60, 61
- fixe 57ff
- progression 60, 61
- rechnung 41, 67
- sprungfixe 59
- stellenrechnung 43
- trägerrechnung 43
- variable 57ff
- vergleich 156
Kredit-
- arten 77
- fähigkeit 74
- gespräch 73, 74
- kosten 76
- limits 77
- plan 146
- programme 74
- provision 77
- prüfung 74
- sicherheiten 75
- verpflichtung 75
- versicherung 175
- würdigkeit 74, 75
Kreditoren 146
Kritikgespräch 234, 235
Kündigung 224ff
- fristlose 227
Kündigungs-
- darlehen 78
- fristen 226
- gründe 209
Kuppelproduktion 20

Lagerplätze 140
Leistung 35
Leistungs-
- verzeichnis (LV) 58
- bewertung 197ff
- lohn 212

Leitungsaufgaben 181
Lieferantenkredit 78, 82
Liniensystem 107
Liquidation 94
Liquidität 66, 76, 146
Liquiditätsrisiko 146
Logistik 136ff
Lombard-
- kredit 80
- satz 81

Magazin 139, 140
MAPI-Methode 158ff
Marketing 8
Markt-
- erkundung 12
- forschungsergebnisse 8
- verhalten 10
- ziele 102
Maschinenbruchversicherung 173
Maschinisierungsgrad 70
Massenentlassungen 228
Matrixorganisation 107
Mechanisierungsgrad 70
Mengenwirtschaft 124, 125
Minderheitsgesellschafter 89
Mindestdeckungssummen 172
Mischungsoptimierung 142
Mitarbeiter-
- schulung 203
- besprechung 203
- gespräch 231, 234, 235
- verhältnis 231, 234
Mitbestimmungsgesetz 87
Mittel-
- herkunft 65
- verwendung 65
- überhang 66
Motivation 18, 243ff

Nachkalkulation 39
Nebenbetriebe 140
Netto-Methode 51
Netzplantechnik 142
Nominalverzinsung 78

Obligo 79
OHG 75, 85
Operations Research 23
Orderpapiere 92
Organigramm 109
Organisation
- innere 103
Organisations-
- ziele 102
- einrichtungen 106
- strukturen 103, 111

Passivseite 44
pay-back-Rechnung 160
Persönlichkeitsbewertung 197
Personal- 152
- abbau 224
- bedarfsplanung 192
- beschaffung 218
- entwicklung 202
- erhaltung 208

- fluktuation 186
- förderung 202
- führung 116, 228
- inventur 193
- planung 194
- politik 178, 205
- struktur 194
- wesen 138
Personen
- juristische 87, 89
- natürliche 74
- gesellschaften 75
Planung
- strategische 98
Planungsrechnung 35, 46
Prämien 216, 217
- lohn 213
Preise 60
Einheits- 60
- Pauschal- 60
- Stück- 60
Privatdiskont 79
Produktions-
- faktoren 97
- kosten 59
- logistik 139, 143, 144, 145
- programme 19ff, 142
- ziele 101
Produktivität 35, 36, 70
- Gesamt- 36
- Arbeits- 36, 70
- Maschinen- 36
- Material- 36
- Kapital- 36
Produktivitätsziele 101
Profilmethode 219
Profitcenter 107
Projektsteuerung 122, 125
Pro-Kopf-Leistung 70
Protest 79
Prüfplanung 131
Publizitätspflichten 90

Qualitäts-
- management 128ff
- sicherung 128, 132ff
- sicherungsrevision 133
- sicherungssysteme 132ff
- steigerung 131
- zirkel 134ff

Rationalisierungs-
- investitionen 154
- maßnahmen 67
Rationalität, ökonomische 37
Rechnungskreis 45, 47
- externer 45, 47
- interner 45, 47
Rechnungslegung 88
Rechnungswesen 23, 40
Rechtsform 92
Recycling 143, 144, 145
REFA 106, 111
Rentabilität 76
Reparaturkosten 43
Reserven, stille 44
Restbuchwert 51, 56

Restwert 174
return on investment 69
Risikoabbau 167
- analyse 164
- minimierung 166
- politik 162
- theorie 162, 163
Rohergebnis 54
Rohstoffbasis 33, 140
Rücklagen 44
- gesetzliche 88
Rückstellungen 44

Sachgründung 87
Saldo 45, 51
Schadenersatzansprüche 174
Selbstkosten 56, 57
Soll 44
Sollzinsen 77
Sondertilgungen 77
Sortiment 20
Spezialfacharbeiter 205
Spezialisierung 32
Stabilität 66
Stabliniensystem 107, 110
Stabsstellen 242
Staffelform 53
Stammarbeiterzulage 214
Stammeinlagen 89
Stammkapital 89
Statistik 5, 6
Stellen-
- beschreibung 105, 106, 186, 193
  231, 234, 237
- plan 193
- wechsel 209
Stimmrecht 88
Strukturziele 102
Stückkosten 61
Stufenausbildung 205
Stundenaufwandswerte 39

Team 106, 107, 238ff
- arbeit 238ff
- leiter 239
Teilkostenrechnung 57
Teilschaden 174
Totalschaden 174
Tourenplanung 142
Tradition 245
Trainee-Programme 202
Transportplanung 142

Überziehungsprovision 77
Umgründung 92, 93
Umsatz-
- entwicklung 71
- erlös 43
- kostenverfahren 53
- provision 78
- rentabilität 68
Umschlaghäufigkeiten 76
Umwandlung 92, 93
- errichtende 93
- formwechselnde 93
- verschmelzende 93
Unternehmens-

- berater 218
- controlling 127
- politik 96
- rechnung 45ff
- struktur 106
- verfassung 101
- ziele 96ff
Unternehmer
- lohn 42
Urlaubsregelungen 210, 211

Verbindlichkeiten 52, 66
Verlust 44
Vermögens-
- aufbau 76
- struktur 65
- übersicht 44
- verwaltung 44
Verschnittoptimierung 142
Verschuldung 76
Verschuldungsgrad 64
Versicherungen 168
Versicherungsmanagement 162
Vertriebslogistik 137
Vollkostenrechnung 57
Vorschlagswesen 216, 217
Vorschriften, handelsrechtl. 41
Vorstand 87
Vorstellungsgespräch 221

Wagniszuschläge 42
Warenbestandsverzeichnisse 42
Warenkredite 41
Wechsel-
- forderungen 79
- steuer 78
Weiterbildung 203
Werkstätten 139, 140
Werkverträge 165
Wertberichtigungen 44
Wertschöpfung 37, 70
- Pro-Kopf 37
Wertströme 40
Wertzuwachs 37
Wiederherstellungskosten 174
Wirtschaftlichkeit 37, 70, 72, 108
Wissenstransfer 180
workshops 202

Zahlungs
- mittelplan 146
- ströme 149
Zeit
- einteilung 189
- fallen 191
Zeitwert 174
Zentralismus 110, 111
Zession 92
Ziele
- gesellschaftliche 102
- soziale 102
- wirtschaftliche 102
Zielfindung 100ff
Zusatzaufwand 42
Zusatzkosten 42
Zweikreisprinzip 46

Arlt/Kiehl
Bauplanung mit DIN-Normen
Grundlagen für
den Hochbau

Die Neuerscheinung bietet erstmals
einen Leitfaden für die wesentlichen
Planungsgrundlagen von Hochbauten.
Das Buch stellt sowohl die Planungsschritte und rechtlichen Rahmenbedingungen als auch die Inhalte der wichtigsten bei der Planung zu berücksich-
tigenden DIN-Normen dar.

In die Darstellung sind die europä-
ischen und internationalen Entwicklungen im Bereich der Normung einbezogen.

Aus dem Inhalt

Planungsablauf – Rechtliche Rahmenbedingungen (Bundesgesetze sowie
Bauordnungen und Verordnungen der
Länder, Deutsche, Europäische und
Internationale Normen) – Planungsgrundlagen (Maßordnung und Toleranzen, Kosten- und Flächenermittlung,
Planungsnormen) – Bauphysikalische
Grundlagen (Wärme-, Schall-, Feuch-
te- und Erschütterungsschutz) – Bauteile und Baukonstruktionen (Rohbau,
Ausbau) – Einführung in die VOB und
das StLB – Übersichten über Amts-
und Gesetzblätter und wichtige Bau-
stoffnormen sowie Vorschriften und
Normen für Objektbereiche, Informa-
tionsstellen im Bauwesen

Herausgegeben vom
DIN Deutsches Institut für
Normung e. V.

Bearbeitet von
Prof. Dr.-Ing.
Joachim Arlt,
Hannover, und Dr.-Ing.
Peter Kiehl, Berlin

1995. 480 Seiten
mit 378 Bildern und
129 Tabellen.
16,2 x 22,9 cm.
Geb. DM 96,–
ÖS 749,– / SFr 96,–
ISBN 3-519-05257-1
(Teubner)
ISBN 3-410-13307-0
(Beuth)

B. G. Teubner Stuttgart